金矿的加工与提炼

李宏煦 著

北　京

冶 金 工 业 出 版 社

2024

内 容 提 要

本书以氰化提金工艺为主线,系统论述了金矿整体加工提取的基本原理与技术方法,全流程地介绍了金矿的加工提取与环境保护技术,内容包括:金矿物特征分析及加工提取方法选择,金矿的自磨、半自磨、ISA 磨、高压辊磨等磨矿新工艺,颗粒金的尼尔森与法尔考重选,载金铁、铜、铅、锌、锑等多金属金矿的浮选,金精矿的氧化焙烧、加压预氧化及生物预氧化新方法,CIP、CIL 氰化提金工艺,氰化金的碳吸附、解吸原理与方法,金矿氰化堆浸技术及水平衡,金电积与精炼,氰化物的解毒、回收与矿山环保等。

本书可供采矿、选矿及冶金工程等领域技术与管理人员阅读参考,还可作为相关专业本科和职业院校师生的教学参考书。

图书在版编目(CIP)数据

金矿的加工与提炼 / 李宏煦著 . —北京:冶金工业出版社,2024.8. -- ISBN 978-7-5024-9985-3

Ⅰ. TF831. 03

中国国家版本馆 CIP 数据核字第 2024AQ5905 号

金矿的加工与提炼

出版发行	冶金工业出版社		**电　话**	(010)64027926
地　址	北京市东城区嵩祝院北巷 39 号		**邮　编**	100009
网　址	www. mip1953. com		**电子信箱**	service@ mip1953. com

责任编辑　张熙莹　**美术编辑**　彭子赫　**版式设计**　郑小利
责任校对　葛新霞　**责任印制**　禹　蕊
三河市双峰印刷装订有限公司印刷
2024 年 8 月第 1 版,2024 年 8 月第 1 次印刷
710mm×1000mm　1/16;14.5 印张;282 千字;218 页
定价 89. 00 元

投稿电话　(010)64027932　**投稿信箱**　tougao@cnmip. com. cn
营销中心电话　(010)64044283
冶金工业出版社天猫旗舰店　yjgycbs. tmall. com
(本书如有印装质量问题,本社营销中心负责退换)

前　　言

　　黄金是世界上最重要的贵金属，自从有了人类社会后，人们便从未停止过对黄金的追求。随着当前人类社会经济的发展与科技进步，黄金的用途已从早期的首饰、工艺品、简单的货币流通功能拓展应用到现代高新技术产业中，如电子、通信、航空航天、化工、医疗技术等领域，并成为重要的国家储备和国际金融工具之一。因此，人们对黄金的需求与消费逐年增加，金融避险功能及消费量的增加也推动黄金价格逐步攀升，2022 年黄金均价达 1800 美元/盎司，是 2012 年平均价格 1269 美元/盎司的 1.41 倍，是 2001 年 271 美元/盎司的 6 倍多，2023 年 5 月更是突破 2000 美元/盎司。

　　就我国的黄金生产、消费、储备而言，截至 2022 年底，我国黄金消费量及产量分别已连续 8 年和 14 年蝉联世界第一。我国黄金储备也逐年增加，截至 2023 年 6 月末，我国央行黄金储备达到 6795 万盎司（约 2113.48 t）。2022 年，我国生产黄金 497.832 t，同比增长 12.24%，但仍供不应求。2022 年，在我国生产的 372.048 t 原料金中，矿产金为 295.423 t，有色副产提炼金 76.625 t，可见金矿原料仍是产金的主要来源。

　　近年来，人们除广泛关注从废首饰、电子线路板等二次金料中回收金外，仍在加大对黄金矿床的勘察与开发力度。例如，2023 年 5 月 17 日，山东省莱州市西岭村金矿勘查项目通过山东省自然资源厅组织的矿产资源储量专家评审，初步认定西岭金矿新增金金属量近 200 t，累计金金属量达 580 t，属世界级巨型单体金矿床。尽管时有大型金矿被发现，总体上可采的优质大型/特大型金矿山数量仍在减少。

　　随着对金矿的逐步开采，聚集性的矿床越来越稀缺，矿石金品位越来越低，提金难度越来越大。人们为了经济可行地提金，逐步扩大矿山设备和开采规模，同时提金方法也更为丰富。黄金提取方法的演变伴随着人类的掘金历史，火法冶金法和人工淘金是黄金加工的最早形式。人工淘金可以说是最原始的矿物重选法，之后出现了混汞法，这些方法持续的时间很长，且以处理高品位砂金为目标，直到被以氰化物作为化学浸出剂的湿法浸取方法所取代。氰化法的出现无疑是迄今黄金提取史上最重大的技术革命，其在金矿山上的工业应用最早可以追溯到1887年。目前氰化法提金已被广泛使用，在全球范围内，约80%的黄金是由该方法提取的，每年有超过10亿吨的含金矿石采用氰化物处理。

近年来出现了硫代硫酸盐法、卤化法、硫脲法、金蝉法等无氰化提金方法，以及通过伴生矿精矿熔炼后回收金的方法。这些无氰化提金新方法中，硫代硫酸盐浸金的速度较快、选择性好、试剂无毒、对设备无腐蚀性，因而被认为是较有希望在工业上应用的一种非氰化提金方法，但存在试剂消耗量高、过程的影响因素多、对不同金矿的适应性差、控制条件严格等问题；卤化法也存在试剂消耗高、溴蒸气气压高、腐蚀性强等问题；硫脲法存在在碱性液中不稳定，易分解为硫化物和氨基氰等问题；金蝉法也存在试剂的消耗量大、后续环保水处理压力大等问题。尽管国内外都曾进行一定规模的扩大试验或半工业试验，但面向工业应用仍有待进一步研究，以取得新的突破。

氰化工艺根据矿山金矿的复杂性和经济环保的要求也在不断优化提升。要使氰化物浸取高效可行，金矿需通过破碎、磨矿等物理加工过程才可达到于提取有利的相应粒度要求，且许多矿山还将氰化浸出与前端尼尔森等重选方法相结合，以达到较高的金综合回收率；氰化浸出率不仅与矿石粒度相关，还与金在矿物中的赋存状态、载金矿物特征与嵌布行为、脉石矿物构成等因素直接相关，故载金矿物的特征常决定氰化浸出效率及后续加工工艺的选择。例如，对于多金属复杂金矿，需要通过浮选等选矿方法先获得含金精矿，因金被硫化矿等矿物包裹，含金精矿往往无法直接氰化提金，需要采取焙烧、加压、生物等预氧化处理后才可进行。随着近些年金矿开采品位的下降，因金矿的破磨成本太高，将含金矿石破磨为粉料再进行氰化浸出的方法无法经济运行，随之氰化堆浸方法在许多矿山应运而生，即氰化堆浸为许多低品位或超低品位金矿的经济开采提供了保障。但不管采取何种氰化浸出工艺，碳吸附都是目前自氰化浸出溶液提金最主要的手段，载金碳经解吸可获得高浓度含金溶液，该溶液再通过电积、熔铸可获得金锭。对于金的碳吸附应用，除采用堆浸外的其他大型金矿山，氰化浸出与碳吸附耦合的 CIL 与 CIP 已成为从细磨矿浆提金最为经典高效的工艺方法。基于此，本书第 1~7 章重点论述了金矿物特征及其氰化提取方法；第 8 章和第 9 章主要阐述了矿浆及氰化浸出液中金的碳吸附与解吸，以及解吸液金电积、熔铸与精炼的内容。

尽管氰化物浸出效率高，运行稳定，但众所周知，氰化物是剧毒物，因此，对于使用氰化物提金的矿山，氰化物的管理、浸出矿浆氰化物的解毒、尾矿的堆存及含氰废水的处理便显得非常重要。在全球对环保高度重视的当今，矿山氰化物的安全使用已成为矿山是否被允许运行的必要条件，故黄金矿山均有严格的氰化物储藏、运输、溶液配制使用制度与方法，以确保其安全使用，并采取提金后含氰矿浆的破氰及含氰废水处理的工艺，以消除氰化物的环境负荷及对环境可能的污染。针对氰化浸出后的矿浆，INCO 法、碱氯化法、卡罗酸法、双氧水法等破氰方法已得到广泛应用，且出现 AVR 法氰回收技术，如美国的 Delamar 矿山采取 VAR 工艺回收含氰尾矿中的氰化物。目前，大型黄金矿山均通过含氰溶液的循环及破氰与含氰废水处理工艺来实现矿山无污染氰化提金。例如，作者所在单位紫金矿业非常注重"绿水青山就是金山银山"的理念，作为中国四大黄金集团，很早就采用氰化浸出—碳吸附耦合氰化法提炼黄金，并作为有色金属矿山行业环保与绿化复垦的典范，更重视矿山的氰化物管理与环保。作者曾经工作过的紫金山金铜矿采用金矿石大型氰化堆浸提金工艺，最高峰时年产金 19 t，通过含氰溶液循环与水平衡管理及堆浸后废堆的生态修复与环境生物多样性治理，建成了国家绿色矿山及国家矿山公园；海外的奥罗拉金矿采用先进的全密闭式氰化物储藏与使用、CIL 氰化提金、载金碳解吸、金电积熔铸提金工艺与 INCO 法尾矿破氰等方法，成功实现了从矿石到金锭的安全无污染氰化提金。本书第 10 章从氰化物的类型与危害分析到破氰与氰化物回收处理，专门介绍了黄金矿山氰化物特征、尾矿浆破氰、含氰废水处理方法、氰化物回收与自然降解等，以供读者全面了解黄金矿山氰化提金的安全性及环保技术的发展与现状。

　　此外，作者曾从事过十多年的高校教学与科研工作，主讲过金冶金课程，并从事过金清洁冶金与资源循环方面的科研，之后在黄金矿山从事实际生产与技术管理工作多年。在从教中，作者体会到，由于教学计划及高校矿冶类专业按流程段划分等原因，金矿的加工提取技术往往按工艺段的前后被人为地割裂开来，金矿物及其破磨加工、金矿浮选等内容属于矿物加工专业，氰化浸出吸附电积内容归口冶金工程专业，而氰化物解毒及含氰废水处理又归属环境工程专业。另外，因学时与专业课程设置的限制，关于矿石破磨的教学内容，矿物加工专业一般并不专门针对金矿来介绍，即破磨参数与破磨结果对于金矿后续氰化浸出的影响在高校专业教学上不能够得到直接体现；冶金专业则更关注温度、pH 值等过程参数对于金氰化浸出的影响，而忽略前端金矿破磨后粒度与金解离度对浸出的影响，且后端氰化物解毒及对环境影响的内容也往往被忽视。在企业生产和技术管理上，同样由于专业与工艺段的分割，管理与技术人员分析现场问题时也不能系统性地将整个提金工艺统一起来，综合考虑各因素的影响，以降低药剂用量、节约成本、提高作业效率和金的综合回收率，同时降低排放及提升环保水平。基于以上体会，本书将金矿的选冶与环境问题统一考虑，以氰化提金工艺为主线，系统地论述从金矿到成品金整体加工提取的基本原理与工艺技术，以及氰化物分解与矿山环境保护方法。为金矿加工提取的教学与现场生产管理及科研提供有益的参考材料是本书写作的初衷与期望。

尽管氰化提金方法在金矿山已被广泛使用，但以矿山氰化提金整体工艺流程为主线，系统性论述从金矿物特征、金矿的破磨加工、氰化提金、载金碳解吸与金电积熔铸到环境保护的专著尚不多见。本书在介绍基本原理与理论分析的基础上，论述了矿山生产情况与工艺技术，力求理论与实践相结合。近年来，金矿加工提取创新性的研究成果层出不穷，有关新技术、新方法日新月异。尽管本书穷尽作者多年的工作积累，努力收集相关材料，也仅按矿山实际工艺流程列述了经典氰化浸出相关内容，不包括无氰化提金等方面内容，且所述必有许多不足之处，力之所限，仅以此作来抛砖引玉，万望业内同行能给予批评指导，提出宝贵意见，以共同学习、共同提高。

作　者

2023 年 6 月

于圭亚那奥罗拉金矿

目　　录

1 金与金矿 ………………………………………………………………… 1

1.1 金简介 ………………………………………………………………… 1

1.2 金矿物 ………………………………………………………………… 2

1.3 提金矿石 ……………………………………………………………… 4

1.3.1 砂金矿 …………………………………………………………… 4

1.3.2 氧化金矿 ………………………………………………………… 5

1.3.3 硫化金矿 ………………………………………………………… 6

1.4 影响提金的矿物学因素 …………………………………………… 14

1.4.1 晶粒尺寸 ………………………………………………………… 15

1.4.2 脉石性质 ………………………………………………………… 16

1.4.3 硫化矿物的关联 ………………………………………………… 16

1.4.4 涂覆 ……………………………………………………………… 17

1.4.5 隐形金 …………………………………………………………… 17

参考文献 …………………………………………………………………… 19

2 金矿石的破磨 ………………………………………………………… 20

2.1 金矿石破磨方法 …………………………………………………… 20

2.1.1 破碎 ……………………………………………………………… 20

2.1.2 磨矿 ……………………………………………………………… 25

2.1.3 细磨与超细磨 …………………………………………………… 29

2.2 破磨工艺流程 ……………………………………………………… 33

2.2.1 AG/SAG 流程 …………………………………………………… 33

2.2.2 破碎—高压辊磨流程 …………………………………………… 35

2.2.3 细磨/超细磨流程 ……………………………………………… 37

2.3 破磨流程参数与要素 ……………………………………………… 39

2.3.1 磨矿试验 ………………………………………………………… 39

2.3.2 矿石性质与可磨性 ……………………………………………… 40

2.3.3 磨矿动力学 ……………………………………………………… 41

参考文献 ………………………………………………………… 44

3　重力选金 …………………………………………………… 46

3.1　金重选基础 ……………………………………………… 46
3.2　尼尔森选矿机选金 ……………………………………… 47
　　3.2.1　尼尔森选矿机 ……………………………………… 47
　　3.2.2　尼尔森重选分离原理 ……………………………… 49
　　3.2.3　尼尔森选金工艺 …………………………………… 53
3.3　法尔考及其他离心式半连续重选 ……………………… 57
3.4　非离心连续重选法 ……………………………………… 58
参考文献 ………………………………………………………… 62

4　金矿浮选 …………………………………………………… 63

4.1　金矿浮选基础 …………………………………………… 63
　　4.1.1　离子溶度积原理 …………………………………… 63
　　4.1.2　电化学原理 ………………………………………… 64
　　4.1.3　浮选动力学 ………………………………………… 65
4.2　自然游离金的浮选 ……………………………………… 69
　　4.2.1　粒度的影响 ………………………………………… 69
　　4.2.2　浮选剂的选择 ……………………………………… 70
　　4.2.3　其他影响因素 ……………………………………… 73
4.3　硫化金矿浮选 …………………………………………… 74
　　4.3.1　载金铁硫化矿物浮选 ……………………………… 74
　　4.3.2　载金硫化铜矿浮选 ………………………………… 76
　　4.3.3　载金铜/铅/锌硫化矿浮选 ………………………… 78
　　4.3.4　锑金矿浮选 ………………………………………… 81
4.4　载金氧化铜矿浮选 ……………………………………… 82
4.5　碳质金矿石浮选 ………………………………………… 82
参考文献 ………………………………………………………… 83

5　金精矿预处理 ……………………………………………… 85

5.1　氧化焙烧 …………………………………………………… 85
　　5.1.1　氧化焙烧的化学基础 ……………………………… 85
　　5.1.2　焙烧工艺 …………………………………………… 87
　　5.1.3　废气处理 …………………………………………… 91

5.2　加压氧化 ·· 93
　　5.2.1　加压氧化的发展 ····································· 93
　　5.2.2　加压氧化的化学基础 ································ 94
　　5.2.3　加压氧化的动力学因素 ····························· 98
　　5.2.4　压力预氧化工艺 ·································· 100
5.3　生物氧化 ·· 102
　　5.3.1　生物氧化的概念 ·································· 102
　　5.3.2　硫化矿生物氧化原理 ······························ 103
　　5.3.3　生物氧化 BIOX® 工艺 ····························· 106
　　5.3.4　生物氧化堆浸工艺 ································· 110
参考文献 ·· 111

6　氰化浸金 ··· 114

6.1　氰化浸金基础 ·· 114
　　6.1.1　金的氰化溶解 ···································· 114
　　6.1.2　氰化浸金电化学 ·································· 116
　　6.1.3　氰化浸出动力学 ·································· 119
6.2　硫化矿对氰化浸金的影响 ····································· 122
　　6.2.1　黄铁矿/磁黄铁矿的影响 ···························· 122
　　6.2.2　砷矿物的影响 ···································· 124
　　6.2.3　硫化铜矿物的影响 ································· 125
　　6.2.4　辉锑矿的影响 ···································· 126
　　6.2.5　氧的作用 ······································· 128
6.3　CIL/CIP 氰化提金工艺 ·· 129
　　6.3.1　CIL/CIP 工艺简介 ································ 129
　　6.3.2　CIL/CIP 工艺与控制 ······························ 131
　　6.3.3　工艺过程动力学 ·································· 134
6.4　强化氰化提金工艺 ·· 144
　　6.4.1　Consep Acacia 工艺 ······························ 144
　　6.4.2　Gekko 间歇式内嵌浸出反应器 ······················ 145
参考文献 ·· 146

7　金矿氰化堆浸 ··· 149

7.1　堆浸的基本概念 ·· 149
　　7.1.1　堆浸工艺及其优点 ································· 149

7.1.2　堆浸模式 ……………………………………………… 150

7.1.3　矿石种类 ……………………………………………… 152

7.2　筑堆方式 …………………………………………………… 153

7.2.1　卡车运输筑堆 ………………………………………… 153

7.2.2　皮带运输机筑堆 ……………………………………… 153

7.2.3　制粒与筑堆 …………………………………………… 155

7.2.4　堆底垫 ………………………………………………… 155

7.3　堆浸过程动力学及其影响因素 …………………………… 157

7.3.1　堆浸氰化浸出反应 …………………………………… 157

7.3.2　堆浸过程浸出动力学 ………………………………… 157

7.3.3　堆中流体动力学 ……………………………………… 160

7.4　溶液管理与水平衡 ………………………………………… 164

7.4.1　喷淋制度 ……………………………………………… 164

7.4.2　溶液池管理 …………………………………………… 164

7.4.3　水平衡 ………………………………………………… 166

参考文献 …………………………………………………………… 167

8　氰化金的碳吸附与解吸 ………………………………………… 169

8.1　活性炭的结构 ……………………………………………… 169

8.2　氰化金的碳吸附机理 ……………………………………… 171

8.2.1　阴离子静电吸附理论 ………………………………… 171

8.2.2　离子溶剂化能 ………………………………………… 172

8.2.3　阳离子增强效应 ……………………………………… 173

8.2.4　pH 值的影响 ………………………………………… 174

8.2.5　温度的影响及非静电吸附机制 ……………………… 175

8.2.6　表面有机官能团的作用 ……………………………… 176

8.2.7　表面还原作用 ………………………………………… 176

8.2.8　氰化金碳负载平衡 …………………………………… 177

8.3　载金碳的解吸 ……………………………………………… 178

8.3.1　载金碳解吸机理 ……………………………………… 178

8.3.2　载金碳解吸方法 ……………………………………… 180

参考文献 …………………………………………………………… 181

9　电积与精炼 ……………………………………………………… 182

9.1　金电积理论基础 …………………………………………… 182

9.1.1　电化学反应 ················· 182

9.1.2　电积过程动力学 ············· 183

9.1.3　阴极行为 ··················· 184

9.2　电积工艺 ······················· 186

9.2.1　电积槽结构设计 ············· 186

9.2.2　电积过程操作 ··············· 188

9.3　金锭的精炼 ····················· 189

9.3.1　金锭精炼方法 ··············· 189

9.3.2　预精炼米勒法 ··············· 191

参考文献 ····························· 193

10　破氰及氰化物回收 ·············· 195

10.1　氰化物类型及危害 ·············· 195

10.2　破氰方法 ······················ 197

10.2.1　自然衰减法 ················ 197

10.2.2　碱氯化法 ·················· 197

10.2.3　二氧化硫空气法 ············ 198

10.2.4　过氧化氢法 ················ 201

10.2.5　铁氰沉淀法 ················ 202

10.2.6　卡罗酸法 ·················· 203

10.2.7　生物法 ···················· 204

10.2.8　电化学法 ·················· 205

10.3　氰回收 ························· 206

10.3.1　含氰废水循环 ·············· 206

10.3.2　AVR 法 ···················· 207

10.3.3　膜处理 ···················· 208

10.4　氰化物的自然降解 ·············· 213

10.4.1　氰化物自然降解机制 ········ 213

10.4.2　自然降解的强化 ············ 215

参考文献 ····························· 216

1 金与金矿

1.1 金 简 介

金在元素周期表中位于第六周期第一副族，与铜、银三种金属统称为铜族元素。金的原子序号为 79，符号 Au，相对原子质量为 196.9665，熔点为 1064 ℃，沸点为 2808 ℃。金的原子半径为 0.1422 nm，Au^+ 的离子半径为 0.137 nm。金的原子结构为 $[Xe]4f^{14}5d^{10}6s^1$，其特点是具有充满的 $5d$ 电子亚层，其与 $4f$ 电子产生的屏蔽很微弱，因而 $6s$ 电子亚层和原子核之间结合力很强。当配位数为 4 时，Au^{3+} 的离子半径为 0.078 nm；当配位数为 6 时，其离子半径为 0.091 nm。理论上，Au(+1) 和 Au(+3) 的外层电子层有 $6s$ 和 $6p$ 空轨道，因此，容易与具有未共用电子的多种配位体形成配合物。根据路易斯软硬酸碱理论，Au 属于软酸，故其倾向于与作为配体的软碱结合，因此，配位原子电负性越小的配体与金形成的配离子越稳定，三价金离子能与大多数无机和有机的配位体结合[1]。金的主要物理化学性质见表 1-1。

表 1-1 金的物理化学性质

性 质	数值	性 质	数值
相对原子质量	196.9665	电阻（273 K）/Ω·cm	2.05×10^{-5}
熔点/K	1337（1064 ℃）	热容/J·mol^{-1}	1.268×10^4
沸点/K	3081（2808 ℃）	蒸发热（298 K）/J·mol^{-1}	3.653×10^5
原子半径（Au 晶格）/nm	0.1422	比热容（298 K）/J·(g·K)$^{-1}$	1.288×10^{-1}
晶体结构	面心立方体	热导率（273K）/W·(m·K)$^{-1}$	311.4
室温下原子间距/nm	0.2878	线膨胀系数（273~373 K）/K^{-1}	1.416×10^{-7}
密度（273K）/g·cm^{-3}	19.32	电阻率温度系数（273~373 K）/K^{-1}	4.06×10^{-3}
布氏硬度/MPa	25	总辐射率（493~893 K）	0.018~0.035
弹性模量（293 K）/MPa	7.747×10^4	磁化率（291 K）/cm^3·g^{-1}	1.43×10^{-7}
泊松比	0.42	熵（298 K）/J·K^{-1}	47.33
抗张强度（573 K）/MPa	123.6~137.3	伸长率（573 K）/%	39~45
压缩系数（300 K）/Pa^{-1}	6.01×10^{-12}		

金的延展性极好，1 g 纯金通常可拉成 320 m 长的丝线。如果采用现代加工技术，1 g 纯金则可拉成 3420 m 长的细丝。金的挥发性很小，在 1000~1300 ℃金的挥发量微乎其微。金的挥发速度与加热时周围气氛有关，在煤气中蒸发金的损失量为空气中的 6 倍，在一氧化碳中的损失量为空气中的 2 倍。因此，在碳覆盖层下熔炼金会因挥发造成金的损失。黄金同时具有良好的导电及导热性能，其导电性仅次于银、铜居第三位，其导热性仅次于银[2]。

金的化学性质非常稳定，具有极佳的抗化学腐蚀和抗变色性能力。金的一级电离能大（890 kJ/mol），电子亲和能高（222.7 kJ/mol），电负性较大（2.40），难以失去外层电子形成正离子，也不易接受电子形成阴离子；其化学性质稳定，与其他元素的亲和力微弱，成为惰性元素，因此在自然界多呈元素状态（自然金）存在。由于在多种水溶液中的溶解度均较小，使金不容易迁移富集，因而在岩石矿物中含量较低。金的电离能高，不被氧化也不被硝酸盐酸和硫酸溶解，在碱及各种单独的无机酸中都极稳定，在空气中不被氧化，也不变色。金在氢、氧、氮中明显地显示出不溶性。氧不影响它的高温特性，在 1000 ℃高温下不熔化、不氧化、不变色、不损耗，这是金与其他所有金属最显著的不同。

金能溶解于王水（浓盐酸和浓硝酸体积比为 3∶1 的混合剂）、盐酸和铬酸的混合液及硫酸和高锰酸的混合液中，并且也能溶解于氰化物盐类、硫脲等的溶液中。

金通常有 +1 和 +3 两种化合价，能还原金的金属有镁、铝、锌和铁，常用锌粉来置换金。金的化合物主要有暗棕色的氧化金（Au_2O_3）和硫化金（Au_2S），紫红色的氧化亚金（Au_2O）及卤化物和氰化物。金氯配合物氯金酸（$H[AuCl_4]$）是一种亮黄色较稳定的针状晶体，其与氢氧化物作用可生成 $Au(OH)_3$ 沉淀，呈胶体，微溶于水。日光照射会促进 $[AuCl_4]^-$ 的还原反应，导致金溶液浓度降低，温度越高影响越明显。金的溴化物有 $AuBr$、$AuBr_3$ 及配合物（$MeAuBr_4$），以溴金酸配合物最为稳定，此外也与硫代硫酸盐、硫氰酸盐等形成配合物[3-10]。高温下的氢和电位序号在金之前的金属及过氧化氢、二氯化锡、硫酸铁、二氧化锰等都可作还原剂把金的化合物还原为金属。$AuCl_3$ 容易挥发，用铁盐和 SO_2 等还原剂可从氯金酸 $HAuCl_4$ 中沉淀金。与王水作用生成的是金电解精炼的电解液主要成分[2]。

1.2 金 矿 物

金是地壳中丰度值极低的金属之一，为十亿分之一左右；地壳中金的平均含量在 0.005 g/t 左右，远低于其他金属，如银（0.07 g/t）与铜（0.05 g/t），且赋存状态复杂多样，有的易于提取，而有的则极难提取。根据矿物中金的结构状态和含量，可将金矿床中的金矿物分为金的独立矿物、含金矿物和载金矿物三大类。金的独立矿物是指以金矿物和含金矿物形式产出的金，它是自然界中金最重要的赋存形式，也是工业开发利用的主要对象。到目前为止，世界上已发现 98 种金矿物和含金矿物，但常见的只有 47 种，而工业直接利用的矿物仅十多种。

（1）自然金。自然金是一种自然产生的金元素矿物，化学成分为金（Au），属于等轴晶系。完好的晶体少见，常见单形有立方体、菱形十二面体、八面体、四六面体及四角三八面体。晶体多呈不规则显微粒状，还可见树枝状、鳞片状、纤维状等。自然金颗粒通常较小，按其粒度可分为明金、显微金、次显微金、次电子衍射金。自然界纯金存在极少，常有银类质同象代替，还可含少量铜、钯、铂、铋、碲、硒、铱等元素。较纯的自然金的颜色和条痕都为浓的金黄色，密度实测值为 18.9 g/cm^3（含 Au 99.55%，Ag 0.45%）。各种类型的金矿床中几乎都赋存有自然金。根据产出情况，产于原生矿床中的自然金俗称山金，产于矿床（自然金混在其他矿物或岩石中）的叫脉金，产于砂矿中的叫作沙金。海水中也存在着自然金，大约每吨 10 μg。

（2）金合金。自然界中金通常会和银、碲等合金化，形成各种合金化矿物。当含金的金属化矿物中银合金含量在 25%~55% 时，矿物称为金银矿。金银矿虽然可在某些矿床中见到，但一般含量甚微，仅在少数矿床中具有工业价值或为金、银的主要经济矿物。自然银虽较为常见，但一般不含金或含少量的金，只在个别矿床中见到含有较多量的金。自然金、Au-Ag 等系列矿物的共（伴生）矿物众多，可形成多种多样的矿物共生组合，其中最主要的共生矿物是石英和黄铁矿。

金属互化物类金矿物是指两种或两种以上的金属元素在天然熔融状态下相互溶解，相互形成的天然合金矿物，主要有：围山矿、四方铜金矿、金-银碲化物类矿物、金银硒化物类矿物、金银铋化物类矿物、金银锑化物类矿物、金银硫化物类矿物、硫金银矿等。

碲金矿物是由化学成分相对复杂的一系列矿物组成，常见的碲金矿物有针碲金银矿（(Au,Ag)$_2$Te$_4$）、碲金矿（AuTe$_2$）、碲金银矿（Ag$_3$AuTe$_2$），还有白碲金矿（AuTe$_2$，斜方碲金矿）、亮碲金矿（Au$_2$Te$_3$）和针碲金铜矿（CuAuTe$_4$）等不常见碲金矿物。碲金矿物密度较自然金轻（8~10 g/cm^3），颜色呈白、灰和黑色，有明显不同。碲金矿物分布广泛，常和自然金、银碲矿（Ag$_2$Te）及硫化矿共生。

金与铜形成稀少的内合金化金铜矿物（AuCu$_3$）和四方金铜矿（AuCu）。自然界中的金铜矿 AuCu$_3$ 含金 40%，而非计量化学量的 50.8%。晶体结构为面心立方，铜原子在中心，金原子在各角，随着铜含量的增加，颜色逐渐变为红色。

（3）金矿石。自然界中，金矿物与其共生的脉石矿物构成含金矿岩，即金矿石。依据金矿物存在的状态，含金矿石通常分成四个类型：1）在石英、碳酸盐等非金属矿物脉中的自然金，这种类型的矿石选矿后需经处理再进行氰化处理；2）在硫化物中分布的自然金，这类矿石直接浸出不能有效处理，目前的方法是浮选焙烧后氰化；3）硫化物矿床氧化带的自然金，该类矿石大部分可以通过直接氰化回收金，如果矿石中含有未氧化的硫化物，则在氰化之前需进行浮选和焙烧，但氧化矿资源已近枯竭；4）碲金矿及在硫化物和石英中的自然金矿，需要额外的浮选处理，浮选出的精矿采用单独的循环过程处理，而含金硫化物常经混合浮选后焙烧，再进行氰化处理。以上矿物可分为不适于氰化的矿物（砷黄铁矿、黄铁矿、黄铜矿和方铅矿）和能用氰化法的矿物（白铁矿、磁黄铁矿、辉锑矿和铜矿石，如辉铜矿、铜蓝、斑铜矿、黝铜矿、铜化合物及氧化物的形式、硫化物、碳酸盐，以及活跃的碳质物质和矿物质、铀等）。传统的氰化法处理难浸出金矿需要更多的辅助预处理的流程，增加的预处理工序使冶炼流程加长。

1.3 提金矿石

通常可采提金矿石主要有砂金矿、氧化矿、硫化矿、碳酸盐矿、碲金矿等矿石，同时还有含金矿石加工后的浮选金精矿、重选精矿、含金尾矿、含金精炼物料、含金电子废弃物等提金原料。

1.3.1 砂金矿

1.3.1.1 沉积砂金矿

沉积砂金矿是指原始金矿床经过自然分化和水力迁移的金颗粒沉积形成的含金矿砂，主要有冲积、渗蚀、塌积等地质过程，使自然金颗粒与原共生矿物分离，因金的化学惰性，金颗粒分离后并未再形成含金化合物矿物，而以解离自然金颗粒形式沉积下来。形成砂金矿的基本条件为：含金矿物资源，如金-石英矿脉、含金硫化矿床；长期自然物理化学分化过程使金颗粒自母岩解离；金粒的自然重力集聚及水媒介的输送迁移；稳定的基岩与表面条件供金颗粒的长期集聚沉积。

根据含金集聚及与原含金矿床的迁移距离等的不同，砂金矿可分为残积砂矿、塌积砂矿、冲积砂矿和海洋砂矿等几类。残积砂矿往往存在于原金矿床表层或邻近地带，并含有一些分化岩石。原矿床表面轻质及细粒矿物被冲刷后，金颗粒得到沉积与富集，因水力机械侵蚀时间比较短，该类砂金含金品位会较其他砂金低。在热带雨林地带，母岩被分化形成伴有石英的氢氧化铁和氧化铝后，以红土矿存在；塌积砂矿是一种金已被水力输送至距离母矿体一定距离，但未在溪流水系地带沉积的矿床；冲积砂矿是在河水溪流水系，原分化金矿已被上游溪水河流冲刷，在下游水流速度减慢地带沉积的矿床；海洋砂矿由于海岸地带海平面的上升与下降，海水侵蚀陆地地带后，经过海滩自然环境分选、有价金属沉积形成的矿床，这种矿床中的金常和磁铁矿、锐钛矿、锡石等矿物共沉积。

砂金矿不同于其他岩矿，矿石相对疏散，所含金在很大程度上已被自然过程解离，提金时破碎和磨矿成本较低；与其他金矿石相比，可经济处理的品位更低，工艺相对简易，常采用重选方法即可获得较好的金回收率，故砂金矿经济回收品位可降至 0.2 g/t，但世界范围每年产自砂金的金仅占 2%~5%。

1.3.1.2 古砂金矿

除沉积型砂金矿外，还有古砂金矿。古砂金矿是石化砂金矿，由石化砾石组成，形成年代久远，大多形成于 5.7 亿年前的前寒武纪。古砂金矿产只有在适当的地貌条件下，适当的构造部位才能得以保存，使其具有工业价值。古砂金矿成岩中，由砂砾与细粒级石英、黄铁矿、云母和少量重金属耐磨矿物如磁铁矿、沥青铀矿、钛矿物、铂族金属与金形成砂岩。与年轻的沉积砂金矿不同，古砂金矿中的金不易解离，需采用破碎与磨矿工序使金解离以达到提取的目的。古砂金矿床采矿已达地下 3 km 深，且富含石英的砾岩比沉积砂金矿坚硬数十倍，导致其开采成本远较沉积砂金矿高。

古砂金矿以南非维特沃特斯兰德湖湖床珊瑚礁矿最为著名，该矿区已开采120 多年，成为世界上主要的产金区，该矿石主要类型有粗石英矿（含金砾岩层礁）、碳层岩和硫化铁矿的石英岩。典型自然金矿石含金 7.5%，含银 14.3%、平均含银 10%，相对其他类型金矿也属易处理金矿，粗颗粒金可用重选获得高品位金精矿。第二大古砂金矿为巴西的雅克比纳矿，含金 5~15 g/t，含铀，属元古代砾岩。加纳塔库瓦金矿是第三大古砂岩金矿，该矿黄铁矿含量低，矿岩含赤铁矿、钛铁矿和磁铁矿，磁铁矿较维特沃特斯兰德矿更丰富，平均含金 5 g/t，易处理，采用重选和氰化提取率大于 95%[1]。

1.3.2 氧化金矿

氧化金矿是在典型硫化矿床区域，矿物经过自然分化与氧化等特殊过程后形成的矿物。决定矿岩氧化和更替的主要特征是形成水合物、无定型矿石、弱结晶二氧化硅、黏土矿物、硫酸盐、氧化物与氢氧化物脉石等物相，这些物相中有些矿物具有较好的溶解性，在氰化浸出过程中易形成氰化合物而耗氰。氧化与其他水热交替过程使原矿床岩石结构破坏，使其渗透性加强，这为在较粗粒级下开展氰化堆浸提金提供了条件，故在许多氧化金矿常采用氰化堆浸的方式生产。

氧化金矿中，尽管金会与锰的氧化物、氢氧化物交代，但氧化金矿中的金常已被解离且与黄铁矿及其他硫化物的铁氧化物关联，如与赤铁矿、磁铁矿、针铁矿及褐铁矿，一般氧化度越高，金的解离度也越高。但金有时会被氧化物及氢氧化物，尤其是被铁的氧化物及氢氧化物二次包裹，致使金颗粒在氰化物溶液中不易溶解而被氰化浸出，但采取重选常会获得粗颗粒含金精矿。

氧化金矿与原生矿不同，因矿石中含有丰富的黏土或黏土矿物，当破碎磨矿处理或堆浸时常会产生较大比例的粉矿。存在的黏土矿物主要有叶蜡石（$Al_2Si_4O_{10}(OH)_2$）、滑石（$Mg_3Si_4O_{10}(OH)_2$）、高岭石（$Al_4Si_4O_{10}(OH)_8$）和蒙脱石（$Al_4Si_8O_{20}(OH)_4 \cdot nH_2O$），这些矿物在提金过程中主要产生的影响有：堆浸时降低堆浸过程的渗透性，提高搅拌氰化浸出和碳吸附过程溶液的黏性，增加矿浆混合搅拌能耗，降低化学反应速率和浸出效率，使碳吸附活性炭失效等。

碳酸盐矿物如方解石（$CaCO_3$）、白云石（$CaMg(CO_3)_2$）和菱铁矿（$FeCO_3$）在氧化金矿中也很常见，这些矿物对金提取过程，尤其在进一步氧化预处理过程的 pH 值控制方面产生较大影响。

在金的氧化矿床中常含有少量银，因为银具有较强的溶解性，在提金过程中视条件可一并回收。银矿物大约有 75 种，并且有 200 多种载银矿物，由于银矿物结构更复杂，因此其提取率往往低于金。在含银的金矿山往往根据对银矿物的了解以最大程度同时提取金和银，如在美国内华达州的罗切斯特柯尔艾伦矿山，对于含金 2~3 g/t、银 40~50 g/t 的氧化矿，经破碎后氰化堆浸，获得了金浸出率 80%、银浸出率 50%，是金银氧化矿堆浸较好的案例。

1.3.3 硫化金矿

硫化金矿是指原生硫化矿床中金的微细颗粒以固溶体形式包含在硫化矿物中的含金硫化矿。金在几种主要硫化矿物结构中的含量为：砷黄铁矿小于 0.2~15200 g/t、黄铁矿小于 0.2~132 g/t、黝铜矿小于 0.2~72 g/t、黄铜矿小于 0.2~7.7 g/t。金的这种共生非常重要，以含金砷黄铁矿为例，当矿石砷黄铁矿含量为 1% 时，金的矿石品位即可达 10 g/t，具有很高的提金价值。目前随着砂金矿及氧化矿的大量开采与逐年减少，硫化金矿逐渐成为提金的主要矿物原料。

1.3.3.1 铁硫化矿

相较氧化金矿，铁硫化矿物中金镶嵌在硫化矿物晶格而难以解离，最主要的含金硫化矿物有黄铁矿（FeS_2）、白铁矿（FeS_2）、磁黄铁矿（$Fe_{1-x}S$，$x = 0~0.2$）和砷黄铁矿（$FeAsS$）。

A 黄铁矿

黄铁矿分布非常广泛，尽管通常不作为原生火成岩的附属矿物，但普遍存在于硫化矿矿脉和变质岩矿石中。黄铁矿常显示立方体解理，因其浅黄铜色和明亮的金属光泽，常被误认为是黄金，故又称为"愚人金"。它的密度为 $4.8 \sim 5.0 \ g/cm^3$，相对较硬，莫氏硬度为 $6 \sim 6.5$。黄铁矿是半导体，有 n 型和 p 型。黄铁矿的化学成分是 FeS_2，晶体属等轴晶系的硫化物矿物，理论组成（质量分数）为：Fe 46.55%，S 53.45%；常有 Co、Ni 类质同象代替 Fe，形成 FeS_2-CoS_2 和 FeS_2-NiS_2 系列。随 Co、Ni 代替 Fe 的含量增加，晶胞增大，硬度降低，颜色变浅。As、Se、Te 可代替 S，常含 Sb、Cu、Au、Ag 等的细分散混入物，也可有微量 Ge 和 In 等元素。Au 常以显微金、超显微金赋存于黄铁矿的解理面或晶格中，以固溶体形式在黄铁矿中的浓度为 0.2×10^{-4}% ~ 0.0132%。

金在黄铁矿矿物结构中的嵌布与包裹交联形式通常如图 1-1 所示。其中，图 1-1 (a)~(c) 形式的金均易解离；对于图 1-1 (d) 和 (e) 形式，当金颗粒粗时相对易解离，而以微细粒嵌布时便难解离；对于图 1-1 (f) 形式，金以溶胶或固溶体形式存在于黄铁矿中，常难以解离。典型的如卡林型金矿，矿石包含 10~100 μm 的立方晶粒黄铁矿和更多 1~10 μm 球状黄铁矿，金颗粒直径通常小于 1 μm，并赋存于黄铁矿颗粒中，黄铁矿表面涂覆且分散在无定型碳颗粒中。这种矿物由于碳和微细粒球形黄铁矿的存在，具有明显的劫金特征，需要氧化预处理才可达到提金的目的。近年来随着金的加工提取的发展，该类矿物处理成为关注的焦点。

黄铁矿在水溶液体系很稳定，标准氧化还原电位较高，故在氰化浸出过程的温和氧化体系中难以起氧化反应，所包含的细颗粒金难以解离而被浸出，所以含金黄铁矿需要超细磨或强氧化才可使包裹金解离。黄铁矿包含的细颗粒金是金加工提取的难点，也是难处理金矿的重要资源。黄铁矿的惰性有助于降低氰化物的消耗，故黄铁矿通常对金的解离产生影响，而对氰化物的消耗影响较小。黄铁矿可通过浮选方法产生硫精矿，硫精矿氧化焙烧后可制酸，同时使金颗粒解离，黄铁矿也可通过加压预氧化等方法制备元素硫，并已工业化生产。

B 白铁矿

白铁矿和黄铁矿具有相同的化学式（FeS_2），但它非立方晶，属斜方晶系，为黄铁矿同质多象变体，二者的物理性质很相似，较难鉴别。白铁矿为浅黄铜色，略带浅灰或浅绿色调，新鲜面近似锡白色；条痕暗灰绿色，金属光泽；不透明，莫氏硬度为 $5 \sim 6$，密度为 $4.85 \sim 4.9 \ g/cm^3$。尽管白铁矿没有黄铁矿普遍，但它常在硫化矿石中与黄铁矿、黄铜矿、闪锌矿、方铅矿、磁黄铁矿、雄黄、雌黄等硫化物和碳酸盐共生，且在典型的黄铁矿型金矿石中，其占铁矿物的比例可达到 30% 以上，而微细粒金常被包裹在这些相对较粗的白铁矿颗粒中。白铁矿易氧化，在氰化提金过程中耗氰明显，故含金白铁矿的预氧化非常必要。

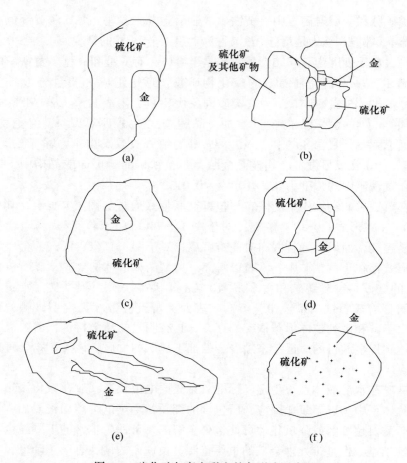

图 1-1 硫化矿包裹交联金的各形式示意图

（a）金基本解离并黏附于硫化矿；（b）金颗粒存在于硫化矿及其他脉石矿物晶粒边界；
（c）金颗粒被黄铁矿等硫化矿物包裹在其颗粒中；（d）金在两个硫化矿颗粒的边界；
（e）金在黄铁矿或其他硫化矿的晶体缺陷及裂隙间凝聚；
（f）金以胶体颗粒或固溶体形式分散在硫化矿物中

C 磁黄铁矿

磁黄铁矿有金属般的光泽，为暗青铜黄色带红，性脆，莫氏硬度为 3.5~4.5，密度为 4.6~4.7 g/cm³；化学式为 $Fe_{1-x}S$，式中 x 表示 Fe 的原子亏损数（结构空位），一般 $x=0~0.223$。因在 Fe_2 位置上出现空位，称为缺席构造，故可有少量 Ni、Co、Mn、Cu 代替 Fe，并有 Zn、Ag、In、Bi、Ga、铂族元素等呈机械混入物。磁黄铁矿一般呈块状产于铜镍硫化矿床中，当其中的镍含量很高时，便可从中提炼镍，与其共生的矿物有镍黄铁矿、褐黄铜矿等；在接触交代矿床中，有时形成巨大的聚集，与其共生的矿物有黄铜矿、黄铁矿、磁铁矿、毒砂等。如果磁黄铁矿在地表，则容易风化而变成褐铁矿。

磁黄铁矿有六方磁黄铁矿（Fe_9S_{10}）和单斜磁黄铁矿（Fe_7S_8）两种基本类型。其中，六方磁黄铁矿的还原条件比黄铁矿更稳定，易被氧化；单斜磁黄铁矿具有相对较高的磁化率，工业上易用磁选设备分选。

含金磁黄铁矿颗粒主要出现在绿岩带金矿，如西澳金矿和加拿大部分金矿。因磁黄铁矿易分解，在氰化提金过程会消耗氰化钠和氧，故会给此类含金硫化矿提金带来一定影响。

1.3.3.2 砷硫化物

砷硫化物是另一类含金硫化物，主要矿物有砷黄铁矿（毒砂）、雌黄、雄黄。

A 砷黄铁矿

砷黄铁矿俗名毒砂，呈锡白色至钢灰色，条痕灰黑色，有金属光泽，不透明，是一种铁的硫砷化合物；属单斜晶系斜方柱晶类的硫化物矿物，常呈柱状、针状等集合体；化学式FeAsS，莫氏硬度为5.5~6.0，密度为6.2 g/cm³。砷黄铁矿是分布最广的一种硫砷化物，常产于高温热液矿床、伟晶岩及交代矿床中。中国古代称它为白砒石、礜石，将毒砂砸成小块，除去杂石，与煤、木炭或木材烧炼，灼烧后具有磁性，升华即为砒霜。

砷黄铁矿是除黄铁矿外的第二大载金硫化矿，在高温砷矿物形成时，金将在固溶体或晶体表面生长，随着冷却镶嵌在矿物结构中。金与砷黄铁矿交联、嵌布的各种关系与黄铁矿类似，如图1-1所示。由于原子空间、晶体化学和形成温度上的近似，在砷黄铁矿中金固溶体浓度较黄铁矿高很多，在法国维拉蓝金发现的矿物标本含金高达15200 g/t。砷黄铁矿硬度虽然比黄铁矿略低，但更脆易碎，导致在磨矿时较黄铁矿粒度更细，故浮选时回收率常较黄铁矿低。

B 雌黄

雌黄是一种单斜晶系矿石，单晶体的形状呈短柱状或者板状，集合体的形状呈片状、梳状、土状等。雌黄颜色呈柠檬黄色，条痕呈鲜黄色，主要成分是三硫化二砷，有剧毒，化学式为As_2S_3，其中含砷61%、硫39%。其莫氏硬度为1.5~2，密度为3.49 g/cm³，折光率为2.81，半透明、金刚光泽至油脂光泽，灼烧时熔融，产生青白色带强烈蒜臭味的烟雾。雌黄为柠檬黄色，暴露在空气中易变暗淡。

在工业规模金矿床中雌黄成分很少，在氧化带区域常含铁、硅等杂质，并含少量铝、铁、钙、镁、锑、硅等元素。雌黄易溶于碱液，故在氰化浸出金时耗氰，同时带来砷有害成分。

C 雄黄

雄黄和雌黄都是砷的硫化物，化学成分略有差异，其化学式为As_2S_2或AsS，含砷约 70.1%。雄黄经过氧化可以变成雌黄，置于阳光下暴晒，会变为黄色的雌黄（As_2S_3）和砷华。雄黄也属单斜晶系，单晶体呈细小的柱状、针状，但少见，通常为致密粒状或土状块体。雄黄晶体呈现出典型的橘红色，条痕（即矿物粉末的颜色）为浅橘红色。雄黄和雌黄的硬度都很低，莫氏硬度仅为 1.5~2.0，易于研磨，所以在历史上曾作为绘画、建筑用的彩色涂刷颜料，常常用在宫殿、庙宇等建筑之上。

砷的硫化物之所以有雄雌的说法，源于我国古人对矿物的认识，最初发现雄黄的古人以为雄黄只出现在山的阳面，雌黄只出现在山的阴面，故按照阴阳五行学说而将其分雄雌两种，现在看来，这并不准确。凭肉眼辨别二者，主要就是依靠颜色，雄黄是橘红色，而雌黄呈柠檬黄色，加热时雄黄产生的橙色、黄色烟雾浓而持久；而雌黄晶体则是柠檬黄色，条痕为鲜黄色，加热时烟雾较淡，以青烟和白烟为主。

雄黄是含金砷硫化矿物，不溶于水和盐酸，可溶于硝酸，溶液呈黄色。在提金碱性氰化溶液中的溶解性较雌黄差，故氰化物消耗也较雌黄低。

1.3.3.3 硫化铜矿

许多硫化铜矿含金，在含金硫化铜矿床中，金和黄铜矿、斑铜矿、辉铜矿等铜矿物交联共生，形成含金硫化铜矿物。尽管铜矿中含金品位通常较低（<1 g/t），但由于铜矿物的处理量大，铜矿的加工便成为矿产金的主要方式，全球大约 80% 的副产金来自铜矿石。硫化铜矿中会伴生其他硫化矿，如黄铁矿、硫化锌和硫化铅等矿物，其中必会有黄铁矿；除了铜矿物外，金还会与这些硫化矿物交联，产生复杂的共生关系，这为硫化铜矿的加工和提金带来不同的工艺流程选择和处理难度，同时带来丰富的选冶技术。

A 黄铜矿

黄铜矿是最主要的铜矿物，属四方晶系，晶体结构与闪锌矿、黝锡矿相似，晶体为四面体状，多呈不规则粒状及致密块状集合体；颜色为黄色，表面常有蓝、紫褐色的斑状锈色；绿黑色条痕，有金属光泽，不透明，具有导电性。其化学式为 $CuFeS_2$，含铜 Cu 34.56%、Fe 30.52%、S 34.92%，通常含有混入物（大多为机械混入物）Ag、Au、Tl、Se、Te；有时还有 Ge、Ga、In、Sn、Ni、Ti、Pt 等；硬度为 3~4，性脆，密度为 4.1~4.3 g/cm^3。黄铜矿结构中铁处于高价态，铜为低价态（$Cu^+Fe^{3+}(S^{2-})_2$）。黄铜矿氧化后会产生铜蓝（CuS）和赤铁矿，或在溶液中被还原为辉铜矿 Cu_2S，同时释放出 Fe^{2+} 和 H_2S 气体。

黄铜矿是提铜的主要原料，含金黄铜矿也是重要矿产金的主要来源之一，其分布较广，可在各种条件下形成。黄铜矿主要通过岩浆作用、接触交代作用、成矿热液作用而结晶形成，共生矿物有黄铁矿、方铅矿、闪锌矿、斑铜矿、辉钼矿、磁黄铁矿、毒砂、辉钴矿、辉铜矿、铜蓝、硫砷铜矿等；非金属矿物有方解石、石英、长石，从黄铜矿回收金主要通过处理浮选黄铜矿铜精矿的方法。

B 辉铜矿与铜蓝

辉铜矿和铜蓝也是主要的铜矿物，含铜分别为79.8%和66.4%，属次生硫化铜矿，即原生硫化铜矿物氧化分解，再经还原作用而成的次生矿物。辉铜矿化学式为 Cu_2S，含 Cu 79.86%、S 20.14%，含铜成分高，是最重要的提铜矿石，一般含银，有时含金；属正交晶系，硬度为2.5~3，密度为5.5~5.8 g/cm^3；有金属光泽，以其暗铅灰色、低硬度和弱延展性区别于其他含铜硫化物。辉铜矿见于热液成因的铜矿床中，是构成富铜贫硫矿石的主要成分，常与斑铜矿共生；外生辉铜矿见于含铜硫化物矿床氧化带下部。

铜蓝主要是外生成因，它是含铜硫化物矿床次生富集带中最为常见的一种矿物，因呈靛蓝色而得名，化学式为 CuS，含 Cu 66.48%、S 33.52%，混入物有 Fe、Ag、Se，部分含金，与黄铜矿、辉铜矿一起均为提铜的主要矿物原料。铜蓝属六方晶系，单晶体极为少见，呈细薄六方板状或片状，通常多以粉末状和被膜状集合体出现，或以一层膜覆盖在其他矿物或岩石上；主要产于含铜硫化物矿床次生富集带中，由硫酸铜溶液交代黄铜矿、斑铜矿等硫化物而成，常与辉铜矿伴生组成富铜银矿石。

C 斑铜矿

斑铜矿是铜和铁的硫化物矿物，化学式为 Cu_5FeS_4，含 Cu 63.33%、Fe 12%、S 25.55%，是提炼铜的主要矿物原料之一。其高温变体为等轴晶系，称等轴斑铜矿；矿物新鲜断面呈暗铜红色，金属光泽；表面易氧化呈蓝紫斑状的锖色，因而得名；莫氏硬度为3，密度为4.9~5.0 g/cm^3；常呈致密块状或分散粒状见于各种类型的铜矿床中，也形成于铜矿床的次生富集带，但不稳定，而被次生辉铜矿和铜蓝置换。因为在高温时（>400 ℃）斑铜矿与黄铜矿、辉铜矿呈固溶体，低温时发生固溶体离溶，故斑铜矿经常含有黄铜矿、辉铜矿显微包裹体，其实际成分变动很大。产于热型矿床中的斑铜矿，常含有显微片状黄铜矿包裹体，与黄铜矿、黄铁矿、方铅矿、黝铜矿、硫砷铜矿、辉铜矿等共生，有时与辉钼矿、自然金等共生。斑铜矿还见于某些矽卡岩矿床中，与其他铜的硫化物共生，在地表易风化成孔雀石、蓝铜矿、赤铜矿、褐铁矿等。尽管巴布亚新几内亚的布干维尔和澳大利亚南部奥林匹克坝的金矿为含金斑铜矿床，但总体斑铜矿类金矿并不多。

除铁及铜的硫化矿外，金还会和锑、锌、铅等金属硫化矿共生，或以碲化合物及金银合金形式存在。常见包裹金的各种硫化物及含金化合物见表1-2。

表 1-2 常见包裹金的各种硫化物及含金化合物

元素	自然金属	硫化物	砷化物	锑化物	硒化物	碲化物
铋	自然铋（Bi）	辉铋矿 （Bi_2S_3）				辉碲铋矿 （Bi_2Te_2S）
金	自然金（Au）； Au，Ag 合金			方锑金矿 （$AuSb_2$）		白碲金银矿 （$AuTe_2$）； 碲金矿
砷		雄黄（AsS）； 雌黄（As_2S_3）				
锑		辉锑矿 （Sb_2S_3）				
铁		黄铁矿（FeS_2）； 白铁矿（FeS）； 磁黄铁矿 （$Fe_{1-x}S$）	砷黄铁矿 （FeAsS）			
铜	自然铜（Cu）	黄铜矿 （$CuFeS_2$）； 斑铜矿 （Cu_5FeS_4）； 辉铜矿 （CuS_2）； 铜蓝（CuS）	硫砷铜矿 （Cu_3AsS_4）； 砷黝铜矿 （$(Cu,Fe)_{12}$ As_4S_{13}）； 脆硫锑铜矿 （$Cu_3(AsSb)S_4$）	黝铜矿 （$(Cu,Fe)_{12}$ Sb_4S_{13}）		
银	自然银（Ag）； AgAu，银金矿	辉银矿 （Ag_2S）； 含银方铅矿 （$(Pb,Ag)S$）	硫砷银矿 （Ag_3AsS_2）； 含银砷黝铜矿 （$(Cu,Fe,$ $Ag)_{12}As_4S_{13}$）	深红银矿 （Ag_3SbS_3）； （Cu,Fe, Ag）$_{12}As_4S_{13}$	硒银矿 （Ag_2Se）	碲银矿 （Ag_2Te）
锌		闪锌矿（ZnS）				

1.3.3.4 *碲化物*

金通常与碲矿物共生，碲与金、银等贵金属同时出现是由于碲具有半金属性质。不同碲矿物的组成差异较大。例如，碲化金矿石可分为 6 种矿物组：碲金矿（calaverite，$AuTe_2$）、针碲金银矿（sylvanite，$(Ag,Au)_2Te_4$）、亮碲金矿（montbrayite，$(AuSb)_2Te_3$）、白碲金银矿（krennerite，$(Au_{1-x},Ag_x)Te_2$）、碲金银矿（petzite，Ag_3AuTe_2）、杂碲金银矿（muthmanite，$(Ag,Au)Te_2$）。这六种矿物的物理性质和矿床位置见表 1-3。

表 1-3 主要碲化金矿物的物性及赋存位置

矿物	化学式	颜色	密度/g·cm^{-3}	莫氏硬度	矿床分布举例
碲金矿 (calaverite)	$AuTe_2$	银白色到 黄铜黄色	9.10~9.30	2.5~3.0	美国 Cripple Creek, 罗马尼亚 Nagyag, 加拿大 Kirkland Lake gold, 澳大利亚 Kalgoorlie
针碲金银矿 (sylvanite)	$(Ag,Au)_2Te_4$	钢灰色 到银灰色	8.20	1.5~2.0	美国 Cripple Creek, 罗马尼亚 Nagyag, 加拿大 Kirkland Lake gold, 澳大利亚 kalgoorlie, 斐济 Vahattala
亮碲金矿 (montbrayite)	$(AuSb)_2Te_3$	乳白色到 黄白色	9.94	2.5	加拿大 Robb-Montbray, 瑞典 Enasen, 中国东坪, 俄罗斯 Voronezhsky
白碲金银矿 (krennerite)	$(Au_{1-x},Ag_x)Te_2$	银白色到 黑黄色	8.53	2.5	罗马尼亚 Sacarîmb, Nagyag 和 Szekerembe
碲金银矿 (petzite)	Ag_3AuTe_2	明亮的钢灰色 到铁黑色	8.70~9.14	2.5	澳大利亚 kalgoorlie, 斐济 Viti Levu
杂碲金银矿 (muthmanite)	$(Ag,Au)Te_2$	苍白青铜色	11.04	2.5	罗马尼亚 Sacarimb

碲金矿是碲与金最简单、最常见的碲合物，也是除天然金外最常见的含金矿物。原生矿石中的碲金矿与自然金、碲金银矿、黄铜矿构成连生体，并以微米级单体或连生体包裹在黄铁矿、方铅矿、闪锌矿和石英的表面或孔洞中。碲金矿的次生产物包括次生金、芥末金，以及 Pb、Zn、Fe 的碲氧盐及其混合物。

针碲金银矿是一种金和银的碲化物矿物，发现于特兰西瓦尼亚，其名称也由此衍生而来。在澳大利亚的东卡尔古利区，加拿大安大略省的柯克兰克湖金矿区及魁北克省的鲁恩区也有针碲金银矿存在。针碲金银矿和金的碲化物共生，是重要的矿物，但除了在这些产地外，它是罕见的矿物[2]。

与游离金不同，碲化金在常规的碱性氰化物浸出液中不能快速溶解。因此，必须采用其他处理方法分解碲化金结构，释放游离金。一般的处理方法有氧化法、浮选法和浸出法。碲化金矿物的存在可使矿石变得难熔，导致提取金的效率较低，其程度取决于碲化金矿物的存在形态和矿物学组合。

1.4 影响提金的矿物学因素

金矿的提取冶金在很大程度上是由矿物学因素推动的，这些因素包括矿石中金颗粒粒度、与其他矿物的组合关系，如亚显微金颗粒在硫化物和硫化物矿物结构中的嵌布状态等，通常根据矿物学的特征、载金矿物化合物形态及金的赋存状态而选择适宜的加工提取方法。砂金多采用重选方法回收单质金，氧化矿多采用氰化堆浸的方法，而硫化矿的加工提取方法比较多样复杂，这些矿物学因素直接影响到提金的工艺及其过程。表 1-4 列举了一些常见的载金矿物学因素及其影响提金的过程。

表 1-4 矿物学因素及其影响提金的过程

矿物学因素	影响提金的过程	矿物学因素	影响提金的过程
解离度、包裹度	重选，浮选，浸出	氰化物和氧消耗（次生铜矿物、磁黄铁矿）	浸出
晶粒尺寸	重选，浮选，浸出	不应性（亚显微金）	重选，浸出
组合度	重选，浮选，浸出	劫金物（含碳、铁氧化物等）	浸出
表面化学	重选，浮选，浸出	有害矿物与有毒元素（砷、汞、硒、锑、碲等）	浮选、浸出、溶液净化、尾液处理
涂覆与镶边	重选，浮选，浸出	脉石矿物学（黏土、酸形成和酸消耗矿物）	浮选、浸出、尾液处理
溶解动力学	浸出		

在表 1-4 列出的因素中，解离度、晶粒尺寸和组合度被认为是所有金矿中最常见的三个因素。难浸金矿物，如金碲化物、钙钛矿（$AuTe_2$）、针碲金银矿（$(Ag,Au)_2Te_4$）、方锑金矿（$AuSb_2$）和黑铋金矿（Au_2Bi），由于其浸出动力学缓慢，往往导致金回收率较低。对于亚显微金和碳质冰铜硫化物矿石，金不仅被锁在硫化物矿物中，而且会在浸出过程中吸附在碳质物质上[3]。

1.4.1 晶粒尺寸

含金矿物的晶粒大小不等，有的在矿石中不用放大镜就能看到，有的直径不到 1 μm 甚至更小。通常人们将其分为非常细、细粒、中等、粗和非常粗五种大小，见表 1-5。在某些矿点，金的粒度变化很大，即使在同一矿床中，也存在从极细到粗不等几种颗粒。

表 1-5 金矿中金颗粒尺寸分类

分　类	金颗粒尺寸/μm	分　类	金颗粒尺寸/μm
非常细	0.1~2	粗	200~500
细粒	2~20	非常粗	>500
中等	20~200		

早在 1937 年，Haycock 用矿石显微技术检测了 50 种加拿大金矿石中的金颗粒，在任何单一晶粒尺寸中，最大的粒度占比落在微观范围内，如图 1-2 所示[4]。尽管 Haycock 的研究主要是针对处理难度不大的高品位矿石，但 20 世纪 30 年代的矿石显微镜数据已清楚地说明普通磨矿下颗粒金、胶体金和固溶体金的相对比例。进一步提金试验表明，基于所含金颗粒尺寸，在汞齐法、有效氰化和无效氰化或难冶型矿石之间可以划出相对清晰的界限。

当时的显微镜学家注意到的另一个特征是，天然金的粒度随矿物的来源方式而变化。在金与石英、脉石和矿石同时沉积的地方，大部分金通常被分割得非常细，以微小颗粒浸染在其他矿物中；而晚于伴生矿物沉积的金则倾向于占据已存在矿物中的小裂隙，结果使其大部分粒度较粗。矿石品位与粒度之间也存在某种对应关系，品位越低，金矿金颗粒度越小，更难提取。低品位金矿金颗粒通常为微米级至不可见类别，如氰化提取需要精细研磨，且处理成本高、回收率低。

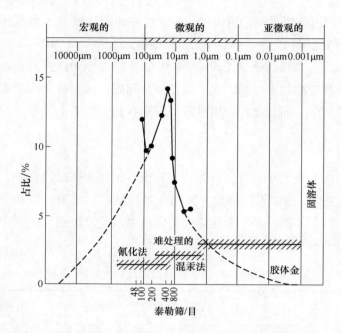

图 1-2　金颗粒的平均显微粒度对数分布及其与提取难度的关系

1.4.2　脉石性质

　　脉石矿物的矿物学性质在金矿选矿过程中具有十分重要的意义，它不仅与磨矿特性相关，而且在确定氰化效果方面也很重要。例如，硅酸镁滑石类矿物使研磨困难，并会带来沉降和过滤问题；而某些碳酸盐会消耗大量碱，污染氰化物溶液。各种矿物在氰化物溶液中的溶解度实验表明，重金属的硅酸盐、氧化物和碳酸盐具有显著的溶解度，而常见的硅酸盐、碳酸盐和氧化物脉石矿物一般不活泼。另外，有些金矿是碳质型的，石墨和碳质物质可能以"活性"碳的形式出现，它会将溶解的金重新吸附并沉淀到氰化物溶液中。美国内华达州的卡林金矿公司首次使用"含碳矿石"一词来描述氰化处理过程中某些高度有害的含碳矿石，故之后卡林类型金矿即指含碳矿石。有些金矿是高硅质或硅矿型，这些矿石的特征是金或含金黄铁矿被细锁在微晶石英或燧石基质中，封闭的孔隙空间无法进入浸出液，导致提金回收率低。其中，有些矿石经细磨后会更易氰化浸出，而另一些矿石即使细磨后金回收率提高也不大。对于金矿堆浸，有些脉石导致泥化严重、渗透性低，堆浸时浸出效果不佳。

1.4.3　硫化矿物的关联

　　如上所述，对于硫化金矿，在氰化提金过程中硫化矿物非常重要，作为金的主要载体矿物，一些硫化矿物，如磁黄铁矿和白铁矿，受到氰化物溶液的侵蚀后有污染氰化物溶液的作用。而黄铜矿和其他硫化铜会引起异常高的氰化物消耗，从而耗尽浸金所需的氰化物。

在金关联的硫化矿物中，黄铁矿和毒砂是其主要宿主。Schwartz 研究了 115 个金矿床中天然金与各种硫化物的共生关系，其中不同硫化物共生的金矿的数量为：黄铁矿 48 个、毒砂 45 个、方铅矿 30 个、闪锌矿 26 个、黄铜矿大于 23 个。此外除以上矿物，金还与磁黄铁矿和黝铜矿-黝铜矿共生[5]。在硫化物中，自然金以完全封闭的微观包裹体形式存在，或者存在于碎片中，或者以与硫化物接触的颗粒形式存在。对于不同关联形式的金矿石，需采用不同的破磨、浮选、氰化等工艺的选择与组合进行处理，才可获得良好的回收率。有些金矿中，金包裹体或者是亚微观的，或者是硫化物中化学结合的金，这种矿石常被认为是难处理金矿，更需要特殊的工艺才能经济地提取。

1.4.4 涂覆

金表面涂覆是由矿床表生蚀变作用或者在矿石加工过程中引入的表面涂层，其对金的回收均有不利影响，这些涂层包括氧化铁、氯化银、锑、锰和铅化合物等。Feather 和 Koen[6]详细讨论了从威特沃特斯兰德矿石中回收金过程中各个阶段金的性质和赋存状态，研究发现，已被包裹的金颗粒在冶金过程中会被进一步包裹，表面上积聚水合氧化铁，这些水合铁主要与采矿和磨矿作业中不稳定态的铁有关。另外，含银金颗粒很容易被硫化物离子表面附着，而纯金是惰性的，这些表面涂覆都将延滞金的提取，降低金回收率。

1.4.5 隐形金

隐形金是指在宿主矿物中，金以亚显微包裹体的形式，或以固溶体及化学结合金的形式出现，对于常规氰化反应来说属难溶的金。在开发贫金、难处理金矿的今天，了解隐形金的性质可以为矿石的处理提供重要的信息，许多新的分析技术也被用于分析隐形金的性质，如电子探针、扫描电子显微镜、透射电子显微镜（TEM）、Mossbauer 光谱、质子微探针（PIXE 粒子诱导 X 射线激发）、离子微探针（SIMS 二次离子质谱）、放射自显影和激光微探针等。如 Wagner 等人[7]应用 Au Mossbauer 光谱测定金矿石、焙烧精矿和冰铜中金的化学态，为硫化物中的晶格结合金提供了直接证据。

McPheat 等人[8]采用放射自显影法和电子探针分析发现，黄铁矿精矿含 1.8427 g/t（0.065 oz/t）的金，其中 0.622~0.933 g/t 的金（0.02~0.03 oz/t）在黄铁矿内固溶体中，剩下的部分为分散微细粒的天然黄金。Cathelineau 等人[9]利用电子微探针分析、扫描电子显微镜和二次离子微探针成像（SIMS）、原子吸收分析和 Mossbauer 光谱等多学科方法研究了来自西欧不同金矿和矿点的富金毒砂，结果表明，金在毒砂结晶过程中可能与 Fe、As、S 共沉淀为化学结合金，当 As 和 Au 配合物活性高、Sb 配合物活性低时，会发生共沉淀。对于寒武系矿床的毒砂而言，这一过程在沉积末期最大，金的分布呈现出较强的非均质性，特别是在晶体边缘和微裂纹网络内部有强富集[9]。

　　Swash 通过电子探针分析，对南非 Barberton 地区难处理金矿的矿物学开展调查，确定 Fairview 矿中毒砂和黄铁矿中亚显微金的浓度非常不稳定，其中毒砂和黄铁矿的金含量最高，对 Sheba 矿的一粒毒砂进行了更详细的微探针检测，结果表明金主要伴生在富砷区。Mossbauer 光谱和 TEM 研究也表明，金在毒砂中以非金属形式存在。使用多学科的方法，包括光学显微镜、电子探针、TEM 和 SIMS、Cabri 等，有间接证据表明 Au 以固溶体的形式随机分布于毒砂结构中，这可能与宿主 As 有关[10]。

　　基于迄今为止使用多学科方法进行的研究，离子微探针（SIMS）具有更低金含量检出水平（黄铁矿中含金 $4×10^{-5}$%），是定量分析常见硫化物和冶金产品中"不可见"金浓度的最有前途的原位分析技术。离子微探针的深度剖面能力，可以区分尺寸大小为 $10~20$ nm 以下的金包裹体。Chryssoulis[10] 报道了离子微探针分析的几种硫化物中，"不可见"的金含量为：毒砂 $0.5~2500$ g/t、黄铁矿 $0.3~108$ g/t、磁黄铁矿 $0.3~0.4$ g/t、黄铜矿 $0.2~6.0$ g/t、辉石矿 $0.2~4.1$ g/t 和方铅矿 $0.2~0.4$ g/t。

　　另外，金矿的氧化程度和铜矿物含量及其结构直接影响到金的提取，基于此，通常将所采取的提金方法归为四大类，见表 1-6。

表 1-6　基于矿物学和结构特征的四种矿石类型及提金方法

序号	矿 石 类 型	特征及提金方法
I	氧化棉矿石（0~60 m）	细粒至中粒金局部游离，主要与针铁矿、石英、绢云母和高岭土组合伴生，铜大部分已被浸出，金可氧化回收
II	中等铜氧化矿石（60~100 m）	离散的细粒到粗粒金可采用重力法回收；含有更多的铜，提金需要更复杂的氧化流程
III	高铜氧化硫化混合矿石（100~150 m）	硫化物部分被氧化，与辉铜矿富集，金不适合简单氰化回收
IV	硫化矿（黄铁矿含少量黄铜矿，>150 m）	细粒金（<10 μm）主要锁定在黄铁矿中，对硫化物的磨矿和浮选要求非常精细，提金需要浮选，获得的金精矿预处理后才能提取

参 考 文 献

[1] CHRYSSOULIS S L, CABRI L J, SALTER R S. Direct determination of invisible gold in refractory sulphide ores [C]//Proc. of the Int. Sym. on Gold Metallurgy, Winnipeg, Vol. 1, Proc. of the Metall. Soc. of the Can. Inst. Mining Metall., 1987: 235-244.

[2] CHRYSSOULIS S L, CABRI L J, LENNARD W. Calibration of the ion microprobe for quantitative trace precious metal analysis of ore minerals [J]. Econ. Geol., 1989, 84: 1684-1689.

[3] HARRIS D C. Mineralogy and geochemistry of the main Hemlo gold deposit, Hemlo, Ontario, Canada [C]//Proceedings of Gold '86, an International Symposium on the Geology of Gold: Toronto, 1986: 297-310.

[4] HAYCOCK, M H. The role of the microscope in the study of gold ores [J]. Canad. Inst. Mining Metall. Trans., 1937, 40: 405-414.

[5] SCHWARTZ G M. The host minerals of native gold [J]. Econ. Geol., 1944, 39: 371-411.

[6] FEATHER C E, KOEN G M. The significance of the mineralogical and surface characteristics of gold grains in the recovery process [J]. Jour. S. African Inst. Mining Metall., 1973, 73: 223-234.

[7] WAGNER E E, MARION P h, REGNARD J R. Mossbauer study of the chemical state of gold in gold ores [C]//Gold 100, Proceedings of the Int. Conf. on Gold. V. 2: Extractive Metallurgy of Gold, 1986: 435-443.

[8] MCPHEAT I W, GOODEN J E A, TOWNEND R. Submicroscopic gold in a pyrite concentrate [C]//Proc. Aust. Inst. Mining Metall., 1969, 231: 19-25.

[9] CATHELINEAU M, BOIRON M C, HOLLIGER P h, et al. Goldrich arsenopyrites: Crystal-chemistry, gold location and state, physical and chemical conditions of crystallization [C]// Bicentennial Gold 88, Melbourne, Geol. Soc. Aust., Abst., 1988, 22: 235-240.

[10] CHRYSSOULIS S L. Ion probe microanalysis of gold in sulphides and implications for enhanced gold recovery from refractory ores [R]. Surface Science Western, Univ. of Western Ontario, CANMET Contract Report 79037-01-55, 1989: 380.

2 金矿石的破磨

金矿床通过采矿工序开采后的金矿石块度较大，不管后续采取何种选冶工艺提金，均需采取破碎、磨矿等物理方法将大块矿石加工到符合各种提金工艺要求的粒级。通常处理方法有破碎与磨矿两种加工方法，视后续工序要求，其中破碎一般有初级破碎和二级破碎，磨矿有半自磨和球磨等。各种方法处理对应的粒度范围如图 2-1 所示。

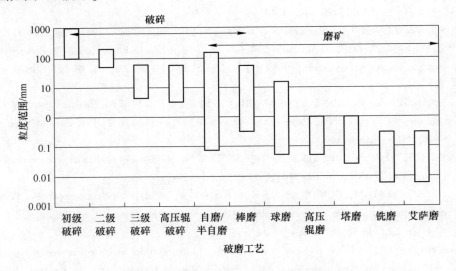

图 2-1 矿石各破磨工艺及加工粒度范围

金矿石破磨方法与其他矿石的选冶工艺采取的矿石处理方法相同，其不同在于根据金矿石自身特点和提金工艺，选择不同的破磨机械设备，以及不同组合的破磨工艺[1]。

2.1 金矿石破磨方法

2.1.1 破碎

金矿石初级破碎处理是将矿石粒度破碎至 100~1000 mm （或 100~800 mm）范围的过程。许多金矿山矿石经初级破碎后会进入二级破碎或三级破碎，或进入自磨、半自磨工序，即后续衔接的破磨工序视各矿山对矿石粒度要求和工艺选择的不同而不同。初级破碎常采取的破碎方法有颚式破碎机破碎和旋回破碎机破碎。颚式破碎机初碎后一般会采用圆锥破碎机进行二次破碎，而旋回破碎机破碎后常直接进入自磨、半自磨机进行磨矿；有的矿山采用氰化堆浸工艺提金，矿石经旋回破碎后不再进行磨矿工序，而是进入粗碎圆锥破碎进行二次破碎后直接入堆。

2.1.1.1 颚式破碎

颚式破碎是采用颚式破碎机进行矿石破碎的预处理工序。颚式破碎机俗称颚破，又名老虎口，是模拟动物的两颚运动而完成物料破碎作业的破碎机。其基本结构是由动颚和静颚两块颚板组成破碎腔，动颚板围绕悬挂轴对固定颚板静颚做周期性的往复运动，动颚板靠近固定颚板时，处在两颚板之间的矿石受到压碎、劈裂和弯曲折断的联合作用而被破碎；当动颚板离开固定颚板时，已破碎的矿石在重力作用下，经破碎机的排矿口排出。按照活动颚板的摆动方式不同，可以分为简单摆动式颚式破碎机（简摆颚式破碎机）、复杂摆动式颚式破碎机（复摆颚式破碎机）和综合摆动式颚式破碎机三种，其中复摆颚式破碎机结构如图 2-2 所示。

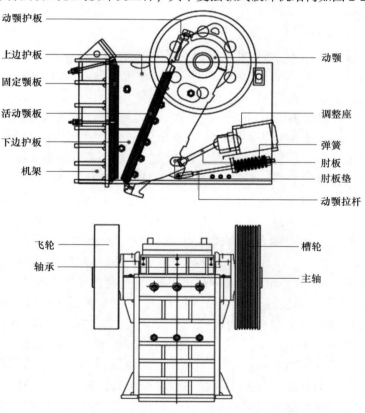

图 2-2　复摆颚式破碎机结构图

颚式破碎机具有噪声低、粉尘少、破碎比大、产品粒度均匀、结构简单、工作可靠、运营费用低、润滑系统安全可靠、部件更换方便、设备维护保养简单、排料口调整范围大等特点，是金属矿山矿石初级破碎的重要方式之一，可完成大块矿石的破碎，最大进矿粒径为 1000~1200 mm，破后粒度视颚式破碎机型号不同有较大差异。例如，PE150×250 小型颚式破碎机，最大进料矿石粒度为 125 mm，排矿粒度为 10~40 mm；而 PE1200×1500 大型颚式破碎机，最大进料粒度为 1020 mm，排矿粒度为 100~300 mm，大型矿山往往选择大型颚式破碎机作为初级破碎设备。

近年来，随着露天矿开采比重的增加，以及大型电铲（挖掘机）、大型矿用汽车的采用，露天矿运往碎矿车间的矿石块度达到 1.5~2.0 m；同时，由于原矿石的品位日趋降低，要想保持矿山生产能力，需大幅增加原矿石的开采量和碎矿量，因此颚式破碎机随之向大型化发展。目前，国外制造的最大规格的颚式破碎机是：3000 mm×2100 mm（简摆），给矿块度为 1800 mm，生产能力为 1100 t/（台·h）；2100 mm×1670 mm（复摆），排矿口为 355 mm 时，其生产能力为 3000 t/（台·h）[2-4]。

2.1.1.2 旋回破碎

旋回式破碎机是利用破碎锥在壳体内锥腔中的旋回运动，对物料产生挤压、劈裂和弯曲作用，粗碎各种硬度的矿石或岩石的大型破碎机械，是圆锥破碎机的一种，主要用于矿石的粗碎。结构如图 2-3 所示。

图 2-3 中旋回破碎机由机架、传动轴、偏心轴套、球面轴承、动锥、调整环等部分组成。装有破碎锥主轴的上端支承置于横梁中部的衬套内，其下端则置于轴套的偏心孔中。轴套转动时，破碎锥绕机器中心线做偏心旋回运动，它的破碎动作是连续进行的，故工作效率高于颚式破碎机。到 20 世纪 70 年代初期，大型旋回破碎机每小时已能处理物料 5000 t，最大给料直径可达 2000 mm。破碎腔深度大，工作连续，生产能力高，单位电耗低。它与给矿口宽度相同的颚式破碎机相比，生产能力比后者要高一倍以上，而每吨矿石的电耗则比颚式破碎机低 50%~80%，工作平稳，震动较轻。旋回破碎机的基础质量通常为机器设备质量的 2~3 倍，而颚式破碎机的基础质量则为机器设备本身质量的 5~10 倍。大型旋回破碎机可以直接给入原矿石，无须增设矿仓和给矿机。但旋回破碎机的构造复杂，制造较困难，价格较高，比给矿口相同的颚式破碎机昂贵得多；机器的质量大、机身高，较给矿口相同的颚式破碎机重 1.7~2 倍、高 2~2.5 倍，需较高的厂房，故厂房的建筑费用也高；安装和维护较复杂，检修也较麻烦，对处理含泥较多及黏性较大的矿石，排矿口容易阻。旋回破碎机生成的片状产品较颚式破碎机要少，初期成本高，但从长远周期上来看，整体效益较颚式破碎机更高[5-6]。

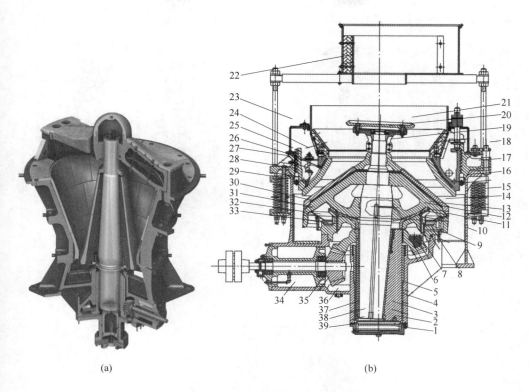

(a)   (b)

图 2-3　旋回破碎机结构

（a）构造简图；（b）剖面图

1—机架下盖；2—止推盘；3—偏心轴套；4—直衬套；5—机架中心套筒；6—大伞齿轮；

7—平衡重；8—方销；9—进水管口；10—机架；11—球面轴承座；12—球面轴承；

13—挡油环；14—衬板；15—弹簧；16—毛毡密封；17—固定环（支承环）；

18—弧形齿板；19—锁紧螺帽；20—制动齿板；21—分矿盘；22—漏斗；

23—支承罩；24—U 形螺栓；25—定锥衬板；26—耳环；

27—注黄油孔；28—调整环；29—螺栓；30—动锥；31—领缘；

32—环形油槽；33—排水管口；34—传动轴套筒；35—小伞齿轮；

36—排油口；37—锥衬套；38—主轴；39—进油口

2.1.1.3　圆锥破碎

　　圆锥破碎是继旋回破碎后，发展起来的一种提供比旋回破碎机和颚式破碎机可供给更细粒级产品的破碎方式。圆锥破碎机主要由机架、传动轴、偏心套、球面轴承、破碎圆锥、调整装置、调整套、弹簧及下料口等部分组成，如图 2-4（a）和（b）所示；在圆锥破碎机的工作过程中，电动机通过传动装置带动偏心套旋转，动锥在偏心轴套的迫动下做旋转摆动，动锥靠近静锥的区段即成为破碎腔，物料受到动锥和静锥的多次挤压和撞击而破碎。动锥离开该区段时，该处已破碎至要求粒度的物料在自身重力作用下下落从锥底排出，如图 2-4（c）所示。

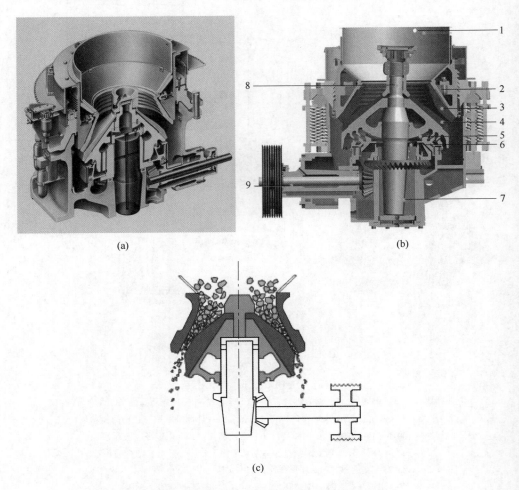

(a)　　　　　　　　　　　　　　　(b)

(c)

图 2-4　圆锥破碎结构及工作示意图

（a）构造图；（b）剖面图；（c）圆锥破碎示意图

1—进料斗；2—调整套；3—扎臼壁；4—破碎壁；5—碗形瓦；6—配重盘；

7—主轴衬套；8—主轴；9—传动轴套

　　圆锥破碎根据给矿与破碎后排矿粒度大小分为粗碎、中碎和细碎，矿山可根据实际期望的破碎比及最终破碎粒度选择所需的破碎机型号。例如，SMG 系列液压圆锥破碎机具有多种破碎腔型，通过选择合适的破碎腔型及偏心距使最终的矿石破碎粒度更优。SMG100 分粗碎 F 和细碎 F 两个型号，给矿粒度分别为150 mm 和 50 mm，产品粒度根据冲程产量调节排料口大小，其所含调整器，可快速调整破碎出料粒度的大小，排矿口粒度为 7~25 mm 不等。再如，HPC 系列高效液压圆锥破碎机，其 HPC-160、HPC-220、HPC-315、HPC-400 的排矿口尺寸均为 13 mm，而给料口尺寸分别为 150 mm、225 mm、290 mm 和 320 mm，矿山可根据需要的破碎比和处理能力选择不同型号[1,7-8]。

圆锥破碎机更换破碎壁后较以往辊式破碎机更快，大大提高了作业效率，这使其具有更高的产能，且内部结构密封性能好，使用寿命较长，适用性强。因大功率、大破碎比、高生产率的液压式破碎机等优点，圆锥破碎机已被矿山广泛使用，并仍在不断改进提升。

2.1.1.4 高压辊磨

高压辊磨机是一种基于料层粉碎原理的新型破碎设备。它由两个水平高度相等、直径相同、转速相同且旋转方向相反的挤压辊组成，至少有一个是活动辊，通过内置液压系统为活动辊提供压力，对一定料层厚度矿物进行挤压，通过料层内颗粒相互挤压，高效地得到预期粒度的矿物。常规的"三段一闭路"+ 球磨机流程，受限于每段作业圆锥破碎机的破碎比，很难将入磨粒度降到 8 mm 以下。因此，国内外研制了多种细碎设备，其中，20 世纪 80 年代发展起来的高压辊磨机越来越受到认可。1985 年高压辊磨机首先被应用到水泥行业中，因其显著的节能和高效破碎性能，后来被陆续成功应用到煤炭、钻石、铁矿和有色金属等行业中，可作为细碎、超细碎或半自磨系统顽石破碎，能使碎矿产品粒度大幅降低，从而实现了"多碎少磨"的目标。

2.1.2 磨矿

磨矿是矿石经过破碎后，通过磨机使矿石颗粒粒度进一步降低至下一步选冶工艺所需粒级的作业过程，一般金属矿山的该作业过程是在连续转动的磨机筒体内完成的。筒体中常装有研磨介质（如钢球、棒、异型球棒、大块矿石或砾石等），研磨介质在筒体旋转过程中被带动产生复杂的冲击、研磨和剪切作用，给入筒内的矿石在研磨介质作用下被磨碎。按加入介质的不同，磨矿作业有自磨、半自磨、球磨、棒磨、砾磨等，其中自磨是不加入介质，以矿石自身为介质的磨矿方式。矿石经磨矿后的产品按粒度大小分为粗粒、中粒、细粒、微细粒、超细粒五级，各级的粒度范围与加工过程及被磨物料的用途有关，没有严格的界限。一般认为上述五个粒级的范围依次是：>0.5 mm、0.5~0.1 mm、0.1~0.076 mm、0.076~0.01 mm、<0.01 mm。与产品粒度范围所对应，磨矿过程分为粗磨矿、中粒磨矿、细粒磨矿、微细粒磨矿和超细磨矿。磨矿产品粒度越细，磨矿过程越复杂，磨机产量越低，电耗和钢耗越高，因此磨矿成本也越高。黄金氰化浸出工艺一般磨矿产品小于 0.076 mm 占比 80% 以上。

按不同的形状与结构设计，磨机有卧式圆筒型和立式圆筒型。卧式圆筒型磨机根据筒体内长和内径的比值（通称长径比，以 L/D 表示），又分为短筒型

（$L/D \leqslant 1.5$）、长筒型（L/D 为 1.5~3.0）和管式磨机（$L/D \geqslant 3.0$）；而立式圆筒型磨机有塔式磨机、立式搅拌磨机、雷蒙磨机等。不管采取哪种磨机或磨矿介质，由于被磨物料性质的不均匀性及物料在磨机中所受冲击、研磨力的随机性，磨矿产品的粒度是不均匀的，故常需要通过分级或筛分对磨矿产品进行分离。根据磨机与分级（或筛分）设备联合工作的特点，磨矿作业分为开路磨矿和闭路磨矿两大类。其中，开路磨矿的产品直接排入下一步工序处理，不返回磨机再磨；而闭路磨矿的产品经分级后，粗颗粒需返回磨机再磨。至于采取哪种磨矿方式取决于下一步工序对产品粒度的要求[1, 9-10]。

2.1.2.1 自磨

自磨又称无介质磨矿，通常矿石物料按一定粒级配比给入磨机，以被磨物料自身为介质，通过相互的冲击和磨削作用实现粉碎，自磨机因此而得名。自磨机给矿一般为采矿矿石破碎至 300~0 mm 的物料，可将物料一次磨碎到 0.074 mm，其含量占产品总量的 20%~50%；粉碎比可达 4000~5000，比球磨机、棒磨机高十几倍。自磨机是一种兼有破碎和粉磨两种功能的新型磨矿设备，按磨矿工艺方法不同，自磨机可分为干式（气落式）和湿式（泻落式）两种。在干式自磨机中，使矿石粉碎的主要原因有：自由落下时的冲击力，由压力状态突然改变至张力状态的瞬时应力，以及颗粒之间的相互摩擦。其结构与作用原理如图 2-5 所示。

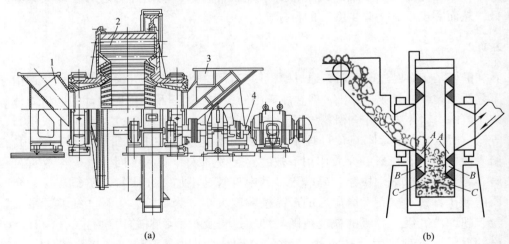

(a)　　　　　　　　　　　　　　　　(b)

图 2-5 干式自磨机结构（a）与工作原理（b）示意图
1—给矿漏斗部；2—筒体部；3—排矿漏斗部；4—传动部

新给矿中的小粒矿石，由给料端进入后，沿 A 面均匀地落于筒体底部中心，然后向两侧扩散；大块矿石则具有较大的动能，总是趋向较远的一侧，但其中有一部分必然要与 AB 面相碰，然后向另一侧返回，因此，也使大块矿石得到均匀分布。A—B、B—B 在这里的作用是防止给入物料有害的偏析。自排矿端沿下面返回的颗粒如同新给料中的细粒一样，均匀地落于筒体底部的中心，然后向两边扩散。大块和细粒在筒体底部沿轴向运动，方向正好相反，于是产生磨剥作用。湿式自磨机的构造和工作原理和干式自磨机大致相同，不同在于磨矿过程补加一定量的水，在湿式条件下磨矿。

湿式自磨机的投资一般较干式自磨机低，在同样条件下，湿式自磨机的投资与一般磨矿工艺大致相同。干式自磨机必须带有一套风路系统，辅助设备多，而湿式自磨机辅助设备少，物料运输装置简单，因而投资约较干式自磨机低 5% ~10%。湿式自磨机本身所需动力比干式自磨机高，但干式自磨机加上风路系统的动力消耗则超过湿式自磨机，因而每吨矿石的能耗要比湿式自磨机多 25% ~30%。湿式自磨机发展较快，其数量占自磨机总量的 70% 以上，干式自磨机的数量比例则显著下降。近年来，湿式自磨机不但在数量比例上进一步增加，而且在自磨机的规格上不断增大[11]。

2.1.2.2 半自磨

半自磨是在自磨机基础上再添加一定比例的钢球（8% ~20%不等）作为补充磨矿介质进行磨矿的方法，入磨物料一般为破碎至小于 250 mm（有时在 200 mm 以下或更细）的矿石。在自磨过程中，自磨机中大于 100 mm 的矿石起研磨介质的作用，20~80 mm 的矿粒磨碎能力差，其本身也不易被大块矿石磨碎（这部分物料通常称为难磨颗粒）。为了磨碎这部分物料，有时往自磨机中加入占磨机容积 4% ~8%的大钢球，使磨矿效率大为提高，因而出现了半自磨。半自磨机属于圆筒形磨机，特点是重载荷、低转速、起动转矩大，如图 2-6 所示。

图 2-6 半自磨机现场运行图

（直径 11.6 m，装机功率 20 MW）

与传统的磨矿工艺相比，半自磨工艺的优点有：（1）半自磨机处理能力大，如丘基卡马塔铜矿新安装了 2 台 ϕ9.75 m×4.57 m 半自磨机，处理能力增加 51000 t/d，使选矿厂生产能力从扩建前的 102000 t/d 增至 153000 t/d。世界上最大直径为 12.2 m 的半自磨机正在澳大利亚的卡地亚山矿山运转，其驱动功率为 20 MW；（2）半自磨机单位矿石生产成本低；（3）半自磨工艺流程比较短，便于管理，所需人力成本低；（4）半自磨操作简单；（5）半自磨工艺可以有效减少磨矿介质对矿物表面电化学性质的影响[2, 10-11]。

2.1.2.3 球磨

球磨是有色金属矿山采用最为广泛的磨矿方式，其核心设备球磨机由给料部、出料部、回转部、传动部（电机、减速机、传动齿轮、电控）等部分组成。金矿最常用的球磨机为卧式圆筒球磨机，即回转部分为圆筒，筒体内衬有耐磨材料，并配有承载筒体维系其旋转的轴承和驱动部分。物料由进料端给入空心圆筒内，圆筒内装有不同直径的磨矿介质钢球、钢棒或砾石等。当球磨机圆筒绕水平轴线以一定的转速旋转时，筒内的介质和原料在离心力和摩擦力的作用下附着在筒体衬板上，随着旋转被筒体带到一定的高度，当自身的重力大于离心力时，便脱离筒体内壁抛射下落或滚落，落下冲击力会使矿石被击碎，同时在磨机转动过程中，磨矿介质相互间的滑动对矿石原料具有研磨作用；如此反复，使矿石达到所要求的粒级。研磨后的粉状物料通过卸料算板排出，完成粉磨作业。

金矿石球磨的磨矿介质普遍使用不同粒径的钢球，并按需要合理级配以满足粉磨要求。实际生产中通常采取两级配球法，即将两种直径相差较大的钢球按一定比例配比后填充至球磨机中。大球之间的空隙由小球来填充，以充分提高钢球的堆积密度，增加磨机的研磨能力。在两级配球中，大球的作用主要是对物料进行冲击性破碎，而小球的作用则主要有三：一是填充大球间的空隙，以提高研磨体的堆积密度；二是起能量传递作用，即通过将大球的冲击能量传递给物料；三是将空隙中的粗颗粒物料排挤出来，置于大球的冲击区内以破磨。

合理钢球介质的充填率配置会有效提升球磨机的处理能力，在充填率小于或等于45%的范围，球磨机处理量随填充率的增加而增加，当充填率在45%时球磨机负荷为最大；但当钢球填充率超过45%时，随着充填率的增加球磨机负荷则大幅度下降。另外，椭圆形钢球介质代替现用圆球介质会提高球磨机破碎能力，原因是与同直径的圆球相比，椭球重量增加了62%，破碎冲击力更强；且磨矿时，椭圆球之间的线接触代替了圆球之间的点接触，接触面积增大4倍，与同直径的圆球相比，球的表面积也增加8%，大大提高了研磨能力，同时可减少过粉碎现象，产品粒度更均匀。

在金矿山中，球磨工序常与前端破碎、半自磨等工序组合，以达到满足后续氰化浸金要求的矿石粒度，如后续 2.2 节。目前，黄金矿山球磨机向大型化、高效率、低能耗方向发展，即提高磨机的处理能力主要依靠加大磨机的有效内径和有效长度，并相应提高驱动主电机的功率来实现。如 1998 年，当时世界上最大的半自磨机和球磨机在澳大利亚的 Cadia Hill 铜金矿选矿厂投入运行，标志着球磨机大型化取得重大突破。该回路为半自磨—球磨–破碎（SABC）流程，由一台 ϕ12.2 m×6.71 m、功率 20000 kW 的半自磨对应两台 ϕ6.71 m×11.1 m、单机功率 8600 kW 的球磨机，系统处理能力达 1700 万吨/年。目前世界上最大的湿式球磨机规格可达 ϕ8.25 m×15.25 m，单机功率达 19845 kW[1,11]。随着磨机规格的不断增大，其主要部件结构强度达到承受极限，相应的衬板的可靠性和耐磨性也承受着巨大的考验。大型磨机选择计算中，除考虑磨机的直径/长度规格尺寸外，磨机的轴输出功率和矿浆在磨机中的停留时间是两个关键因素，它直接关系到矿石磨破效率和单位能耗，故黄金矿山应根据矿山实际，综合考虑矿石性质、生产要求、矿山限制性条件等因素，选择适宜的球磨机型号及磨矿工艺。

2.1.3 细磨与超细磨

2.1.3.1 艾萨磨

艾萨磨机的出现源于澳大利亚 Mount Isa 公司（现为 Xstrata 公司）的 McArthur River 和 Mount Isa 两个铅锌矿山遇到的难题，McArthur River 矿床由于嵌布粒度超细而无法生产可销售的铅锌精矿，为此，Mount Isa 公司与 Netzsch 公司（制造商）合作改进颜料行业使用的 Netzsch 水平搅拌磨，以使该设备适用于矿山行业，于 1994 年底在 Mount Isa 铅锌矿山成功试验安装了第一台 M3000（1.1 MW）艾萨磨机，并很快在该选厂又安装了 1 台，而 McArthur River 铅锌矿则于 1995 年成功安装该型号磨机。尽管艾萨磨机早期主要用于超细磨，但目前艾萨磨机已逐渐进入粗颗粒物料的磨矿领域，正逐步取代部分立磨机和球磨机。艾萨磨机为卧式高速搅拌磨机，其设备结构如图 2-7 所示[12]。

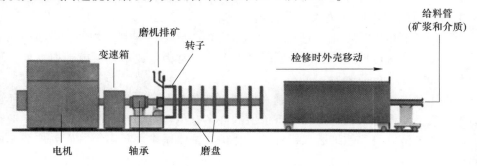

图 2-7 艾萨磨机的结构示意图

艾萨磨机主要由 8 个磨盘组成，磨盘安装在轴上，通过电机和变速箱带动轴一起转动。运行时磨盘末端线速度为 21~23 m/s，从而使能量强度高达 300 kW/m³。两磨盘之间实质为单独的磨矿腔室。磨矿介质通过磨盘的带动沿径向加速向外壳运动，两个磨盘之间的介质由于沿盘面向外的径向加速度不同，从而在每个磨盘腔室内形成循环，矿物在介质的搅动下实现磨矿，艾萨磨机的工作原理如图 2-8 所示[13]。

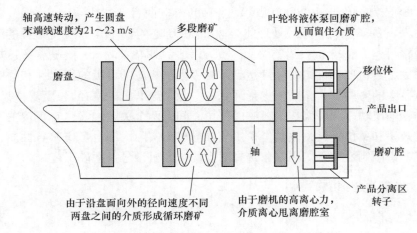

图 2-8　艾萨磨机的工作机理

因为有多个磨矿腔室和高能量强度，介质和矿物颗粒之间碰撞的机会大大增加。艾萨磨机的排矿端设有由转子和置换体组成的产品分离器，使得艾萨磨机具有内部分级功能。产品分离器只将粒度合格的磨矿产品排出磨机，而将介质和粒度未达到要求的颗粒留在磨机中，这样就使得艾萨磨机实现了开路磨矿，可以获得的产品粒级分布窄，省去了筛子或旋流器，简化了流程，也减少了投资。

艾萨磨的另一特点是采用细粒级的磨矿介质。磨矿介质粒度越小，单位磨矿体积内介质的比表面积更大。单位磨矿体积内装 2 mm 介质的比表面积是装 12 mm 介质比表面积的 90 倍，这将大大增加介质与颗粒，尤其是与细颗粒级矿石的碰撞。艾萨磨机可使用的磨矿介质种类较多，通常为低成本且可就地取材的惰性介质，如河沙、炉渣等。

近年来采用艾萨磨机的矿山越来越多，其在澳大利亚和南非得到了广泛而成功的应用，使得过去被认为无经济价值的许多有色金属矿产资源得以开发并取得了良好的经济效益。超细磨在铅锌矿、金矿、铂族尾矿再利用等方面的部分实例如下：

（1）澳大利亚 Mount Isa 铅锌矿选厂铅粗精矿再磨回路及锌中矿再磨回路中

安装了 8 台 M3000（1.12 MW）艾萨磨机，给矿粒度 $F_{80} = 40 \sim 45\ \mu m$，产品粒度 $P_{80} = 8\ \mu m$，生产能力 $15 \sim 16\ t/(台 \cdot h)$，比功耗为 $50 \sim 60\ kW \cdot h/t$。

（2）南非 Anglo 铂矿选厂安装了世界第一台 M10000（2.6MW）艾萨磨机，用于处理已有尾矿库中的铂尾矿。给矿粒度为 $F_{98} = 42.5\ \mu m$，产品粒度 $P_{80} = 16.5\ \mu m$，比功耗为 $37\ kW \cdot h/t$。

（3）吉尔吉斯斯坦 Kumtor 金矿安装了 1 台 M10000（2.6 MW）艾萨磨机处理再磨球磨机的排矿，给矿粒度 $F_{80} = 20\ \mu m$，产品粒度 $P_{80} = 10\ \mu m$，设计处理能力 65 t/h，实际平均处理能力为 72 t/h，目前实际利用功率 1950 kW，相当于比功耗为 $27.1\ kW \cdot h/t$。

艾萨磨机是已发展起来的一种高能量强度搅拌磨机，磨矿产品细度可达到 $10\ \mu m$ 以下，其采用的磨矿介质成本低廉，容易就地取材，介质为惰性介质，为细磨后的浮选作业创造了有利条件，也为有色金属矿山需细磨才能有效提取的资源提供了有效手段。

2.1.3.2 塔磨

塔磨机最早出现于 1953 年，用来代替球磨机进行中矿再磨。目前，工业应用的塔磨机主要是由 Metso 公司生产的 Vertimill 磨机。塔磨机实际上是一个圆筒状的立式球磨机，一般由垂直筒体、螺旋搅拌装置、驱动装置等组成。该设备适合于物料的细磨及超细磨，多用于有色金属矿山的再磨回路。其研磨过程及工作原理示意图如图 2-9 所示。

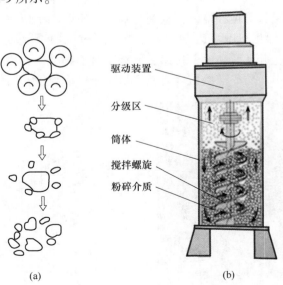

驱动装置

分级区

筒体

搅拌螺旋

粉碎介质

(a)　　　　　　　　　　(b)

图 2-9　塔磨机研磨过程及工作原理示意图

（a）研磨过程；（b）工作原理

　　物料从塔磨机的下部给入，在螺旋搅拌器的作用下，同研磨介质一起沿螺旋中心轴旋转上升，在此过程中，物料受到研磨作用而粉碎，最终细粒产品从塔磨机的顶部溢出，粗颗粒则留在塔磨机内继续被研磨。Vertimill 磨机筒体直径小、高度大，从而增加了研磨介质间的压力，介质在搅拌器作用下做多维连续循环旋转，而不是像卧式磨矿机内那种在垂直方向作用及抛物线运动，这样研磨介质不克服重力做功，从而节省了能量。

　　实践证明，Vertimill 磨机是一种用途广泛的磨矿设备，可处理粒度小于 6 mm 的矿石，产品粒度可达 74～20 μm。2010 年，Metso 公司功率达 2240 kW 的 Vertimill 磨机，在澳大利亚新南威尔士州的 Cadia Valley 金矿的第三段磨矿中投入使用，最大处理量可达 2000 t/h。Vertimill 磨机的特点是效能高，磨矿介质消耗低，作业率高达 98%，设备占地面积小，基础简单，安装期短和安装成本低，维护保养要求低，使用寿命长，运行噪声低，通常低于 85 dB[14]。

　　塔磨机分为干式和湿式两大类，目前湿式塔磨机的应用在扩大，湿式塔磨机的粉碎速度较常规球磨机的高 10 倍以上。

2.1.3.3　立磨

Detritor 磨机是英国陶瓷黏土公司研制的一种立式搅拌磨机，如图 2-10（a）所示。该磨机由筒体、棒式搅拌器、传动装置和机架等组成。由 Metso 矿物公司制造的 Detritor 磨机的磨矿室高度与直径比为 1∶1，在磨机中心轴上有一些长棒作为搅拌器，如图 2-10（b）所示。磨机有一个八边体外壳，用来支撑安装在磨机中心轴上的多层长棒搅拌器。棒式搅拌器在电机驱动下以中高速度旋转，转速达 550 r/min，其棒梢速度可达 11 m/s。物料通过机器顶部喷嘴给入，在搅拌器的作用下被粉碎，并从腔体上部排出，而磨矿介质则被一套筛孔尺寸为 30 μm 的筛网阻隔在磨机中。磨矿产品粒度与效果取决于介质粒度、磨机的转速、介质的

(a)

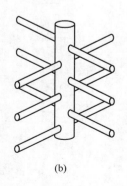

(b)

图 2-10　Detritor 磨机（a）及其搅拌器示意图（b）

装载体积、制造介质的材质和矿浆浓度等。依据工艺要求，可以串联布置多级磨机生产流程，以保证最终产品的粒度及粒度分布。

Detritor 立式搅拌磨机完全依靠磨机本体来支撑动力和传动系统，设备占地面积小，基础更加简单，其立式布置还可节省料浆密封装置或降低给料口压力。Detritor 磨机规格从 7.5 kW 到 1100 kW 不等，目前最大功率已达 1100 kW。Detritor 磨机采用较小的磨矿介质可以将物料磨得更细，高速搅拌磨比立式螺旋磨能耗更低，更具有优势[15]。

2.2 破磨工艺流程

除破磨设备及其型号参数的选择外，根据矿山实际情况，选择适合的破碎和磨矿工艺是矿山运行的重要环节。下面介绍典型的和近年来发展的主要破磨工艺。

2.2.1 AG/SAG 流程

AG/SAG（自磨/半自磨）是目前黄金矿山最常见也是最基本的磨矿单元，并在前端组合以不同的破碎工艺，各矿山根据各自不同情况形成不同回路的 AG/SAG 破磨工艺。AG/SAG 被广泛选择的基本原因为：（1）单机处理能力大，单位矿石处理能耗与综合成本均较低；（2）矿石适应性广，入磨及产品矿石粒度分布宽泛，大大降低了破磨流程单元数量，维修成本低；（3）处理单位矿石衬板与磨矿介质消耗相对小。

黄金矿山采用的 AG/SAG 工艺大致有：（1）单级 AG/SAG 磨；（2）AG/SAG 作为磨矿段，前段预破碎或可配有一段或两段破碎；（3）AG/SAG 作为磨矿段，配有顽石开路破碎或顽石回路、返回 AG/SAG 磨；（4）AG/SAG 磨作为初磨，随后配备球磨为细磨工序，且包含于破碎段。

AG/SAG 单级磨产品的粒度较细，采用圆筒筛（一般 10 mm 空隙）进行分级，随后和水力旋流器结合进行粒度分级，但因顽石和旋流器底流粗颗粒矿石的返回再磨，总处理量会受到影响，产品粒级小于 75 μm 的占 65%～70%，且视具体矿山矿石情况而不同；而 AG/SAG 尤其是半自磨（SAG）与球磨联合磨矿，半自磨排出的产品粒度较粗，通过条筛（一般 20～40 mm）进入球磨，最终产品粒度会更细，一般矿山该工艺产品小于 75 μm 粒级的常在 80% 以上。

对上述几种 AG/SAG 工艺，矿山可根据实际情况选择和组合。就单级 AG/SAG，如矿石性质适合，自磨（AG）因减少了磨矿介质的支出和衬板磨损，可以节省大量的运行成本；半自磨（SAG）消耗磨矿介质和衬板，电力效率也低，运行成本高；半自磨（SAG）不太容易受到由于进料变化而引起的大幅度波动，运行更稳定；自磨（AG）因利用矿石自身作为磨矿介质，故常处理高密度矿石，实际矿山为了增强其运行的稳定性，也常加入一定比例的钢球作为补充磨矿介质，这样也会相应增加成本。自磨（AG）常用作单级磨矿工艺，而半自磨相较有更大的安装功率与更高的进料充填率和更低的单位出矿建设成本。所以基于高产出率和粗磨特征，半自磨最常见的是作为初段磨，随后有球磨作为二段磨。

目前，AG/SAG（自磨/半自磨）的大型化与自动化程度均很高，设备的选型与工艺确定可根据矿石性质进行选择，且有不少大型矿山运行的案例和相关工艺参数可供参考，尤其是上述半自磨（SAG）后加球磨的工艺已成为大型黄金及有色金属矿山矿石处理选择的经典组合。世界上许多矿山均安装了SAG，如 Esperanza、Cadia 和 Collahuasi、Antimina 等均安装有 20 MW 的 SAG，PT Freeport Indonesia 的 SAG 半自磨和球磨的破磨流程，如图 2-11 所示。该流程中 20 MW 的 SAG（φ11.6 m×L6.1 m），随后配备 4 台 10.4 MW（φ7.3 m×L9.1 m）[1,11]。

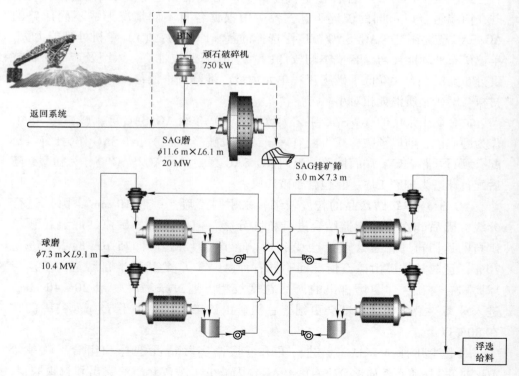

图 2-11 某 SAG 磨—顽石破碎—球磨流程

顽石开路破碎—闭路循环是 AG/SAG 磨及 SAG—球磨工艺的一大特征，顽石破碎回路单元如图 2-12 所示。顽石破碎是将 13~75 mm 粒级（临界磨矿粒级）的顽石自 AG/SAG 磨分出单独破碎，破碎产品回到 AG/SAG 再磨。顽石常包括闪长岩、燧石和安山岩类的矿石，磨矿到相应粒级能耗高、难度大，并在磨机中的积累严重影响磨机处理量，故顽石开路破碎可大大降低 SAG 磨—球磨工艺中磨矿的负荷，显著提高磨矿效率。现在多数矿山均采取了顽石开路、破碎回路的单元操作，并形成了多种磨矿流程配置。

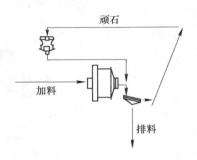

图 2-12　大型 SAG 磨顽石破碎闭路循环流程

除了球磨机尺寸、体积、装机功率和流程选择等既定设计参数外，入磨矿石硬度与性质，入磨矿石粒度与尺寸，磨机衬板的选择与更换周期，磨矿介质的材质与尺寸及充填率，磨矿磨机转速，矿浆浓度和磨机负荷等操作变量的选择与适配等影响因素也非常重要。总之，AG/SAG 磨运行的最佳工艺参数需要在生产实践中确定。

2.2.2　破碎—高压辊磨流程

作为初级磨矿（如 AG/SAG）的替代单元，近年来高压辊磨（HPGR）技术有了很大发展，并在许多黄金矿山得到应用，尤其当待处理矿石特别坚硬时，高压辊磨（HPGR）代替 AG/SAG 初磨段具有优势。对此类矿石，高压辊相对 AG/SAG 衬板磨损寿命长、维修成本低、整体运行效率更高。基于高压辊磨最常见的流程是：坚硬矿石通过一次破碎机后，产品送入圆锥破碎机进行二次破碎，二次破碎产品此时不经过传统的 AG/SAG 进行初磨，而是采用高压辊磨进行第三次破碎，破碎产品直接进入球磨前筛，筛上物返回高压辊磨（HPGR）形成回路，筛下物进入下一段球磨机，球磨后矿浆经旋流器，溢流去浮选，底流返回球磨机再磨，形成磨矿回路，典型工艺流程如图 2-13 所示。

Freeport McMoRan 公司（Freeport）的 Cerro Verde 黄金矿山，将二次破碎（MP1000 型）和 4 台高压辊磨（ϕ2.4 m×1.7 m，安装功率 5 MW/台）的三次破

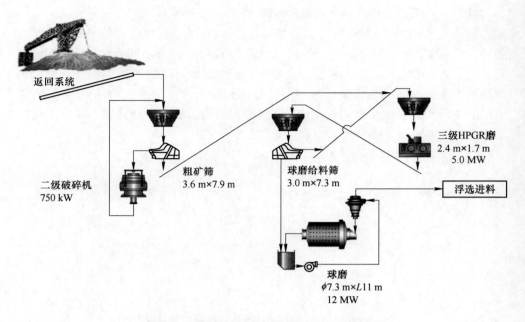

返回系统

二级破碎机
750 kW

粗矿筛
3.6 m×7.9 m

球磨给料筛
3.0 m×7.3 m

三级HPGR磨
2.4 m×1.7 m
5.0 MW

浮选进料

球磨
φ7.3 m×L11 m
12 MW

图 2-13　破碎—高压辊磨—球磨工艺流程

碎结合在一起，取代了传统的半自磨（SAG）段，并和 6 台球磨机（安装功率 22 MW/台）相匹配形成破磨流程，破碎总安装功率达 180 MW，日总处理量 24 万吨。该矿山自 2015 年扩容改造后，使得 Cerro Verde 成为世界上高压辊磨处理量最大的矿山。就单体设备而言，2014 年，印尼自由港的 Morenci 矿山安装了一台世界最大的美卓高压辊磨机（φ3.0 m×2.0 m，液压辊破碎 HRC，安装功率 11.4 MW），并和前段 2 台 MP1250 圆锥破碎、后端和两台 φ7.3 m×L12 m 球磨机（安装功率 26 MW/台）组合，日处理量 6 万吨。与传统的半自磨 SAG 初磨工艺相比，在处理能力接近的情况下，该工艺大大减少了物料处理单元（给料机、传送带、筛网、溜槽）的数量，而且设备布局更加简单[12-13]。

目前，视处理来料性质，高压辊磨还可作为第四段破碎或顽石破碎。在墨西哥 Peñasquito 金矿，一台 φ2.4 m×1.65 m 高压辊磨机被用于 SABC 半自磨系统中作为顽石破碎单元，如图 2-14 所示。这是有色金属矿山第一次将高压辊磨机用于顽石破碎，该矿石较硬，邦德功指数为 13.5，磨蚀性低，大于 12 mm 的顽石从半自磨引出，经过顽石破碎+高压辊磨机配湿筛后可直接进入下一工序（产品粒度小于 6 mm）而不必再返回半自磨，使得整个系统处理能力提高约 30%（达到 130000 t/d），非常可观。

三山岛金矿将一台 PR140/110 型高压辊磨机用于三段破碎的细碎开路流程，中碎设有检查筛分，如图 2-15 所示。给料粒度小于 25 mm，产品粒度 P_{80} = 10 mm，粉矿比例较高。同时，由于高压辊磨机存在边缘效应，采用开路作业后，使得边缘未粉碎的粗颗粒直接进入最终产品，产品粒度偏大，粒度跨度大。

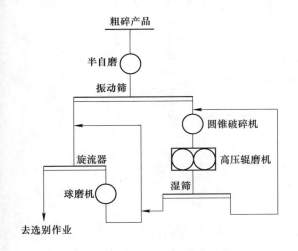

图 2-14 墨西哥 Peñasquito 金矿高压辊碎磨工艺流程

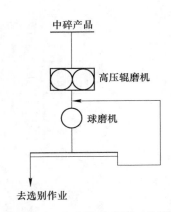

图 2-15 三山岛金矿碎磨工艺流程

2.2.3 细磨/超细磨流程

近年来，随着黄金矿床的开采，可采矿石品位逐年下降，复杂共生及难处理金矿越来越受到关注。但自难处理矿石中提取黄金，往往需要矿石有更高的解离度和更小的颗粒尺寸与磨矿细度，所以，艾萨磨、立磨、雷蒙磨等超细磨技术逐步在黄金矿山上得到应用。下面重点介绍近年关注度高和工业应用的艾萨磨与立磨等工艺。

卡尔古利联合金矿（Kalgoorlie Consolidated GoldMines，KCGM）位于澳大利亚西南角，是澳大利亚最大的露天金矿，年产黄金高达 24.88 t（80 余万盎司）。卡尔古利联合金矿的开采历史已超百年，至今已生产黄金近 1866 t（6000 万盎司），卡尔古利联合金矿的提金工艺流程如图 2-16 所示。原矿经过浮选得到金精矿和尾矿，金精矿经 Lurgi 焙烧炉 650 ℃ 焙烧氧化后氰化浸金，尾矿直接氰化浸金。1999 年，由于开采区域变化，矿石中硫品位由 0.8% 升高至 1.4%，从而导致浮选精矿产量超出氧化焙烧厂的处理能力。为解决这一问题，进行了大量研究，对比了加压氧化技术、生物氧化技术及超细磨技术，最终确定采用超细磨技术[2,14]。

金精矿（小于 172 μm 占 80%）给入 M3000 Isa 磨机（1100 kW），超细磨处理后产品粒度可以达到小于 25.4 μm 的占 80%；然后经 102 mm 水力旋流器分级，小于 9.7 μm 占 80% 的细粒级溢流进行氰化浸金，粗颗粒底砂返回 M3000 Isa

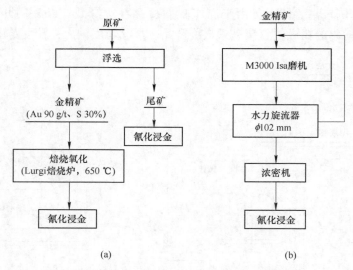

图 2-16 卡尔古利联合金矿提金工艺流程

(a) ISA 磨之前流程；(b) ISA 超细磨流程

磨机。该工艺流程处理能力可达 11.1 t/h，金回收率达 90%以上。

库姆托尔金矿位于吉尔吉斯斯坦伊塞克湖东南部海拔 4000~4500 m 的高山地区，目前探明储量 728 t，远景储量预计超过 1000 t，是世界级金矿之一。库姆托尔金矿于 2005 年安装 1 台 M10000（2.6 MW）Isa 磨机进行超细磨处理，将金浸出率由 79.4%提高至 90%以上，工艺流程如图 2-17 所示[1,15]。

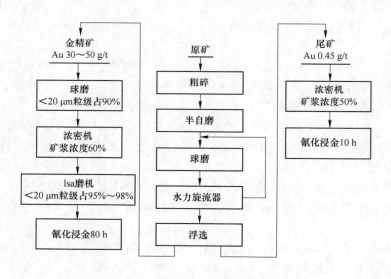

图 2-17 库姆托尔金矿工艺流程

2.3 破磨流程参数与要素

2.3.1 磨矿试验

小型规模的试验对于选择合适矿山自身特征的破磨流程非常必要。通过试验可以确定工艺选择的要素与参数，从而帮助确定破磨设备及工艺流程。同时，部分过程模拟软件可以辅助计算所需破磨设备功率并进行经济性评估。对于 AG/SAG 磨，有单颗粒破碎试验（如 JK 落锤试验）和批量试验（如 SAG 磨矿功率指数），以及半连续或全连续试验。例如，落重法用于 SAG 磨粉碎试验，可为目前广泛使用的 JKSimMet 软件提供试验数据，从而为设备选型提供特定参数并计算落重指数 DWi。落重指数 DWi（drop-weight index，kW·h/m³）是一种表征矿石抵抗冲击粉碎强度的指标，用体积为量度，以适用不同密度的矿石，DWi 值越大，矿石越不易被粉碎。图 2-18 为半自磨 SAG 某试验落重指数 DWi 结果[2]。

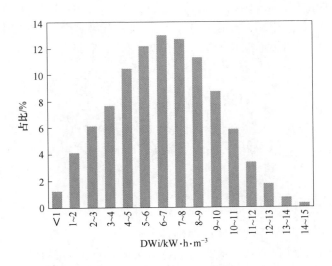

图 2-18　SAG 某试验落重指数 DWi

同样，通过试验确定邦德功指数，为二次磨-球磨的工艺选择提供依据。邦德功指数试验结果与计算结果如图 2-19 所示。

邦德功指数（Bond work index），是评价矿石被磨碎难易程度的一种指标，因被美国人邦德（F. C. Bond）提出而得名。邦德功指数测定矿石可磨度的理论根据是邦德的矿石破碎裂缝学说。该学说认为，磨碎过程中矿块所产生的新的裂缝的长度与输入的能量成比例，所以不同类型金矿破磨矿粒度与消耗的功率直接

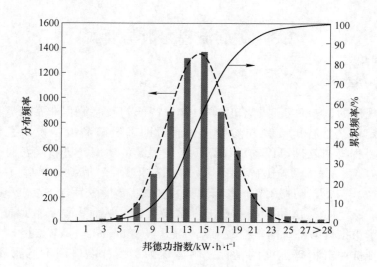

图 2-19 磨矿邦德功指数分布

相关，邦德功指数大，该矿石难破磨，破磨到一定粒度分布（如 $P_{80} = 75$ μm）所消耗的能量更多；相反，邦德功指数小，则矿石易破磨，破磨到一定粒级所消耗的功与能量少。邦德标准功指数 Wi（kW·h/t）普遍采取式（2-1）计算。

$$\mathrm{Wi} = \frac{48.95}{P_1^{0.23} \cdot G_{\mathrm{bp}}^{0.28} \cdot \left(\dfrac{10}{\sqrt{x_{P_{80}}}} - \dfrac{10}{\sqrt{x_{F_{80}}}} \right)} \tag{2-1}$$

式中，$x_{F_{80}}$、$x_{P_{80}}$ 分别为 80% 通过磨机进料和产品的粒度，μm；P_1 为所用筛网的网孔尺寸，μm；G_{bp} 为磨机每转一圈筛下物的净质量数，其他数字均为经验数[17]。

2.3.2 矿石性质与可磨性

目前人们正在开发各种软件以准确预测矿石的破磨特性，然而，无论使用何种技术，对模拟矿石类型和相应破磨流程开展基础性试验都是非常必要的，这对于了解一种矿石类型如何与在类似情况下有效破磨，并与其他矿石类型进行比较，从而提出设计方案、评估流程的可行性是非常有用的。

金矿石破磨流程的选择与金矿石性质和种类直接相关，根据其矿物学特征和可磨性及解离度，可将金矿石分为 12 种类型，如图 2-20 所示，前六种的可磨性好、磨矿解离度高，而后六种矿可磨性差，属难处理金矿，且自上而下、难处理程度加强。碳质硫化矿金矿由于存在碳质物质和亚显微金，被认为是最难处理的矿石。这类矿石在提金之前需要进行细磨、超细磨或其他预处理方法，以达到可接受的金回收率，矿石性质决定着破磨流程及后续提金工艺的选择。

图 2-20　各类型金矿磨矿解离度与难处理程度的关系

2.3.3　磨矿动力学

　　一般认为，一定尺寸颗粒的粉碎率与该颗粒尺寸的大小成正比，这一假设使磨矿粉碎过程类似化学反应一阶动力学方程，则最大尺寸区间矿石颗粒粉碎率可表示为：

$$- \frac{dw_1}{dt} = S_1 w_1(t) \tag{2-2}$$

式中，S_1 为粉碎率；$w_1(t)$ 为 t 时刻物料的质量分数。

　　如果 S_1 不随时间变化（即一阶破碎过程），则式（2-2）积分为：

$$w_1(t) = w_{t=0} \exp(-S_1 \cdot t) \tag{2-3}$$

Austin 等人使用式（2-4）模型来表达粒径对破碎率的影响。

$$S_i = \frac{ax_i^\alpha}{1 + \left(\dfrac{x_i}{\mu}\right)^\lambda} \qquad (\lambda \geqslant 0) \tag{2-4}$$

式中，x_i 为尺寸区间 i 的上限，mm；a、α、μ、λ 为模型参数，α 和 λ 是与矿石有关的特征常数，α 是在 0.5~1.5 范围内的一个正数，λ 也是一个正数，表示随着颗粒尺寸的增加、粉碎率下降速度的快慢，a 是取决于磨机条件和矿石的特征常数，其值代表磨矿发生速度的大小，μ 值依赖于磨机的条件。

　　若将尺寸区间 j 到尺寸区间 i 的初始破碎物料的质量分数定义为初级碎片分布（即破碎函数）$B_{i,j}$，则其以累加形式表示为：

$$B_{i,j} = \sum_{k=n}^{i} b_{kj} \qquad (2-5)$$

$B_{i,j}$的值可以通过短时间的磨矿间隔和初始磨矿装料后的磨矿产物粒度分析得到。如单一尺寸法，当矿石物料主要在尺寸为j时，粉碎函数$B_{i,j}$公式如下：

$$B_{i,1} = \frac{\lg\left[\dfrac{1 - w_i(0)}{1 - w_i(t)}\right]}{\lg\left[\dfrac{1 - w_2(0)}{1 - w_2(t)}\right]} \qquad (i > 1) \qquad (2-6)$$

式中，$w_i(t)$为t时刻小于尺寸i的质量分数。

$B_{i,j}$也可以拟合成与粒径x_i有关的经验函数：

$$B_{i,j} = \varphi_j \left(\frac{x_{i-1}}{x_i}\right)^{\gamma} + (1 - \varphi_i) \cdot \left(\frac{x_{i-1}}{x_i}\right)^{\beta} \qquad (i > j)$$

$$\varphi_j = \varphi_1 \left(\frac{x_{i-1}}{x_i}\right)^{-\sigma}$$

式中，φ、β、γ、σ为依赖于矿物属性的模型参数，对于不同的球填充率与直径的磨机，累积粉碎函数B是相同的，一般β值为$2.5 \sim 5$，γ值为$0.5 \sim 1.5$；其中φ表示单个粉碎步骤中所产生细粒的分数，其值范围为$0 \sim 1$，大小取决于矿石性质；σ是表征了非归一化程度的参数，如果$B_{i,j}$值与初始尺寸无关（即维度归一化），则$\sigma = 0$。

由图 2-21 可以看出，磨矿试验结果（见图中各点）与动力学模型拟合，磨矿动力学过程是一种典型的一阶反应过程。随着磨矿的进行，各粒级尺寸粉碎率与磨矿时间呈线性关系。

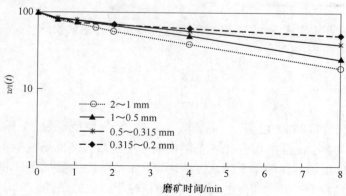

图 2-21　磨矿过程粉碎率与磨矿时间的关系
（采用单粒径分数法计算）

对于现代大型金矿山，经典破磨矿工艺的主要单元有破碎、自磨/半自磨、球磨、高压辊磨及艾萨磨、立磨等细磨与超细磨工艺，各矿山常在综合矿石性质及破磨特性、产量水平、投资预算、后续提金工艺的要求等要素的基础上选择适合各自矿山金矿特性的破磨工艺。世界部分大型金矿山破磨工艺选择见表2-1[18-19]。

表 2-1 世界大型金矿山矿石破磨流程

矿 山	所属公司	国 家	破/磨工艺	产能/万吨
Muruntau	Navoi	乌兹别克斯坦	SS-S	6100
Grasberg	Freeport	印度尼西亚	SABC	3500
Pueblo Viejo	Barrick-Goldcorp	多米尼加共和国	SABC	3500
Yanacocha	Newmont-Buenaventura	秘鲁	SS-S	3000
Carlin	Newmont	美国	SAB	2800
Cortez	Barrick		SAB	2800
Goldstrike			SABC	2800
Olimpiada	Polysus	俄罗斯	SAB	2300
Veladero	Barrick	阿根廷	C-L	2300
Boddington	Newmont	澳大利亚	C/HPGR-B	2200
Kupol	Kinross	俄罗斯	SAB	2100
Lihir	Newcrest	巴布亚新几内亚	SABC	2300
Kalgoorlie	Barrick-Newmont	澳大利亚	SABC	2000
Cadia valley	Newcrest		SABC	1900
Oyu Tolgoi	Turquoise Hill	蒙古国	SABC	1800
Lagunas Norte	Barrick	秘鲁	C-L	1800
Driefontein	Sibanye	南非	SAB, SS-S, C-L, C-R, SS-A/S	1800

续表 2-1

矿 山	所属公司	国 家	破/磨工艺	产能/万吨
Penasquito	Goldcorp	墨西哥	SABC, HGPR	1800
Kumtor	Centerra	吉尔吉斯斯坦	SAB	1800
Tarkwa	Gold Fields	加纳	SABC	1700

注：SS-A：单级自磨（single-stage AG mill）；SS-S：单级半自磨（single-stage SAG mill）；SAB：半自磨-球磨（SAG mill-ball mill）；SABC：半自磨+顽石破碎-球磨（SAG（with pebble crushing）-ball mill circuit）；C-L：破碎-浸出（crush-leaching）；C/HPGR-B：破碎/HPGR-球磨（crushing/HPGR-ballmilling）；C-R：破碎-棒磨（crushing-rodmilling）。

参 考 文 献

[1] CLEARY P W, DELANEY G W, SINNOTT M D, et al. Advanced comminution modelling: Part 1-Crushers [J]. Applied Mathematical Modelling, 2020 (88): 238-265.

[2] MOSHER J B. Comminution circuits for gold ore processing [J]. Developments in Mineral Processing. 2005 (15): 253-277.

[3] YIN W Z, TANG Y, MA Y Q, et al. Comparison of sample properties and leaching characteristics of gold ore from jaw crusher and HPGR [J]. Minerals Engineering, 2017 (111): 140-147.

[4] NUMBI B P, ZHANG J, XIA X. Optimal energy management for a jaw crushing process in deep mines [J]. Energy, 2014 (68): 337-348.

[5] CHEN Z R, WANG G Q, Duomei XUE, Qiushi Bi. Simulation and optimization of gyratory crusher performance based on the discrete element method [J]. Powder Technology, 2020 (376): 93-103.

[6] ROSARIO P P, HALL R A, MAIJER D M. Improved gyratory crushing operation by the assessment of liner wear and mantle profile redesign [J]. Minerals Engineering, 2004 (17): 1083-1092.

[7] YAMASHITA A S, THIVIERGE A, EUZ'EBIO A M. A review of modeling and control strategies for cone crushers in the mineral processing and quarrying industries [J]. Minerals Engineering, 2021 (170): 107036.

[8] ITÄVUO P, VILKKO M. Size reduction control in cone crushers [J]. Minerals Engineering, 2021 (173): 107202.

[9] LOVEDAY B K, NAIDOO D. Rock abrasion in autogenous milling [J]. Minerals Engineering, 1997, 10 (6): 603-612.

[10] POWELL M S, MORRELL S, LATCHIREDDI S. Developments in the understanding of South African style SAG mills [J]. Minerals Engineering, 2001, 14 (10): 1143-1153.

[11] 杨松荣, 蒋钟亚, 等. 碎磨工艺及应用 [M]. 北京: 冶金工业出版社, 2012.

[12] 余永富, 余侃萍, 陈雯. 国外部分选矿厂介绍及细粒级磨机的应用对比 [J]. 矿冶工程,

2011, 31 (5): 26-31.

[13] 高明炜. 细磨与超细磨工艺的最新进展 [J]. 国外金属矿选矿. 2006, (12): 19-23.

[14] 金勇士. 艾萨磨技术的应用及最新进展 [J]. 有色设备, 2013, (4): 15-19.

[15] 王志江, 李丽, 刘亚川. 超细磨技术在难处理金矿中的应用 [J]. 黄金, 2014, 35 (6): 54-57.

[16] TANG Y, YIN W, HUANG S, et al. Enhancement of gold agitation leaching by HPGR comminution via microstructural modification of gold ore particles [J]. Minerals Engineering, 2020 (159): 106639.

[17] MCGRATH T D H, EKSTEEN J J, BODE P. Assessing the amenability of a free milling gold ore to coarse particle gangue rejection [J]. Minerals Engineering, 2018 (120): 110-117.

[18] COETZEE L C, CRAIG K, KERRIGAN E C. Nonlinear Model Predictive Control of a run-of-mine ore milling circuit [J]. IFAC Proceedings, 2008 (41): 10620-10625.

[19] WIKEDZIA A, SAQURANA S, LEIBNERA T, et al. Breakage characterization of gold ore components [J]. Minerals Engineering, 2020 (151): 106314.

3 重力选金

3.1 金重选基础

重力选金是利用重力作用从破磨预处理后的金矿中分选出含金矿物颗粒或含金高品位精矿的物理方法。该方法常用于回收解离度高的高品位金矿中的金颗粒，同样用于低品位硫化矿中载金矿物颗粒的选别，如含金黄铁矿、毒砂、碲化物的载体颗粒也可通过重力选别。目的矿物与脉石之间存在明显的密度差 $\Delta\rho$ 是矿物重选有效分离的关键，也是评判矿物是否可重选分离的依据，见式（3-1）。

$$\Delta\rho = \frac{\rho_h - \rho_f}{\rho_1 - \rho_f} \tag{3-1}$$

式中，ρ_h 为重矿物（目的矿物）密度；ρ_1 为轻矿物（脉石）密度；ρ_f 为流体介质密度。

$\Delta\rho$ 越大，目的矿物和脉石之间越容易重选分离，反之越难以分离。一般当 $\Delta\rho > 2.5$ 时，重分选相对容易。其他条件不变，$\Delta\rho$ 值越大分离效率越高，$\Delta\rho$ 越小则分离效率越低。如以水为载体介质，从石英脉石矿物中分离金，金的密度为 19.3 g/cm³，石英的密度为 2.65 g/cm³，其 $\Delta\rho$ 为 11.1，远大于 2.5，这就是淘金如此成功的原因。

另外，载体介质中粒子的运动不仅取决于它的密度，而且取决于它的大小。大颗粒会比小颗粒受到的影响更大，因此，根据牛顿定律，重选效率随着目的矿物粒子大小的增大而增加，且粒子应该足够大才可得以有效分离。当粒子尺寸很小时，摩擦力占主导作用，故很难利用重力将其有效分选。在实际重力选金中，一方面需要对矿石破磨到一定粒级以保证自然金或含金矿物颗粒的充分解离与暴露，另一方面需要保证不能过磨导致目的矿物粒度过细而难以重力分选。表 3-1 给出了基于 $\Delta\rho$ 使用重力技术分离矿物的相对难易程度[1-2]。

表 3-1 基于 $\Delta\rho$ 的矿物颗粒重选分离难易程度

$\Delta\rho$	重选分离难易程度	适应矿物颗粒尺寸
≥2.5	相对容易	约 75 μm
1.75~2.5	可以分选	约 150 μm

$\Delta\rho$	重选分离难易程度	适应矿物颗粒尺寸
1.5~1.75	较难分选	1.7 mm
1.25~1.5	很难分选	
<1.25	不能分选	

在实际操作中，需要对进料的尺寸进行严格控制，以减小颗粒的尺寸效应，使颗粒的相对运动依赖于密度，为了克服细颗粒处理的难点，人们采用离心重选分离方法，通过重选设备给颗粒以额外的离心加速度，以增强细颗粒重力选别效率。

重力选金自金矿开采以来就被广泛应用，早期重力选金主要有跳台、溜槽、摇床等方法。为了增强细粒物料的分选效果，采用离心力场提高含金物料的选别离心重力分离方法得到发展与应用。目前该方法主要应用于金矿浮选或氰化浸出工艺的前段，以获得高品位含金精矿。近年发展起来的离心重选分离方法主要有尼尔森离心分离及旋流器金精矿分级等，常从一次磨矿回路中回收与分离游离金和伴生金的硫化物（黄铁矿、毒砂和碲化物）精矿。根据入磨矿石性质，所得高品位的非硫化物重选金精矿常用于下一步强化氰化提金工序，如 Acacia 氰化浸出；而所得硫化物金精矿则需要通过焙烧等氧化预处理方法后再进行氰化浸出。

重力选金通常和氰化浸金和浮选结合，使综合回收率可提高 1%~10%，并可降低后续工艺碳吸附洗脱工序负荷与碳再生成本；对于含金铜锌等精矿浮选工艺，在磨矿工序段通过重选分出部分含金高品位金精矿，将优化多金属矿的浮选回收，提高金的计价和有效降低运输成本，特别适用于含金铜、铅、锌多金属矿物的浮选。

3.2 尼尔森选矿机选金

3.2.1 尼尔森选矿机

尼尔森（Knelson）选矿机是一种离心式重力选矿机，它结合了高重力离心力和 FLSmidth 专利流态化技术，在回收靶向游离金和重密度矿物方面具有非常好的性能。由于其具有砂金和原生矿中回收粗金和精金的能力，已成为黄金工业中通用的重选设备。

尼尔森选矿机处理矿浆的核心部件是中心浓缩锥，如图 3-1（a）所示，锥体下部由橡胶衬里的磨损锥体组成，它可以加速矿浆的重力，使其浓度快速上升；锥体的上部由不锈钢铸造的外壳和内部一层耐磨聚氨酯衬圈组成。在进料过程中，矿浆则通过固定的中心进料管进入设备，流态化水通过位于浓缩环上的一系列流体孔进入浓缩锥内。矿浆顺着进料管流向导流板，在导流板上，通过离心力驱动矿浆向外流向锥壁，如图 3-1（b）所示。当固体颗粒到达锥壁时，它们将自下而上逐步填充每个衬环，一旦每个环达到容量，便建立了一个浓缩床，同时流态化水从水腔注入并使床流化。其中，供流态化水的流速流量可根据需要调节优化，而影响流量的变量包括颗粒大小分布、脉石矿物密度和矿浆浓度（矿浆固体百分数）等。

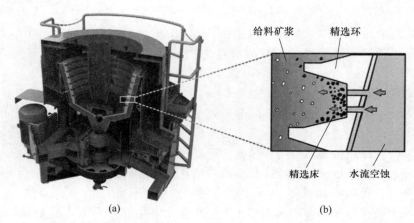

给料矿浆　精选环

精选床　水流空蚀

(a)　　　　　　　　　　　　　　(b)

图 3-1　尼尔森选矿机内部结构图

(a) 剖面结构；(b) 锥壁内流体走向

当达到理想流态化时，向内流动水通过浓缩床流化与外排矿浆压力达到平衡，这使得细粒度的目标重矿物颗粒通过空隙进入下层而分离，如图 3-2（c）所示。当冲洗循环启动时，转子电源被关闭。图 3-2（d）所示为矿浆重选分离过

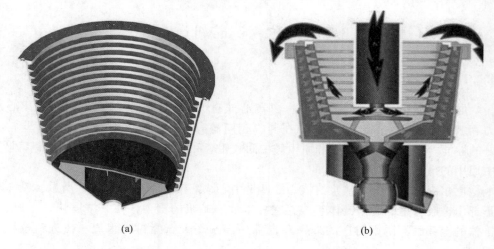

(a)　　　　　　　　　　　　　　(b)

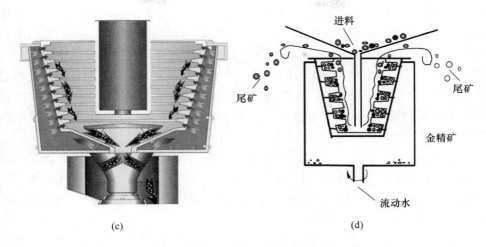

图 3-2 尼尔森选矿机结构及离心分离示意图

(a) 尼尔森内锥结构；(b) 流态化过程；(c) 重矿物颗粒分离；(d) 重选过程

程，选金工艺中的尼尔森重选矿浆常来自旋流器底流或球磨机排浆进入中心进料管，经过上述离心分离作用，含金重矿物颗粒被捕集至锥壁凹槽形成精矿床，而其余颗粒则随上升水流被带入溢流尾矿浆中；锥壁凹槽中的金精矿则通过锥壁孔进入的压力水冲以防止精矿床压过密，在腔内形成流态化，并在离心增强重力的作用下，使粗金和细金的较重颗粒沉降分离，以获得高品位金精矿。

3.2.2 尼尔森重选分离原理

在尼尔森选矿机高倍的强化重力场内，密度大和密度小的矿物重力差别被极大地放大，这使得轻重矿物之间的分离比自然重力场内更加容易；特殊设计的物料床层保持结构，在具有专利技术的流态化水和干涉沉降的相互作用下，能够持续地保持松散状态。

重矿物颗粒能够取代轻矿物颗粒在选别床层中占据的位置而保留下来，轻矿物颗粒则作为尾矿排出，从而实现矿物颗粒按密度分选。加拿大麦吉尔大学的凌竟宏和 A. R. Laplante 推导出，在斯托克斯定律范围内，矿物颗粒在尼尔森选矿机内的瞬时径向沉降速度为[3]：

$$\frac{\mathrm{d}r}{\mathrm{d}t} = \frac{D^2(\rho_s - \rho)r\omega^2}{18\mu} - u_1 \tag{3-2}$$

式中，r 为球形固体颗粒在时刻 t 的径向位置；D 为球形固体颗粒的直径；ρ_s 为固体颗粒的密度；ρ 为液体的密度；μ 为液体的黏度；u_1 为流态化水的径向速度；ω 为锥的旋转角速度；$\mathrm{d}r/\mathrm{d}t$ 为球形固体颗粒瞬时径向沉降速度。

当锥体转速给定时，改变流态化水的速度，可改变矿粒离心沉降速度的大小。在尼尔森重选机生产运行时，富集锥内的离心加速度可达重力加速度的 60 倍或更高。当矿浆给入富集锥底部时，矿浆在离心力的作用下被甩向富集锥的内侧壁，并沿着内壁向上运动，同时由富集锥的进水孔连续向锥内注入水流使床层呈流态化。在离心力和反冲水力的共同作用下，单体金等重矿物颗粒能克服水的径向阻力，离心沉降或钻隙沉降在精矿床内。而脉石矿物因受离心力较小，难以克服反冲水力的作用，结果在轴向水流冲力和离心力的轴向分力共同推动下被排出富集锥成为尾矿。

T. Coulter 等人提出[3]，当矿浆颗粒进入尼尔森锥腔后，未被困在锥壁凹槽环内而是悬浮于水中，并在离开锥腔前以螺旋运动穿过锥腔，当锥绕中心轴以 ω（rad/s）的角速度旋转时，锥腔内的水和固体颗粒以相同方向旋转，则矿物颗粒做圆周运动需要一个向心力 F_c：

$$F_c = mr\omega^2 \tag{3-3}$$

式中，m 为粒子的质量；r 为轨迹的半径。

密度比水重的固体颗粒将会相对于水朝向锥体的边缘向外运动，并会遇到通过锥边缘孔进入的流态化水，因此固体颗粒将受到一个流态化流体的拖曳力 F_d：

$$F_d = C_d \times A \times \frac{1}{2}\rho_f \times v_f^2 \tag{3-4}$$

式中，C_d 为阻力系数；ρ_f 为流体密度；v_f 为流体相对于固体颗粒的速度；A 为颗粒的横截面积。

此外，向外围移动的粒子会遇到已经在既定颗粒层中的粒子，并受到粒子之间相互作用的力，通常称为 Bagnold 力。Bagnold 指出，当颗粒床层受到剪切应力时，会发生床层膨胀，产生分散压力，这一原理可以用来解释尼尔森重选中的类似现象。锥壁环凹槽形成精矿床的颗粒层，由于锥体的旋转而发生剪切，并导致颗粒层膨胀。产生的分散性压力作用于床层中的颗粒，从而产生一种作用于矿物颗粒向中心方向的力 F_b，这个 Bagnold 力依赖于径向方向的速度梯度、颗粒粒径、密度及固体浓度[3-4]。

$$F_b \propto \left(\frac{\mathrm{d}V}{\mathrm{d}y}\right)^2, \ d^2, \ \rho_p, \ c \tag{3-5}$$

式中，$\dfrac{\mathrm{d}V}{\mathrm{d}y}$ 为剪切速率；d 为粒子直径；ρ_p 为粒子密度；c 为用线性浓度表示的矿浆固体浓度。

考虑到颗粒床的外边缘以碗状体的速度旋转，可以假设剪切速率与锥体外半径处的切向速度成正比。此外，由于在锥体壁环内形成颗粒床的厚度是相对恒定的，故固体浓度的影响可认为是恒定的。于是，尼尔森内发生的剪切过程处于如 Bagnold 所描述的惯性状态，该状态下剪切力与以下因素成正比：

$$F_b \propto \omega^2, \ d^2, \ \rho_p \tag{3-6}$$

为了使颗粒留在精矿室内，必须由拖曳力和 Bagnold 力提供所需的向心力（见图 3-3），于是有：

$$F_c = F_b + F_d \tag{3-7}$$

式（3-7）表明，这种动态平衡的任何扰动都会对矿物颗粒的如下两种行为产生影响：颗粒将进入浓缩室并被滞留；颗粒从精矿室中移出，被向上流动的气流带入尾矿流中。

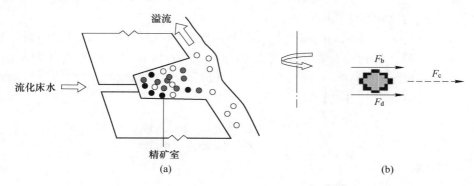

图 3-3 尼尔森重选器中载金矿物颗粒所受的作用力
(a) 载金矿物颗粒在精矿室集聚；(b) 载金矿物颗粒的受力

由于 F_c 和 F_b 都与 ω 有很强的相关性，故它们的联合效应可以用净力 F_c^* 来表示。因此，可以假定，一个粒子被保留在浓缩室的概率必须取决于这个净力和流态化流体拖曳力的相对范围。因此，矿物颗粒是否被保留在精矿室中，可用 F_d 与 F_c^* 的比值 X 作为预测标准。

$$X = \frac{F_d}{F_c^*} \tag{3-8}$$

拖曳力的大小取决于流化床水流速和矿物粒子的大小，而合力的大小 F_c^* 将随颗粒的转速、粒度和密度变化。较高的 X 值表示由于流态化水而产生较高的流体阻力，会将颗粒推出精矿室。如果数值较低，则说明颗粒绕圆周运动所需的净向心力不是由拖拽力提供的，因此颗粒会向锥的外周运动，并被保留在精矿室中。故在尼尔森分选中，参数 X 的值可判定矿物颗粒的分选率。当某矿物在尼尔森分选时，其回收率可以通过式（3-9）来计算。

$$V = V_0 \exp\left[-\left(\frac{X}{X^*} \right)^n \right] \tag{3-9}$$

式中，V 为分选矿物物料体积，m^3；V_0 为尼尔森室在给定的工作条件下所能容纳的最大矿物物料体积，即最大分选率，主要取决于矿物颗粒的密度及密度与颗粒尺寸之间的交互作用，m^3；X^* 为 X 在两个区域之间过渡时的临界值；n 为指数，X 和 n 均与尼尔森转速相关。

当物料由不同密度的矿物颗粒组成时，相应每一不同矿物颗粒的回收率 V_i 则为：

$$V_i = V_{0i} f_i \exp\left[-\left(\frac{X_i}{X_i^*} \right)^n \right] \tag{3-10}$$

式中，f_i 为给定的矿物在物料中的体积分数。

利用式（3-10），在一定的尼尔森操作条件下，可以确定混合矿物中不同粒度和密度矿物颗粒的体积回收率。

Coulter 等人[3]采取不同比例的石英和磁铁矿颗粒混合物为原料，开展了尼尔森分选试验。矿物颗粒粒度平均为 97 μm，数据涵盖了流化水流量为 4.5~12 L/min，转速 1064 r/min 和 2171 r/min，所得两种矿物颗粒分选的体积（回收率）与 X 值关系如图 3-4 所示。

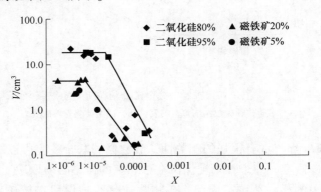

图 3-4　二氧化硅和磁铁矿混合物的分选体积 V 与 X 的关系

可见，在相同转速、流态化水流速及颗粒物粒度相同的情况下，二氧化硅和磁铁矿在尼尔森分选中回收率差异较大，可以进行一定程度的离心分离。图 3-5 为金与硫化矿和脉石矿物的体积回收量随 X 的变化，可见金在尼尔森重选下可与矿物中的硫化物及脉石分离。

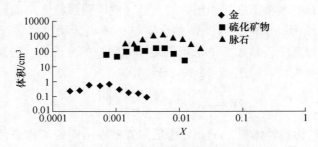

图 3-5　各矿物颗粒体积回收量与 X 的关系

图 3-5 中的数据条件为：进料 40 t，流态化水流量 17 m^3/h，转速 443 r/min，选别周期 15 min，在这些操作条件下，三种矿物的 X 值在 0.0005 ~ 0.01。在工业规模的 KC 中，流化水的流量要大得多，从而产生更高的拖曳力，同样，增大锥直径和相应的旋转速度对矿物颗粒会产生更高的重力，此时 X 值将随着流态化水流量的增加而增加，回收率相应降低。X 值可认为是比例放大因子，因为它考虑到操作变量，如转速和流化水，以及颗粒特性和机器尺寸。

3.2.3 尼尔森选金工艺

目前尼尔森选矿机有间断排矿型和连续可变排矿型（CVD）两种。间断排矿型选矿机排放周期取决于所处理矿石的性质、给矿量等，一般脉矿为 1 ~ 4 h，砂矿为 4 ~ 12 h；连续可变排矿型选矿机可连续排矿，并根据需要连续调节精矿产率，可在 0 ~ 50% 任意选择。工业实践中，常以重选精矿产率大小选择不同类型的设备以适应具体工艺需求。一般以 0.1% 为界，当精矿产率在 0.1% 以上常采用 CVD 型，以下则采用间断排矿型。间断排矿型广泛应用于岩（脉）金、砂金及有色金属伴生金的回收，也适用于银和铂族金属等贵金属回收。当目的矿物和脉石密度差大于 1.5 时，CVD 型选矿机则能使它们有效的分离，如金银氧化矿、含金银硫化矿、黑（白）钨矿、锡石、钽铁矿、铬铁矿、钛铁矿、金红石、氧化铁矿物等，以及工业矿物除铁、粉煤的洗选。除处理原矿外，尼尔森重选也可用于回收各种提金工艺中的二次料及其他含金废料[5]。

（1）半自磨（SAG）回路工艺。尼尔森选金机的产品为高品位含金精矿，在选金工艺中常作为整个提金流程中的一个工序段。例如，作为半自磨（SAG）、球磨机回路工艺的局部工序捕集自由颗粒金，以获得部分相对少量的高品位重选精矿，作为进一步氰化浸出或熔炼提金的高品位原料。

如图 3-6 所示，对于金矿破磨后金解离度较高的矿物，可将尼尔森安置在半自磨（SAG）的磨矿回路中以回收颗粒金。矿石通过破碎后进入半自磨（SAG），经磨矿后粒度大于 10 mm 的顽石开路经圆锥破碎后返回 SAG 再磨，磨矿产品小于 10 mm 经圆筒筛后泵至旋流器，旋流器溢流至氰化浸出，底流部分经筛分粒度小于 2 mm 的矿石至尼尔森重选获得高品位金精矿，其余返回至 SAG 再磨，尼尔森重选尾矿也返回 SAG。视入磨原矿品位不同，尼尔森重选金精矿品位也不同，一般品位达到几克/吨，甚至几十克/吨，该金精矿可直接进入 Acacia 工艺进行高浓度氰化物浸出，或送至熔炼，或与其他金精矿产品混合使用。

（2）球磨机回路工艺。尼尔森还可以作为球磨机回路工艺的部分，将球磨机产品进行重力分选获得高品位金精矿，如图 3-7 所示。与图 3-6 中半自磨（SAG）回路不同的是，该回路中尼尔森尾矿不再返回 SAG，而是进入球磨机再

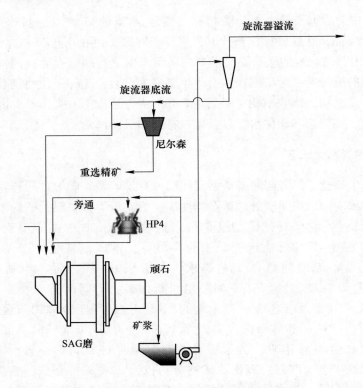

图 3-6 半自磨回路中的尼尔森重选回收金工艺

磨，磨矿产品返回渣浆池后泵至旋流器。其优点是：在获得更多重选高品位金精矿、提高综合回收率的同时，重选尾矿通过球磨机再磨返回后，降低了旋流器溢流至浸出的产品粒度，优化了回路过程各工序段矿物粒度结构，降低了返回半自磨（SAG）再磨量，释放半自磨产能。由于增加球磨机工序，因此增加了投资成本。

（3）全重选工艺。有些矿石所含金大部分为自由游离金，如砂金矿石，通常可用单一全重选来处理。此时尼尔森重选不再是磨矿回路中的部分，即尼尔森重选不是整个金选别工艺中分出部分矿浆的其中一个工序，而是作为单一主选别单元运行，如图 3-8 （a）所示，该工艺尼尔森作为唯一选别方法处理来自球磨机的全部产品。视来料粒度不同，两台尼尔森分别分选旋流器的溢流和底流矿物。这不仅取决于原料特点，也依赖于尼尔森设备的大型化，如贝特曼工程公司（Bateman Engineering Inc.）是最早采用尼尔森全重选工艺从砂矿中回收精金工业化生产的矿业公司之一。重选分两个阶段，第一阶段是由 6 个大型尼尔森并联，第二阶段使用一个较小的尼尔森对第一阶段的粗精矿进行精选，精选金精矿供后续火法精炼[6]。

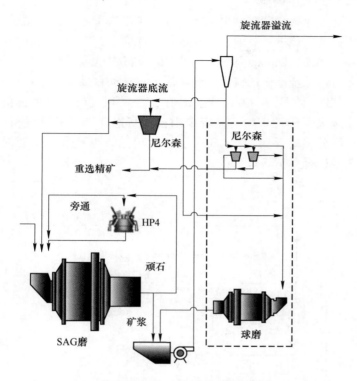

图 3-7 球磨机回路中的尼尔森重选回收金工艺

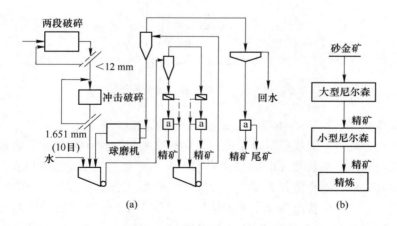

图 3-8 尼尔森全重选工艺流程

(a) 一段全重选工艺；(b) 两段全重选工艺

（4）精矿及尾矿再选工艺。有些金精矿由于品位过低，不能直接冶炼，需要进行二次富集以进一步提高品位。此时，由于尼尔森富集比高，常用于熔炼或浸出之前的重选或浮选金精矿的再富集，即精矿再选工艺；也可用于再选精矿过程的尾矿回收再选，该过程一般在金室进行，规模小，常用的设备为小型摇床和较小的尼尔森。例如，Laplante 等人[7]采取的金室中重选精矿再选和再选尾矿尼尔森回收获得可熔炼金精矿的流程，包括磁选、振动台处理、小型尼尔森回收再选尾矿工艺，如图 3-9 所示。该工艺流程中，原矿通过尼尔森重选获得金精矿，金精矿通过磁选去除磁性矿物，接着采用摇床富集获得高品位金精矿送金室熔炼，尾矿通过筛分，小于 0.212 mm 含金品位较低的尾砂采用小型尼尔森富集，获得高品位金精矿合并至熔炼过程。

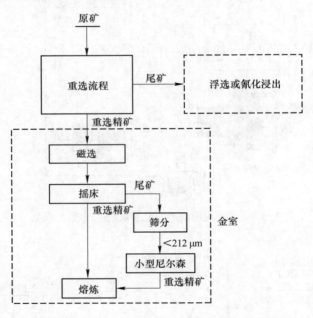

图 3-9　金精矿尼尔森再选工艺流程

（5）干选工艺。目前的湿式选矿在操作中普遍需要大量的水，进料以矿浆形式进入选矿流程。湿式尼尔森重选也采用矿浆和流态化水强化矿石物料中轻重矿物的选别。近年来随着环境限制和成本上升，干法工艺日益受到关注。目前，人们正在研究采用干介质代替湿式水介质的选矿新方法，Greenwood 等人[8]报道了一种用压缩空气代替流态化水的干法尼尔森重选方法，并在实验室开展了锥腔仅 65 mL 的干法尼尔森分选试验，固体进料量 180 g/min，流态化空气压力为 13.79~20.68 kPa（2~3 psi，0.63~0.75 L/min），用于选别钨矿，钨回收率达 78.53%；同原料湿式尼尔森重选试验，回收率为 94.92%。尽管试验中干式尼尔森回收率较湿式低很多，且设备大型化和可操作性还需要重大突破，但该试验提供了一个重要发展方向。如果该技术取得突破，并与干式磁选机和电选机联合，可应用于许多领域，包括黄金矿及含金物料的分选，尤其适用于处理重砂金矿。

该干式尼尔森通过安装专门的旋转接头和调节器以控制进入锥腔的空气压力，将传统湿式流态化水输入装置改为气动流态化。采用闸阀控制固体进料速率，连接料斗底部使加入干料直接进入尼尔森锥腔内。为了增加固体颗粒进入尾矿的流量，在尼尔森溜槽内设置了气枪来清除固体颗粒，以确保溜槽不被固体物堵塞[9]。

3.3 法尔考及其他离心式半连续重选

法尔考重选机（Falcon concentrator）是另一种旋转离心式重力选别装置，如图 3-10 所示。它的设计旨在回收磨矿回路中分级机底流中的游离金，装置结构与尼尔森重选机类似。进料首先从一个锥形碗的两侧向上流动，在那里它根据颗粒密度分层，然后通过一个浓缩精矿床由背压（反向压力）水进行流态化。床层保留了含金较重矿物颗粒，较轻的脉石颗粒被流态化水冲至床层顶部。过程中周期性进料，冲洗除去床中剩余的轻密度脉石等物质，然后冲洗出密度大的金精矿产品。清洗/冲洗频率自动控制，并由品位和回收率要求确定。

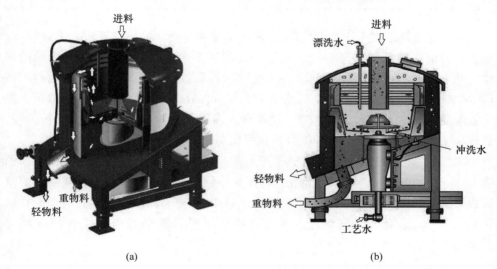

(a)   (b)

图 3-10 法尔考重选机结构图
（a）剖面图；（b）流体与产品走向

法尔考重选与上述尼尔森重选同属于半连续式重选方法（也有小型连续式的），由于其离心作用可回收粗颗粒中更细粒级的矿物而被广泛应用，近 20 年在金重选中占主导地位。表 3-2 中列举了离心半连续式重选回收金的应用情况。这种半连续式设备以周期连续运行并连续出尾矿，当回收周期结束时，中断进料以回收精矿。

表 3-2 离心半连续式重选回收金的应用情况

重选单元	最大处理量/t·h⁻¹	应用工艺	应用矿山举例
尼尔森重选 KC-CD30 型	1000	从旋流给料、球磨机排浆、旋流底流、闪速浮选精矿、摇床尾砂和砂金中回收自然金及载金矿物	西班牙 Rio Narcea 金铜矿
法尔考 SB 型+Gekko 螺旋机	400+30	从跳汰机精矿中回收自然金及载金矿物	西澳 Jubilee 金矿
连续式法尔考C2500	100	从旋流器溢流中回收自然金及载金矿物	美国华盛顿州 Kettle 河金矿
Kelsey 跳汰机	80	从氰化废渣中回收自然金及载金矿物	西澳 Granny Smith 金矿

法尔考重选装置于 1986 年首次应用于加拿大不列颠哥伦比亚省的 Blackdome 金矿，目前这种间歇式离心选矿机已广泛应用于金、铂、银、汞、天然铜的回收。和上述尼尔森重选设备一样，其连续操作装置也已广泛在金矿山运行。在 Kettle River 矿安装一台 C2500 型法尔考重选机，处理回收旋流器 7%的溢流，总回收溢流 17%的黄金和 12%的硫。精矿导入多级氰化浸出槽的第一槽进行强浸，重选尾矿则进入第二槽浸出，综合回收率提高 0~5%。

除法尔考和尼尔森外，还有其他离心式半连续重选机，如 Kelsey 跳汰机，西澳 Granny Smith 金矿应用其从氰化循环尾矿中回收金及载金体，尾矿浆经过旋流器后，旋流器底流的一部分送至 3 台 Kelsey J1800 离心跳汰机（通常有 2 台在运行），精矿至螺旋机再次精选，该重选的应用可将整个流程的综合回收率提高 4%[10-11]。

3.4 非离心连续重选法

除上述尼尔森和法尔考离心式半连续重选方法外，还有多种连续式操作选金方法，如常规跳汰机、内联压力跳汰机、振动摇床、赖克特锥和螺旋溜槽等。这些方法在选金中的应用举例见表 3-3，有些方法早于离心式重选，如砂金矿的振动摇床分选已有很长的历史。由于半连续式尼尔森选金方法的发展，这些连续式重选方法的应用曾一度受到限制。在北美，除砂金矿外，复式跳汰机在很大程度上已被半连续离心式重选装置所取代，但连续式重选因给料粒度可较宽泛且处理能力大于离心半连续式，故近年来又有所发展。最新的非离心连续装置是复式压力跳汰机，已被用于回收矿石中的金载体矿物。该装置的优点是能够接受广泛的进料粒度大小，同时流程回路所用稀释水量小，可大大降低流程中水的量。

表 3-3 非离心重选方法应用举例

方 法	处理量/t·h^{-1}	流程中单元	矿 山
内联压力跳汰机	2~100	球磨机排料、旋流器底流	塔斯马尼亚 Beaconsfield
复式/循环跳汰机	<190 m^3/h	球磨机排料、旋流器底流	加纳 Gravelmine
雷切特锥	50~250	浸出渣	圭亚那 Omai
螺旋溜槽	2~4	旋流器底流	美国 Nevada Gold Fields
摇床	0~3	精矿扫选	

另外，对于复杂含金硫化矿物，直接采用氰化浸出回收率较低，需要将其通过选别方法进行富集。目前矿山绝大部分采用浮选方法获得高品位金精矿，再后续提取金，该流程将在第4章详细介绍。

为了达到回收硫化物和金载体的产量要求，连续重力选矿法在磨矿回路中的采用越来越多。与浮选或浮选前段部分粗粒级矿物的闪速浮选相比，磨矿回路流程中采用重力除金和金载体有许多好处，如可以降低磨矿操作成本和提高粗选精矿的综合回收率。磨矿流程回路中的闪速浮选，入选矿物粒度通常在150 μm 以下，而重选可适应更粗粒级的矿物，能够实现当矿石未磨到该粒级之前回收粗颗粒中的金及载金矿物。此外，闪速浮选使用的化学物质会对金颗粒和活性炭产生表面化学污染，影响后续提金。因此，相对于闪速浮选，重选回收更可取，或可与闪速浮选在磨矿回路中并行使用，如在表3-3中塔斯马尼亚的 Beaconsfield 矿山。该连续式重选的应用功能与前述离心半连续式重选相同，但连续式重选处理量与产量会更大，为更多从粗颗粒中回收金与载金矿物提供了可能[12]。

至于流程中是否采用重选或者连续重选，取决于矿石解离金颗粒及含金重矿物颗粒的量及其密度；且磨矿回路中开出重选量的大小要考虑综合回收率的同时，兼顾分选所得精矿的品位。一般开出连续重选的矿量大，综合回收率高，但精矿品位会随之降低，实际生产中需找到最佳的平衡点。图 3-11 所示为振动摇床金矿矿石分离典型的产率、回收率及品位的关系。由图 3-11 可以看出，金回收率随着产率增加而增加，而金品位则随产率升高而降低。

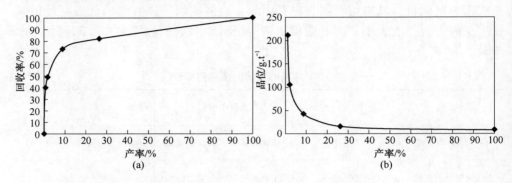

图 3-11 重选金矿回收率、品位与产率的关系
（a）重选精矿回收率与产率的关系；（b）重选精矿品位与产率的关系

金及载金矿物的重选回收率受密度、粒度、介质等综合因素的影响，而其金及载金矿物的重选可选性可根据 3.1 节中所述的密度差 $\Delta\rho$ 判定。如单质金理论的有效分选密度差与水介质密度差较大，理论上应可简单分离，但影响金重选的关键因素与其颗粒大小、长宽比等形状因子有关。不管金矿石通过破磨工序还是在自然环境中的冲积金，因金的延展性好，金颗粒破磨后最终呈现出高纵横比的形状，可为薄片或片层，这种形状分布加上黄金的自然疏水性质会严重影响其重力选别，故实践中金的重选密度差 $\Delta\rho$ 取 3.2。然而，载金硫化矿物的 $\Delta\rho$ 较单质金要低得多，但在破磨过程中矿物的非延展性的等轴化特征使其有助于重选，这使得金和载金硫化矿物（$\Delta\rho$ 通常大于等于 2.5，而小于 3.2）可在相同的某粗粒级范围实现重力分选。然而，具体的粒度范围、产率与回收率最佳点的选择需要通过实践确定。

不管非离心连续式或离心半连续式，生产实践中，重选单元在工艺中的确定应视矿石性质和产品要求的不同而不同。澳大利亚塔斯马尼亚州比肯斯菲尔德金矿采用连续内联式跳汰机和半连续离心式尼尔森重选结合的方式，尽可能自粗颗粒中回收金。在磨矿回路中，将球磨机排浆采用单独渣浆泵打至 IPJ1500 型跳汰机进行粗颗粒重选，重选尾矿返回到旋流给料泵，重选精矿泵至 CD20 型尼尔森重选机进行进一步精选，产生高品位金精矿。与该流程平行，采用单独的 CD30 型尼尔森重选产出高品位金精矿。两种流程的高品位金精矿通过 Gemini 摇床进一步重选产生熔炼级精矿以供金的熔炼，尾矿被送至精矿再磨流程，在该流程中，使用 ISP02 小型直列旋转机和 CD12 尼尔森进一步的重选，精矿再次返回

Gemini 摇床精选，尾矿并入浮选。上述各单元重选条件及结果见表 3-4，列举了各重选单元的处理量、回收率、富集比和处理矿物颗粒尺寸等。

表 3-4　各重选单元运行情况（比肯斯菲尔德金矿）

单元	来料	进料量 /t·h⁻¹	回收率 /%	富集速率 /g·h⁻¹	富集比	P_{80}金回收 /μm
IPJ 跳汰机	球磨机排浆	60	26	382	4：1	320
CD20 尼尔森	IPJ 精矿	4	52	202	72：1	320
CD30 尼尔森	球磨机排浆	60	18	209	110：1	320
闪速浮选	CD 尼尔森尾矿	60	17	161	9：1	106
旋流器①	球磨机排浆	120	93	2211	1.2：1	320

①旋流器可视为重选机，其中底流可视为精矿，其回收率是旋流器底流、旋流器进料。

采用连续式 IPJ 跳汰重选与闪速浮选的回收率与含金颗粒尺寸的对应关系如图 3-12 所示。对于 106 μm 以上颗粒，IPJ 跳汰重选回收金的效果明显；而对 106 μm 以下颗粒，闪速浮选则更具优势。

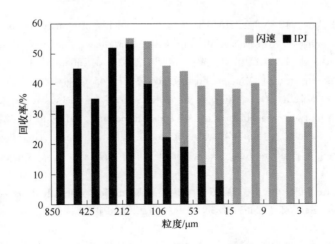

图 3-12　IPJ 跳汰重选与闪速浮选回收率与颗粒尺寸对应关系
（比肯斯菲尔德金矿）

除在球磨机回路外，连续重选也可在半自磨回路中回收粗颗粒矿石中的金。澳洲圣艾夫斯金矿的 4.5 Mt/a 半自磨机回路中安装了内联式压力跳汰重选机，重选精矿采用法尔考离心重选以进一步提高金品位，重选尾矿至塔磨机细磨后进入氰化浸出。除此之外，该流程还有 2 台法尔考离心重选将旋流器底流导入以进行重选，法尔考重选产生的精矿再进入内联式压力跳汰重选机进一步重选。总之，在金矿破磨处理流程的磨矿回路中，加入重选方法，采用连续式、半连续式或二者结合方式回收粗颗粒磨矿产品中的金与载金矿物，以提高综合回收率的方法已得到广泛的关注与应用。

参 考 文 献

[1] MARTINEZ G, RESTREPO-BAENA O J, VEIGA M M. The myth of gravity concentration to eliminate mercury use in artisanal gold mining [J]. The Extractive Industries and Society, 2021 (8): 477-485.

[2] OFORI-SARPONG G, AMANKWAH R K. Comminution environment and gold particle morphology: Effects on gravity concentration [J]. Minerals Engineering, 2011 (24): 590-592.

[3] COULTER T, SUBASINGHE G K N. A mechanistic approach to modelling Knelson concentrators [J]. Minerals Engineering, 2008 (18): 9-17.

[4] CHEN Q, YANG H Y, TONGA L L, et al. Research and application of a Knelson concentrator: A review [J]. Minerals Engineering, 2020 (152): 106339.

[5] GÜLSOY Ö Y, GÜLCAN E. A new method for gravity separation: Vibrating table gravity concentrator [J]. Separation and Purification Technology, 2019 (211): 124-134.

[6] 张金钟, 姜良友, 吴振祥, 等. 尼尔森选矿机及其应用 [J]. 有色矿山, 2003, 32 (6): 28-31.

[7] LAPLANTE A R, HUANG L, HARRIS B G. The upgrading of primary gold gravity concentrates [C]//Proceedings of 31th Annual Meeting of Canadian Mineral Processors. Ottawa, 1999: 211.

[8] GREENWOOD M, LANGLOIS R, WATERS K E. The potential for dry processing using a Knelson concentrator [J]. Minerals Engineering, 2013 (45): 44-46.

[9] ZHOU M, KÖKK1L1Ç O, LANGLOIS R, et al. Size-by-size analysis of dry gravity separation using a 3 in Knelson concentrator [J]. Minerals Engineering, 2016 (91): 42-54.

[10] LINS F F, VEIGA M M, PAPALIA R. Performance of a new centrifuge (Falcon) in concentrating a gold ore from texada island, B. C., Canada [J]. Minerals, 1992 (5): 1113-1121.

[11] SINGH R K, KISHORE R, SAHU K K, et al. Estimation of the fluid velocity profile in the stratification zone of a falcon concentrator [J]. Mining, Metallurgy & Exploration, 2020 (37): 321-331.

[12] SAKUHUNI G, ALTUN N E, KLEIN B. Modelling of continuous centrifugal gravity concentrators using a hybrid optimization approach based on gold metallurgical data [J]. Minerals Engineering, 2022 (179): 107425.

4 金矿浮选

4.1 金矿浮选基础

金矿浮选是指采用泡沫浮选方法从通过破磨矿加工后适宜粒度的金矿石中选别金颗粒或载金矿物，以获得较金矿石含金更高品位金精矿的方法。金矿的选矿过程中，粗颗粒金（几微米或更大粗颗粒金）与载金矿物可以通过重选方法分离，但实际对于多数矿山的金矿中金以细粒或极细状态赋存，且通常以固溶体的形式存在，并在黄铁矿、毒砂等硫化物中具有较高的富集度，难以用重选方法分离或通过氰化浸出等化学方法直接处理，因此浮选获得高品位金精矿可作为一种有利的选择和提金流程中的重要步骤而被广泛采用。大多数矿山常通过破碎和磨矿工序，将矿石粒度降至小于 75 μm 的占 50%~80%，以使脉石中金及载金矿物达到必要的解离度。达到更细粒级的磨矿通常是不经济的，除非矿石金品位有足够高。

4.1.1 离子溶度积原理

在金矿浮选中，单质金具有一定天然可浮性，在不加任何捕收剂的情况下可自然上浮。对于合质金矿物如银金矿及载金硫化矿物，则需要选择合适的捕收剂才能实现浮选分离。黄药（黄原酸盐）是常用的表面活性剂，用于黄铁矿和其他载金硫化物的浮选。浮选体系黄药在水溶液中溶解，黄药及黄药离子在金和载金黄铁矿表面吸附包含两个步骤，首先黄药吸附在金与黄铁矿表面形成一层疏水层，见式（4-1）；接着在表面形成疏水性更强的二黄原酸盐（X_2），见式（4-2）。

$$X^- \rightleftharpoons X_{(ads)} + e \tag{4-1}$$

$$X_{(ads)} + X^- \rightleftharpoons X_{2(ads)} + e \tag{4-2}$$

式中，X^-、$X_{(ads)}$ 分别代表黄药离子、吸附黄原酸。

通过式（4-1）和式（4-2）发生的化学吸附在金、载金矿物与含铁矿物表面形成疏水表面产物，大大降低表面张力。例如，戊基钾黄药在金表面吸附后，在戊基黄药的化学吸附层上形成了二戊基黄药，表面接触角达 94°，使得金的疏水性达到最大。卡科夫斯基给出了金与各种黄药相互作用的溶解产物，金的表面乙基黄药的形成过程见式（4-3）。

$$Au^+ + X^- \rightleftharpoons AuX(s) \qquad K = 1.67 \times 10^{29} \qquad (4-3)$$

式中，K 为溶度积常数。

当黄药吸附在黄铁矿表面时，黄药离子将与表面铁离子相互作用。亚铁离子与黄药乙酯之间的化学相互作用产物 $FeX_2(s)$ 的稳定常数很小，见式（4-4）。而三价高铁离子与黄药相互作用形成的黄原酸盐稳定常数较高，见式（4-5）。

$$Fe^{2+} + 2X^- \rightleftharpoons FeX_2(s) \qquad K = 1.58 \times 10^7 \qquad (4-4)$$

$$Fe^{3+} + 3X^- \rightleftharpoons FeX_3(s) \qquad K = 6.31 \times 10^{23} \qquad (4-5)$$

由于浮选是在充气的氧化环境中进行的，因此表面黄药离子与三价铁离子形成黄原酸盐对于黄铁矿浮选非常重要。比较溶度积可知，黄药离子与金表面反应产物较其与铁物质形成的化合物具有更强的热力学稳定性。然而，由于黄铁矿浮选在碱性矿浆介质中进行，羟化铁（氢氧化铁）与黄药相互作用可以形成二羟基乙基黄药铁，见式（4-6），其 K 值为 3.98×10^{34}，这种羟基黄原酸盐可增强黄铁矿表面的疏水性和可浮性，这也是黄铁矿在碱性环境具有良好可浮性的原因。

$$Fe^{3+} + 2OH + X^- \rightleftharpoons Fe(OH)_2X(s) \qquad K = 3.98 \times 10^{34} \qquad (4-6)$$

金、黄铁矿与黄原酸盐的浮选机理具有上述共同特征，即浮选药剂在其表面形成疏水性化合物而具有可浮特征，黄药捕收剂在表面形成的黄原酸盐溶度积越小越能增强疏水性与可浮性。普遍认为，支链黄药比直链黄药更具疏水性，且两种捕收剂的联合作用对浮选更有效[1]。

4.1.2　电化学原理

黄药在硫化矿物表面形成金属与黄药复杂络合物是一个涉及电荷转移的电化学过程，阳极反应的发生，见式（4-1）和式（4-7）；而阴极为氧的还原反应，见式（4-8）。

$$MS + 2X^- \longrightarrow MX_2 + S + 2e \qquad (4-7)$$

$$\frac{1}{2}O_2 + H_2O + 2e \longrightarrow 2OH^- \qquad (4-8)$$

式中，MS、MX_2 分别代表硫化矿物和金属黄原酸盐；S 代表单质硫及多硫。

同时，黄原酸离子在黄铁矿表面氧化形成双黄药，见式（4-9），阴极电对反应则将高铁离子 Fe^{3+} 还原为亚铁离子，见式（4-10）。

$$2X^-_{(ads)} \longrightarrow X_2 + 2e \tag{4-9}$$

$$2Fe(OH)_3(s) + 6H^+ + 2e \longrightarrow 2Fe^{2+} + 6H_2O \tag{4-10}$$

研究表明，未被氧化的黄铁矿表面通过特定的相互作用吸附黄药离子，而氧化的黄铁矿则通过黄药氧化为双黄药进行吸附，见式（4-9）。低 pH 值条件下，黄铁矿表面以双黄药为主，但在高 pH 值条件下，则以高价铁与黄原酸复合物为主。当黄药浓度较低，低于 3×10^{-5} 时，黄铁矿表面上以乙基黄原酸铁（$Fe(EX)_3$）为主；而当黄药浓度较高时，黄铁矿表面乙基黄原酸铁表面上会覆盖多层双黄药，且二者均为黄铁矿表面疏水的原因[2]。

4.1.3 浮选动力学

4.1.3.1 一阶动力学

浮选动力学可类比化学反应动力学，速率方程的简单形式见式（4-11）。

$$\frac{dc}{dt} = -k_n c^n \tag{4-11}$$

式中，c 为浮选槽中颗粒的浓度；t 为时间；k 为浮选速率常数，取决于矿物学、粒度和表面化学等与矿石特性有关的变量，以及与试剂用量、曝气程度等操作工艺相关的变量；n 为决定速率方程级数的整数。

将式（4-11）积分可得一阶浮选动力学式，见式（4-12）。

$$R = R_\infty (1 - e^{-k_1 t}) \tag{4-12}$$

式中，R 为时间 t 后累积的回收率；R_∞ 为延长浮选时间后所能获得的最大回收率；k_1 为一阶速率常数。

在浮选过程中，通常认为通过气泡捕集有价金属矿物颗粒获得精矿的过程遵循一级动力学。重排式（4-12）可得到如下的线性形式：

$$\ln[(R_\infty - R)/R_\infty] = -k_1 t \tag{4-13}$$

如果一级模型是有效的，式（4-13）左边随右边时间的函数变化应该得到一条直线。

以某载金黄铁矿的浮选为例，该矿物化学成分：Au 5.18 g/t, Fe 6.67%, S 0.81%, C 2.41%；金以微细颗粒嵌布于黄铁矿及脉石矿物中，如图 4-1 所示。浮选条件：pH 值为 8.8~9.0，戊基钾黄药（PAX）55 g/t，异丙基钠黄药 55 g/t，MIBC 50 g/t。四种粒径的实验数据绘制在图 4-2 中，浮选回收率随时间变化如图 4-2（a）所示；金浮选与黄铁矿浮选回收率呈线性关系，如图 4-2（b）所示。说明金浮选回收是随时间累积的过程，见式（4-12），且因金与黄铁矿的嵌布关系，黄铁矿浮选越多，金越能得到捕集[3]。

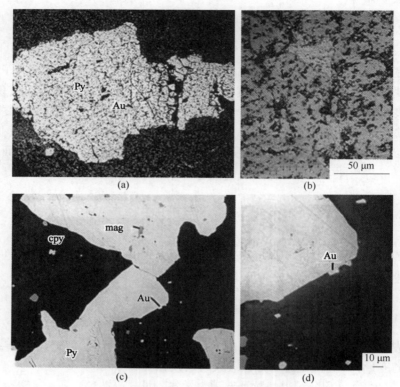

图 4-1　金在黄铁矿中赋存状态的显微照片[3]

（a）硅质脉石和黄铁矿（灰色区域为微细浸染的钛铁矿和磁铁矿）中游离金颗粒；（b）图（a）金粒（50 μm）的近景；（c）游离金在脉石和强烈的黑云母蚀变体中与黄铁矿接触；（d）10 粒 1~10 μm 金颗粒的近景

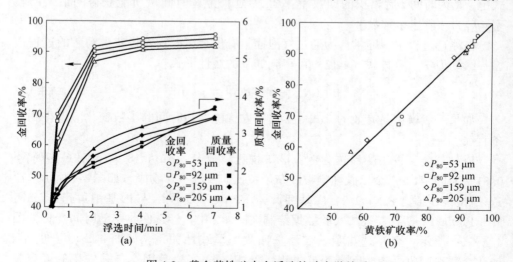

图 4-2　载金黄铁矿中金浮选的动力学关系

（a）金浮选回收率随时间的变化；（b）金与黄铁矿浮选回收率的关系

由图 4-2（a）结果分析所得到的动力学参数见表 4-1，并给出了不同磨矿粒度下浮选对应的总回收率。计算结果取决于所采用的最大回收率。表 4-1 中列出了两组数据，其中数据（1）以图 4-2 中各情况最大浮选回收率 $R_{\infty(1)}$ 曲线平台处的值所计算的结果，如图 4-3 中（a）组数据，结果显示 $\ln[(R_{\infty}-R)/R_{\infty}]$ 与浮选时间 t 之间呈一定线性相关性，符合式（4-13）表示的一级动力学方程。而数据（2）则是采用 R_{∞} 外推到更大值所得到的结果，此时，无论 R_{∞} 的值大小、$\ln[(R_{\infty}-R)/R_{\infty}]$ 与浮选时间 t 之间的关系与线性的偏差均较显著，而是呈现出明显的曲率特征，如图 4-3 中（b）组。

表 4-1　金一级浮选动力学参数

P_{80} /μm	R_{ovr} /%	数据（1）			数据（2）		
		$R_{\infty(1)}$/%	k_1/min⁻¹	r^2	$R_{\infty(2)}$/%	k_1/min⁻¹	r^2
53	95.8	95.9	1.07	0.9498	98.4	0.64	0.5779
92	94.4	94.5	1.03	0.9399	97.1	0.63	0.5772
159	92.4	92.5	1.06	0.9447	95.6	0.61	0.5633
205	91.8	92.0	0.96	0.9400	95.6	0.57	0.6015

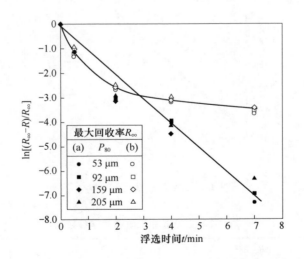

图 4-3　$\ln[(R_{\infty}-R)/R_{\infty}]$ 与浮选时间的关系

4.1.3.2　二级动力学

为消除一阶动力学偏差，有必要采用二级浮选动力学以准确拟合浮选动力学过程。将式（4-11）以二阶 $n=2$ 积分可得：

$$R = \frac{R_\infty^2 k_2 t}{1 + R_\infty k_2 t} \tag{4-14}$$

式中，k_2 为二阶速率常数。

整理式（4-14）得：

$$\frac{t}{R} = \frac{t}{R_\infty} + \frac{1}{R_\infty^2 k_2} \tag{4-15}$$

由式（4-15）可知，如果二阶动力学方程是有效的，t/R（浮选时间 t 与对应回收率的比）与浮选时间的关系应该是一条直线，如图4-4所示。与一阶动力学拟合相比，包括粗粒级、不同粒度下的数据回归均显示了良好的线性相关性。由直线斜率可得最大回收率 R_∞，截距可计算出二阶速率常数 k_2。对于上述矿物金的浮选，各粒度下二阶动力学参数见表4-2。相关系数 r^2 均大于 0.999，一阶案例的相关系数小于 0.949（见表4-1），二阶速率常数 k_2 随颗粒大小变化也更系统地变化，数据对二级动力学的拟合也比一级动力学拟合更好，较大的速率常数 k_2 对应较高的浮选回收率[5]。

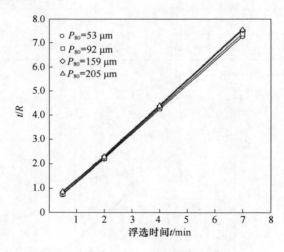

图4-4 t/R 与浮选时间的关系

表4-2 金浮选的二阶动力学参数

$P_{80}/\mu m$	$R_{ovr}/\%$	$R_{\infty(2)}/\%$	k_2/min^{-1}	r^2
53	95.8	98.4	5.61	0.9996
92	94.4	97.1	5.41	0.9999
159	92.4	95.6	4.89	0.9997
205	91.8	95.6	4.07	0.9999

速率常数 k_2 随颗粒增大而明显减小，说明磨矿粒度对浮选回收率有重要影响，总体上浮选速率常数随粒径的增大而减小。当浮选药剂用量增大时，由于浮选药剂对粗颗粒矿物的增强作用，粒度对浮选速率常数的影响会相对减小。在金矿浮选工业实践中，由于浮选剂成本相对较低，常倾向于使用偏高的浮选药剂用量以增强浮选过程。虽然通过提高药剂用量和捕收剂的混合用药可能使浮选回收率对磨矿粒度的依赖性降低，但过度增加药剂反而会恶化浮选过程，故在目前实际工艺条件下，通常当矿物粒径在约 200 μm 时获得较好的回收率。

一般浮选过程遵循一阶动力学，但在浮选药剂用量一定和 pH 值等浮选工艺条件相同下，二级速率常数能更好反映浮选速率对粒径的依赖关系。Nguyen 和 Schulze 讨论了浮选动力学，并指出：浮选动力学一般介于一阶和二阶之间，对单一矿物或矿浆浓度较低的浮选简化为一阶，对低品位矿石或矿浆浓度较高的浮选为二阶。

4.2　自然游离金的浮选

如上所述，矿石中天然或游离含金颗粒的表面通常是疏水的，如果这些颗粒表面相对不含污染物，在没有捕收剂的情况下，它们会有上浮趋势。碎化金也有很强的自然上浮倾向，与游离金颗粒具有类似的浮选特性。尽管如此，由于含金颗粒表面的污染及其与其他矿物及脉石的复杂共生关系，金矿浮选过程仍需在浮选药剂作用下完成，且除药剂外，还受磨矿细度、充气、矿浆 pH 值及其他工艺因素的影响。

4.2.1　粒度的影响

如前所述，对于许多含金矿石，因自然金或游离金可进行自然浮选或无捕收剂浮选，故含金矿物解离度常作为金浮选过程考虑的首要影响因素，且作为影响浮选动力学的主要参数来考虑。图 4-5 为无捕收剂和以硫代氨基甲酸盐为捕收剂时，不同粒度的某非洲游离金矿浮选时金回收率随浮选时间变化结果，即随着浮选时间的累积，金回收率增加。起泡剂是相对分子质量为 200 的聚丙烯乙二醇甲基醚（PGME）。浮选体系均未采用任何 pH 值调整剂，天然矿石矿浆 pH 值为 7.3，其中图 4-5（b）的捕收剂加至球磨机中。图 4-5 中的浮选回收率与浮选时间关系曲线符合式（4-12）的一阶反应动力学模型，不同粒度回收率可通过一阶反应速率常数 k 反映出来。

有无捕收剂，一阶反应速率常数均随矿石粒度的减小而增大，这与上节中载金黄铁矿物浮选的动力学一致。可见在 75～300 μm 范围内，随着粒度降低，金

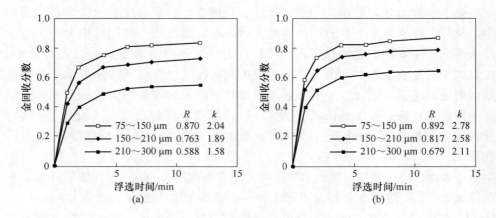

图 4-5 不同粒度矿物游离金浮选随时间的变化

(a) 无捕收剂（起泡剂 PGME 的相对分子质量 200, 20 g/t；矿浆自然 pH 值 7.3）；

(b) 捕收剂（硫代氨基甲酸盐 10 g/t，添加到磨矿中；起泡剂 PGME 的相对分子质量 200, 20 g/t；

矿浆自然 pH 值 7.3)

的浮选回收率随之增大，同时最大回收率 R_∞ 也随之增大。由此可见，粒度是影响浮选动力学和浮选回收率的主要因素，并可通过浮选反应速率常数 k 来判断。速率常数 k 与实际浮选条件相关，不同矿物和浮选条件下反应速率常数 k 不同，但通过其测定可判定金回收率限制因素及相关浮选动力学。除游离金与载金黄铁矿外，其他载金矿物浮选如黄铜矿和辉钼矿也遵循同样的动力学趋势。通常情况下，不管是否存在捕收剂，粒度细、解离度高的金浮选速率较快并有较高的回收率。生产实践中，当自然金颗粒粒度小于 150 μm 时，许多矿山无捕收剂浮选仍获得了良好的金回收率[5-6]。

4.2.2 浮选剂的选择

捕收剂类型和用量选择是自然金或游离金浮选的又一重要影响因素。如前所述，无论游离金或载金矿物浮选，捕收剂的加入均会提高分选回收率，尤其对于粗颗粒金矿物浮选，除粒度因素外，捕收剂选择对浮选过程也很重要。一般对于天然可浮性矿物，最有效的是不溶于水和不带电荷的捕收剂。这类疏水捕收剂主要有：硫氨酯（R′HN—（C ═S）—OR″）、黄原酸酯（R′O—（C ═S）—S—（C ═S）—OR″）、硫醇（RSH）、二烷基硫化物（R′—S—R″）等。与之相反的则是水溶性带电荷的捕收剂，如黄原酸盐（RO—（C ═S）—S⁻ M⁺）与二磷酸盐（RO_2—（P ═S）—S⁺M⁺）。

这些疏水捕收剂在矿浆自然 pH 值附近浮选效果最好，原因是 Ca^{2+} 通常是自然或游离金的抑制剂，石灰的存在将减缓金物种的浮选动力学。若浮选矿浆需要调整 pH 值碱性，应使用苛性碱（NaOH）、纯碱（KOH）等而非石灰；如需调节 pH 值酸性，虽然使用盐酸（HCl）有一定益处，但通常使用硫酸（H_2SO_4）。

不溶性疏水捕收剂更适合自然可浮（无捕收剂浮选）物质的原因很多：

（1）与其他自然浮选矿物（如黄铜矿）和其他需要强捕收剂作用的矿物（如辉铜矿和闪锌矿）相比，即使在最佳条件下，金浮选本是一个缓慢的过程，若使用水溶性（亲水性）捕收剂，如黄原酸盐和二硫代磷酸盐，无疑会更加减慢自然漂浮矿物（包括天然金）的浮选速度。

（2）要达到等效最佳回收率平衡点，水溶性捕收剂相对于不溶性捕收剂所需用量更大。即使是水溶性黄药，也只有碳含量较大的基团，如戊基和丁基黄药，在小剂量下能作为金有效捕收剂，而乙基和丙基黄药很少作为金捕收剂。

（3）天然可浮矿物对脉石矿物（包括黄铁矿）具有天然选择性。如使用不带电的不溶性捕收剂有助于保持这种固有的选择性，而使用带电的水溶性捕收剂则会很快破坏这种选择性。一旦这种天然选择性被破坏，往往被迫使用抑制剂（如氰化物）、各种类型的黄铁矿抑制剂、矿物表面改性 pH 值调节剂等。

在天然矿石 pH 值为 7.3 的条件下，测定了包括无捕收剂浮选在内的六种不同捕收剂条件对某金矿金浮选的影响，验证了不溶性捕收剂浮选金的优势，如图 4-6 所示。该矿石以游离金为主，矿石中黄铁矿占 5.6%（质量分数），且黄铁矿伴生的金非常少。无捕收剂浮选平衡回收率 R 和相应浮选速率常数 k 均高于小剂量黄药、二硫代磷酸盐和 RKS-100（12.5 g/t）浮选。使用小剂量 12.5 g/t 的硫代氨基甲酸乙酯（异丙基乙酯）和二烷基硫化物具有较好的浮选速率和回收率，而戊基黄药只有在高剂量（100 g/t 或更多）时才达到该回收率。二异丁基二硫代磷酸盐与黄药的结果相似，但无论使用多少剂量、浮选平衡回收率都较低。

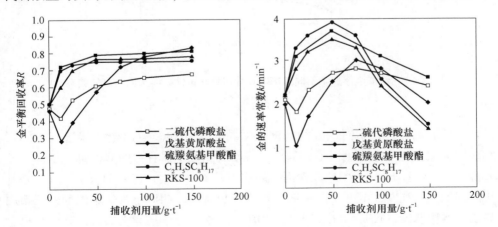

图 4-6 不同捕收剂时某金矿游离金浮选 R、k 与药剂用量的关系
（起泡剂 PGME 的相对分子质量 200，20 g/t；矿浆 pH 值 7.3）

　　尽管增加药剂用量会提高浮选回收率，实际上每种浮选剂都有最大用量值，原因是受制于表面活性剂（捕收剂）在不同粒径颗粒上吸附的性质。浮选过程中，表面吸附的发生常由较小粒径的颗粒主导，较细颗粒吸附的捕收剂过多将会导致混合料中较粗颗粒表面所吸附捕收剂量的不足。随着捕收剂用量的增加，粗颗粒浮选速率增大，细颗粒浮选速率减小，这种现象称为 R/k 权衡，各粒度浮选回收率与浮选速率将随捕收剂用量的变化而变化。

　　实践表明，只要尽可能使金颗粒表面不含有机物，并除去附着的矿泥颗粒，就可以非常有选择性地回收游离的金颗粒。对于荷电离子型浮选剂，如黄药，少量药剂即对黄铁矿、磁黄铁矿的选择性产生显著影响，其用量越高，选择性越差。图 4-7 的结果说明了金矿游离金浮选时不同药剂及其用量与伴生黄铁矿浮选回收率的关系。工业实践中，为了提高选择性，常使用不大于 10 g/t 小剂量的不带电荷的捕收剂和起泡剂与分散剂以浮选游离金，且很少或不使用 pH 值调整剂。为控制荷电离子型药剂量，许多矿山通过对选矿回水净化去除残留黄药以提高对黄铁矿的选择性和增强游离金的浮选[5]。

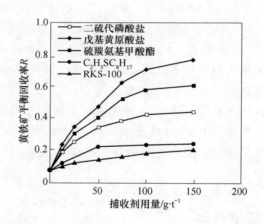

图 4-7　游离金浮选中不同浮选剂及其用量与黄铁矿浮选回收率的关系
（起泡剂 PGME 的相对分子质量 200，15 g/t）

　　除捕收剂之外，不同成分的起泡剂对特定大小颗粒游离金的浮选有不同影响。因天然金与起泡剂难以形成泡沫，所以需要稳定强有力的起泡剂。松油、乙二醇（$H—(OC_3H_6)_n—OH$）、聚丙二醇和甲基醚（$CH_3—(OC_3H_6)_n—OH$）是常用的起泡剂，通常比醇基（$R—OH$）起泡剂更有效。相对于其他起泡剂，三聚丙烯乙二醇甲基醚（$CH_3—(OC_3H_6)_3—OH$）的相对分子质量为 200，对于游离金浮选具有良好的起泡效果。另外，常将不同成分与化学结构的起泡剂混合使用，可以扩大起泡粒级范围、适应不同粒级颗粒物的浮选，以提高回收率[6]。

4.2.3 其他影响因素

矿浆浓度（重力比）是浮选的主要影响因素之一。图4-8为南非某矿不同矿浆浓度与金浮选回收率的关系。矿石中既有游离金，也有与黄铁矿伴生的金，对该矿物矿浆浓度在30%左右浮选回收率最高。当矿浆浓度低于30%时，很难使粗颗粒游离金进入泡沫相，故难以获得最佳浮选效果。而矿浆浓度过高，则很难使浮选进行，回收率也会急剧下降。

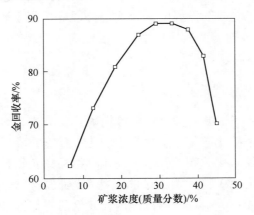

图4-8 矿浆浓度与金回收率的关系

（捕收剂：二烷基硫代氨基甲酸酯，45 g/t；起泡剂PGME的相对分子质量200，15 g/t）

硫酸铜常被用作活化剂以促进游离金浮选，在工业实践中，硫酸铜的活化作用通常很难定量验证。由于浮选过程有时难以维持有效的泡沫相，起泡剂用量会过高，此时硫酸铜的作用更像泡沫修饰剂而非真正的活化剂。如前所述，石灰的存在对自由金的浮选不利，这也是工业生产中常采用水溶性离子型捕收剂载金矿物浮选所面临的窘困。另外，游离金和天然矿物对溶液硬度和离子强度等水化学因素相对不敏感，故许多沿海区域矿山可使用海水浮选金以降低用水压力和节约成本。

矿浆温度也是重要的影响因素，当温度低于25 ℃时矿浆黏度增加，会对浮选动力学产生负面影响。故一些地处偏冷气候的矿山安装某种换热系统，通过对浮选工艺用水进行预热以维持浮选动力学；当温度超过50 ℃时，会导致捕收剂从矿物表面解吸或引起其他相关表面现象，也会对浮选产生负面影响。

总之，与其他类型的硫化矿物浮选相比，游离金和与其他硫化矿物伴生金的浮选速率较慢，因此消除减缓速率的因素，以及延长浮选时间的措施均会对提高金回收率有利[7]。

4.3 硫化金矿浮选

如1.3节所述，硫化矿物共生金种类很多，通常包含五大类：金与黄铁矿、磁黄铁矿和毒砂共生；金与天然可浮性铜矿（如黄铜矿和斑铜矿）共生金；金与铜、铅、银、锌等硫化矿物共生；混合金矿石体系，部分金以天然游离形式存在，部分金与硫化物矿物共生；高矿泥特征金矿。尽管上述关于游离金浮选中，矿浆浓度、温度、起泡剂选择等因素影响趋势同样适用于硫化金矿浮选，但在pH值控制、最佳捕收剂类型选择与用量、活化剂与抑制剂的添加等方面，硫化金矿的浮选有很大不同。

4.3.1 载金铁硫化矿物浮选

金与黄铁矿、磁黄铁矿及砷黄铁矿等铁硫化物共生是金赋存状态的主要形式之一，故这类载金硫化矿物浮选也是金硫化矿浮选重点关注的领域。黄铁矿是自然金最丰富的铁硫化矿物，针对不同化学结构的黄铁矿浮选进行了大量的基础研究，认为在硫化矿物中黄铁矿非天然可浮，需要捕收剂才可实现浮选。实践表明，在酸性pH值为4~5的范围内，几乎所有标准捕收剂都可以有效地捕收黄铁矿。例如，巯基苯并噻唑、二硫代磷酸酯、一硫代磷酸酯、硫代氨基甲酸盐和二硫代硫化物等均能在中性至酸性环境浮选中有效发挥作用，但常见的浮选剂黄药在酸性pH值下是不稳定的，因此，它们只在碱性pH值下用于黄铁矿浮选。

不同pH值环境下某南非金矿采用几种捕收剂载金黄铁矿浮选的结果如图4-9和图4-10所示。矿浆pH值调节采用硫酸调酸和石灰调碱，起泡剂是相对分子质量为200~400的聚丙烯乙二醇甲基醚、用量35 g/t，磨矿细度 $P_{80} \leqslant 75$ μm。调整不同捕收剂的用量，在不同pH值下，使用每种捕收剂金和黄铁矿的最大回收率大致相同，即金回收率80%、黄铁矿回收率90%左右。其中，巯基苯并噻唑（MBT）80 g/t、异丙基硫代氨基甲酸乙酯40 g/t、MBT和二异丁基二硫代磷酸混合物80 g/t分别加入了球磨机，而120 g/t异丁基黄药和80 g/t硫醚胺（C_6H_{13}-$SCH_2CH_2NH_2$）的混合物则加入浮选槽中。碱性pH值环境下，黄药捕收剂浮选金与黄铁矿很有效；而酸性环境下，相较MBT浮选效果最好，其他各种捕收剂效果接近，只是用量会有差别。

混合用药效果优于单一捕收剂浮选，如二硫代磷酸酯，特别是二异丁基二硫代磷酸酯，是硫化铁矿物伴生金较好的混合捕收剂。整体上在酸性环境下，硫代磷酸盐表现出良好的捕收性能，而碱性环境含氮捕收剂混合物效果良好。

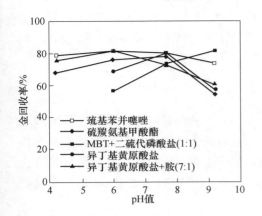

图 4-9 不同捕收剂黄铁矿伴生金浮选
回收率随 pH 值的变化
（起泡剂 PGME 的相对分子质量 200~400，35 g/t）

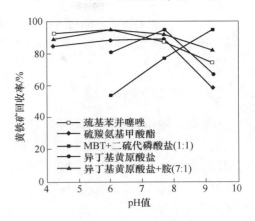

图 4-10 不同捕收剂黄铁矿浮选
回收率随 pH 值的变化
（起泡剂 PGME 的相对分子质量 200~400，35 g/t）

另外，因金与黄铁矿共生，为获得最大金回收率需尽可能浮选黄铁矿，即黄铁矿回收率最大时常获得金的最大回收率。但金的回收率往往会低于黄铁矿回收率，如图 4-9 和图 4-10 所示，即使黄铁矿的回收率为 90%，金的回收率也只有 80% 左右。黄铁矿回收率的下降，即使只有几个百分点，也会对金的回收率产生显著影响，故尽管酸性环境下黄铁矿可被有效浮选，但大多数矿山会采用高碱性 pH 值和大剂量捕收剂以获得黄铁矿高的回收率。但如果浮选载金黄铁矿的目的不是提金而是通过焙烧精矿以制取硫酸时，为保持精矿足够的黄铁矿品位以利于自焙烧时，无疑将会导致大量金的损失，此时需要进行经济性平衡以确定是否需要提高黄铁矿精矿的品位[3]。

砷黄铁矿（毒砂）和磁黄铁矿伴生金的浮选在捕收剂选择和 pH 值调节方面与黄铁矿浮选类似。多数载金砷硫化矿物如毒砂与黄铁矿及铜、铅、锌等金属硫化物共生，浮选实践中常常先浮选铜、锌等有价金属硫化物，再将黄铁矿和毒砂一同上浮获得混合精矿。对黄铁矿与毒砂混合精矿再分离，采用浮选—矿浆电化学的调控和螯合型捕收剂的应用可为其提供有效分离方法，由于毒砂/黄铁矿体系的特殊性，有的矿山则采用抑制黄铁矿浮选毒砂的方法实现黄铁矿/毒砂分离，即采用大剂量的石灰调浆至 pH 值大于 12，用硫酸铜调理激活毒砂，然后用硫代氨基甲酸盐捕收剂浮选毒砂，再调浆至低 pH 值环境，经硫酸铜活化浮选黄铁矿。与碱性环境活化毒砂不同，在中性-酸性条件下，硫酸铜在黄铁矿上的吸附量比碱性条件下高，用硫酸铜活化含金黄铁矿浮选时，回收率较高，浮选速度较快，尤其在改善较粗颗粒黄铁矿浮选方面特别有效。然而硫酸铜用量过多会导致泡沫不稳定，故在用量方面应适当。

实现黄铁矿/毒砂分离对采用焙烧或压力氧化再氰化的方法回收金具有现实的经济意义，但这种方法对金的综合回收率会因金与两种矿物共生结构及工艺条件的影响而不同。

4.3.2 载金硫化铜矿浮选

硫化矿物如黄铜矿、辉钼矿和斑铜矿磨矿后，新鲜的硫化矿物表面具有较强的活性。当吸附氧气后通过电化学氧化作用在表面形成富硫物质，这种高疏水性富硫表面层会充当表面捕收剂的作用，故该硫化矿物颗粒均会有强烈的自然（无捕收剂）上浮倾向。所以，这些伴生金的硫化矿物可在天然矿浆 pH 值、无捕收剂或少量捕收剂下浮选。

尽管游离金和黄铜矿等硫化矿物均具有天然可浮性，但对于铜的浮选，离子型水溶性黄药和黑药效果明显，故对于载金硫化铜矿物，为获得较好的综合回收率和药剂经济性，工业实践常采用水溶性捕收剂并以石灰调节矿浆 pH 值的条件下浮选金和铜而获得含金铜精矿。由于黄铜矿在有和无捕收剂时的起浮速度均较快，故延长浮选时间并不会影响黄铜矿浮选。考虑到荷电水溶性捕收剂会延缓金的浮选速率，要使所用不同的捕收剂获得相同的金回收率，常需延长浮选时间至 18~20 min。

图 4-11 和图 4-12 为黄铜矿伴生金浮选结果，矿浆的 pH 值可以通过添加石灰来控制，所用浮选剂为黄原酸盐（黄药）、二异丁基-二硫代磷酸盐（黑药）、乙基异丙基-硫代氨基甲酸酯、乙磺酸氰乙烯酯。当 pH 值大于 7 时，无捕收剂浮选金和铜的回收率均逐步降低，金的浮选趋势与 4.2 节中相同。当有捕收剂时，随着 pH 值增大，金和铜回收率均随之增加。但采用带电荷的水溶性捕收剂与不

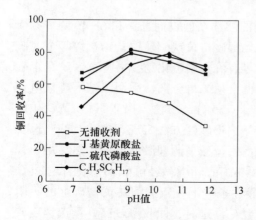

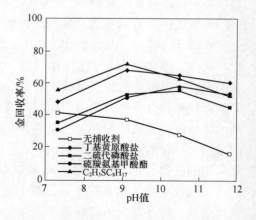

图 4-11 不同捕收剂下载金黄铜矿铜浮选结果
（混合乙醇，起泡剂：PGME，15 g/t）

图 4-12 不同捕收剂下载金黄铜矿金浮选结果
（混合乙醇，起泡剂：PGME，15 g/t）

带电荷的捕收剂获得黄金最大回收率的 pH 值并不匹配，对非水溶性捕收剂如硫代氨基甲酸酯在 pH 值增加到 10.5 时金的回收率最大。采用水溶性捕收剂，在 pH 值为 9.0 左右时金铜均获得最大回收率，当 pH 值继续增加尤其到 10.5 以上时，回收率降低明显。因减慢金浮选速度的因素会对金回收率产生不利影响，故以提高带电的水溶性捕收剂用量以获得金回收率的方法常会导致回收率的下降。另外，带电的水溶性捕收剂需要高 Ca^{2+} 的使用也会延缓金的浮选率和无助于最终回收率，实际浮选金的工业生产中，需控制石灰剂的过量使用[8-9]。

另外，黄铜矿、斑铜矿、黝黑铜矿等主要以斑岩型铜矿存在，在这类斑岩型载金铜矿浮选时，由于该类铜矿石常含有黄铁矿或白铁矿，金通常以微小颗粒与其共生，在浮选含金铜精矿产品的过程中，随着铁硫化物的浮选分离，大部分金会损失在硫精矿（黄铁矿或白铁矿浮选精矿）中，如图 4-2 所示。图 4-13 显示了两种不同类型矿石中黄铁矿含量与铜精矿金回收率的关系，随着铜矿石中黄铁矿含量增多铜精矿中金回收率降低，故矿石中铁硫化物含量决定了最终铜精矿金的回收率。因此，根据铁硫化矿物含量的不同与共生关系，在不同矿山浮选含金铜精矿时采用的捕收剂和浮选流程有很大不同。当黄铁矿含量较低时，采用黄药和黑药常作为捕收剂，以石灰调浆，控制 pH 值在 9~11.8 范围浮选含金铜金矿。

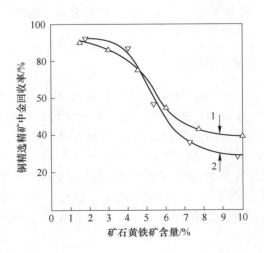

图 4-13　两种矿石中黄铁矿含量与铜精矿金浮选回收率的关系

考虑到减少铁硫化矿物的硫精矿分离丢弃造成的金损失，原矿粗选段粗颗粒硫化物共同浮选流程近年来逐渐被采用，如图 4-14 所示。含金、铁和铜硫化矿在粗选段以粗颗粒被闪速浮选分离出混合精矿，混合粗选精矿再磨后分离铜铁硫化物。为尽可能获得含金铜精矿和提高金回收率，采取了三段扫选流程。

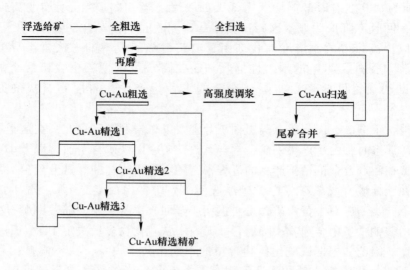

图 4-14 含黄铁矿型硫化铜金矿浮选工艺流程

有些斑岩铜矿含有天然可浮的脉石矿物，如绿泥石、铝硅酸盐，以及一些预活化石英。实践中，经常采用水玻璃、羧甲基纤维素和糊精作抑制剂来抑制该类脉石矿物的浮选。

4.3.3 载金铜/铅/锌硫化矿浮选

铜-锌、铅-锌、铜-铅-锌矿石通常都含有大量的金（1~9 g/t），在该类型矿石中，金通常以元素金的形式存在，且大部分金已经微细浸染在黄铁矿中而难以回收，一般多金属硫化矿石的金回收率为 30%~75%。在铜-锌和铜-铅-锌矿石浮选中，金被捕集在铜精矿中，而对铅-锌矿石浮选，金往往进入铅精矿中。尽管许多情况下存在使金的回收率达到最佳水平的可能性，但由于许多矿山从经济上考虑生产铜、铅和锌精矿的重要性，常会忽视金回收率的提高。实践表明，选择合适的药剂方案仍可以大幅度提高贱金属精矿中金的回收率。

4.3.3.1 铜-锌硫化矿

从铜锌矿中提取金的回收率通常比铅锌矿或铜铅锌矿中更高，这主要归因于：处理铜锌矿石可用的药剂种类比其他两种矿石类型更多，有利于金浮选药剂方案的选择。表 4-3 为不同抑制剂体系下某铜锌矿浮选所得金回收率的情况，相较使用非氰化抑制剂体系大大提高了铜精矿中金的回收率。

表 4-3　不同抑制剂组合对铜精矿中金回收率的影响

抑制剂体系	产品	产率/%	成分/g·t⁻¹			质量分布/%		
			Au	Ag	Sb	Au	Ag	Sb
ZnSO₄，NaCN，CaO 选铜 pH=8.5，选锌 pH=10.5	铜精矿	3.10	20.4	26.2	330	45.1	85.6	2.8
	锌精矿	5.34	1.20	0.61	55.4	4.6	3.4	82.2
	尾矿	91.56	0.77	0.11	0.58	50.3	11.0	15.0
	给料	100	1.4	0.95	3.60	100.0	100.0	100.0
Na₂SO₃，NaHS，CaO 选铜 pH=8.5，选锌 pH=10.5	铜精矿	3.05	32.5	28.1	2.80	68.3	87.4	2.3
	锌精矿	5.65	1.20	0.55	54.8	4.7	3.2	84.6
	尾矿	91.30	0.43	0.10	0.52	27.0	9.4	13.1
	加料	100	1.45	0.98	3.66	100.0	100.0	100.0

4.3.3.2　铅-锌硫化矿

铅-锌硫化矿常含有大量的金，含量为 0.9~6.0 g/t，自该类矿石中浮选金的回收率通常为 35%~75%。当铅锌浮选分离时，使用高剂量锌抑制剂硫酸锌用于铅浮选会大大降低金的可浮性，有试验表明，某铅锌矿添加 $ZnSO_4 \cdot 7H_2O$ 对铅精矿金回收率的影响如图 4-15 所示。为提高铅精矿中金的回收率，可选用替代 $ZnSO_4 \cdot 7H_2O$ 的抑制剂，如 $Na_2S + NaCN$ 或 $Na_2SO_3 + NaCN$ 的组合。捕收剂类型在铅锌矿物浮选金中也起着重要作用，如磷化氢基的捕收剂与黄药相结合，比二硫代磷酸盐浮选铅精矿时金的回收率更高。

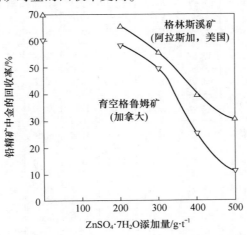

图 4-15　添加硫酸锌对铅锌矿中金回收率的影响

4.3.3.3　铜/铅/锌硫化矿

对于载金铜/铅/锌硫化矿这类复杂矿物的浮选，通常先在 pH 值为 8.5~9.5 的中等碱性条件下浮选铜和铅（包括银）硫化物，接着用硫酸铜活化硫化锌，然后在 pH 值稍高的 9.5~10.5 进行闪锌矿等锌硫化矿的浮选。铜铅精矿再进行浮选分离，分别产生铜精矿和铅精矿，金与各种硫化矿共生而进入相应精矿中。

由于该类矿石性质的复杂性，铜-铅-锌矿中金的回收率一般低于铅锌或铜锌矿石，在两级或多级浮选分离过程中，金的回收率往往低于 50%。造成该结果的原因很多，一方面与该矿石类型中金的矿物学有关，金通常以亚微米级颗粒嵌布在黄铁矿中，而粗颗粒金和银表面通常会覆盖铁或铅，这可能会导致其浮选性大幅降低；另一方面受浮选工艺过程影响，在初段浮选铜铅精矿时，为了使硫化铜/铅与铁硫化矿物有效分离而抑制黄铁矿，采用较短的浮选时间以尽量减少铜铅精矿中出现硫化锌，以及在铜浮选阶段有时使用锌抑制剂，这些因素均会对金的回收率产生负面影响[10]。

为尽可能提高金的回收率，捕收剂的类型和工艺流程的选择与配置非常重要。混合捕收剂用药常获得较好的浮选与分离结果，在混合捕收剂中加入二硫代磷酸盐和亚磷酸盐有助于铜/铅回收阶段的黄金回收，但同时需要不同的抑制剂。有实践表明，与二硫代磷酸盐或硫代氨基甲酸盐捕收剂相比，次磷酸钠捕收剂类型与黄药相结合对金的回收效果更好，表 4-4 为不同混合捕收剂对某铜-铅-锌复杂矿浮选结果。

表 4-4　捕收剂类型对铜-铅-锌硫化矿金回收率的影响（美国克兰登矿）

抑制剂体系	产品	产率/%	成 分				质量分布/%			
			Au /g·t^{-1}	Cu /%	Pb /%	Zn /%	Au	Cu	Pb	Zn
30 g/t 黄药，20 g/t 二硫代磷酸	铜精矿	2.47	20.4	22.4	25.5	1.20	41.6	78.6	2.3	1.3
	铅精矿	1.80	2.50	0.80	51.5	8.30	3.4	1.8	71.3	1.7
	锌精矿	13.94	1.10	0.60	0.80	58.2	11.5	10.4	8.6	92.2
	尾矿	81.79	0.71	0.089	0.28	0.52	43.5	9.1	17.8	4.8
	给料	100.0	1.33	0.80	1.30	8.80	100.0	100.0	100.0	100.0
30 g/t 黄药，20 g/t 次磷酸钠	铜精矿	2.52	31.3	26.1	1.10	5.00	60.6	80.1	2.1	1.4
	铅精矿	1.92	2.80	0.90	51.1	9.20	4.1	2.1	72.5	2.0
	锌精矿	13.91	0.90	0.50	0.72	58.5	9.9	8.5	7.4	92.5
	尾矿	81.65	0.41	0.093	0.30	0.44	25.7	9.3	18.0	4.1
	给料	100.0	1.30	0.82	1.35	8.80	100.0	100.0	100.0	100.0

在多金属硫化矿浮选的工艺流程配置上，一般希望尽早回收贵金属，如第一阶段常采用 Cu-Pb 整体浮选，然后进行 Cu-Pb 分离的工艺流程，金的回收率往往高于按 Cu、Pb、Zn 各金属分别逐步浮选工艺。

4.3.4 锑金矿浮选

锑金矿通常含有辉锑矿（锑含量 1.5%~4.0%）、黄铁矿、毒砂、金（1.5~3.0 g/t）和银（40~150 g/t），与上述铜-铅-锌硫化矿浮选类似，在工艺流程配置上常采取两种方式：

（1）通过调节矿浆 pH 值，先浮选含金硫化物，再浮选辉锑矿。基于辉锑矿在中性和弱酸性 pH 值下可浮性很好，而在碱性条件（pH>8）时可浮性下降的特点，用黄药为捕收剂、酒精为起泡剂在碱性介质（pH>9.3）中优先浮选载金硫化矿，再用硝酸铅活化后，酸化调节 pH 值在 6.0 左右浮选辉锑矿。使用该方法某矿浮选结果见表 4-5。

表 4-5 某锑金矿分步浮选结果

浮选工艺	产品	产率/%	成分/g·t⁻¹			质量分布/%		
			Au	Ag	Sb	Au	Ag	Sb
先浮选载金硫化矿，再浮选辉锑矿	金精矿	2.34	42.3	269.3	269.3	53	13	15
	锑精矿	4.04	6.2	559.8	559.8	13	51	64
	尾矿	93.62	0.65	18.7	18.7	34	36	21
	给料	100.00	1.86	46.4	46.4	100.0	100.0	10.0
载金硫化矿和辉锑矿整体浮选后再分选	金精矿	1.80	91.1	248.8	1.5	61.0	31.3	2.0
	锑精矿	1.80	13.0	684.2	51.3	9.0	58.6	75.0
	中间产品	0.50	46.6	248.8	20.0	8.6	6.0	8.0
	混合粗精矿	4.10	51.7	440.0	29.0	78.6	85.9	85.0
	尾矿	95.90	0.6	3.1	0.2	21.4	14.1	15.0
	给料	100.00	2.7	21.0	1.3	100.0	100.0	100.0

（2）在 pH 值为 6.5 的条件下，用硝酸铅（即 Sb 活化剂）和黄药对辉锑矿和含金硫化物进行整体浮选，然后在 NaOH（pH=10.5）和 CuSO₄ 存在条件下重新研磨所选粗精矿，并添加少量黄药重新浮选含金硫化物，在氢氧化钠存在下对金精矿精选，结果见表 4-5。相比而言，整体浮选方法较分步浮选金与锑综合回收率更高[11-12]。

4.4　载金氧化铜矿浮选

氧化型铜金矿通常伴有氢氧化铁泥和各种黏土矿物，该矿石类型的金矿床有澳大利亚 Red Dome、巴西 Igarape Bahia 和苏联 Kalima 等。这种矿石处理困难，在有黏土矿物存在的情况下甚至更复杂。近年来，以酯改性黄原酸盐为基础的新型捕收剂已成功地应用于硫化法处理含金氧化铜矿。表 4-6 比较了使用戊基钾黄药及其和一种新型捕收剂（PM230，由南非森敏公司提供）混合对 Igarape Bahia 矿石的浮选。用于这些矿石浮选的改进剂为硅酸钠和六偏磷酸钠的混合物，用煮熟的淀粉也有很好的选择性[13]。

表 4-6　载金氧化铜矿浮选结果

浮选剂体系	产品	产率/%	成　分		质量分布/%	
			$Au/g \cdot t^{-1}$	S/%	Au	S
Na$_2$S 2500 g/t； PAX 200 g/t	铜精矿	9.36	33.3	14.15	67.0	50.0
	尾矿	90.64	1.61	1.46	33.0	50.0
	给料	100.00	4.65	2.65	100.0	100.0
Na$_2$S 2500 g/t； PAX/PM230（1∶1） 200 g/t	铜精矿	10.20	39.5	21.79	88.0	85.5
	尾矿	89.80	0.61	0.42	12.0	14.5
	给料	100.00	0.61	0.42	100.0	14.5

4.5　碳质金矿石浮选

因碳质材料具有高的天然疏水性和自然可浮特性，故碳金矿的浮选可认为是自然金浮选的一种特殊情况，有时可以在天然矿石 pH 值下添加起泡剂来浮选。实践证明，采用少量不溶性捕收剂即可浮选，煤油或燃料油的加入有助于提高碳质物质的回收率和最终金回收率。如果矿石中除含金的碳质物质外，还有载金硫化物矿物，浮选工艺将变得复杂[12]。

难选含金矿石中的碳质物质通常包括：（1）具有类似活性炭作用的原生碳成分，其能够从溶液中吸附金氰化络合物；（2）相对分子质量高的重烃混合物，通常与原生碳成分有关，似乎不与金直接相互作用；（3）有机酸，类似于腐植酸，含有能与可溶性金络合形成金有机络合物的官能团。这些碳质在后续氰化提金时，因对氰化金的吸附或与金形成络合物而造成金的损失，故在浮选段去除碳质是目前面临的难题。也就是在含金硫化物浮选时抑制原生碳，以减少进入浮选精矿的非碳酸盐碳，同时尽量减少由于可能的硫化物抑制而造成的金回收率损失。

Pyke 等人采用萘磺酸钠为适宜的抑碳剂，浮选试验表明，最佳用量为 250~275 g/t SNS。较高的浓度将导致精矿中含金硫化物矿物的下降，随后的氰化及硝酸浸出结果表明，该有机质碳的抑制使金的综合回收率提高约 3.7%[14]。

参 考 文 献

[1] WANG D Z. Flotation Reagents: Applied Surface Chemistry on Minerals Flotation and Euergy Resources Beneficiation. Volume1: Functional Principle [M]. Beijing: Springer, Metallurgical Industry Press, 2016.

[2] KLIMPEL R R. Gaudin award lecture—Technology trends in froth flotation chemistry [J]. Mining Engineering, 1995 (47): 933-942.

[3] YALCIN E, KELEBEK S. Flotation kinetics of a pyritic gold ore [J]. International Journal of Mineral Processing, 2011 (98): 48-54.

[4] ARBITER N, HARRIS C C, FUESTENAU D W. Flotation kinetics in froth flotation 50th anniversary [J]. SME-AIME, 1962: 215-246.

[5] TOREM M L, BRAVO S V C, MONTE M B M, et al. Effect of thio collectors and feed particle size distribution on flotation of gold bearing sulphide ore [J]. Miner. Process. Extr. Metall., 2006, 115 (2): 101-106.

[6] TRAHAR W J. A rational interpretation of the role of particle size in flotation [J]. Int. J. Miner. Process, 1981 (8): 289-327.

[7] RABIEH A, ALBIJANIC B, EKSTEEN J J. A review of the effects of grinding media and chemical conditions on the flotation of pyrite in refractory gold operations [J]. Minerals Engineering, 2016 (94): 21-28.

[8] AGORHOM E A, SKINNE W, ZANIN M. Influence of gold mineralogy on its flotation recovery in a porphyry copper-gold ore [J]. Chemical Engineering Science, 2013 (99): 127-138.

[9] FORREST K, YAN D, DUNNE R. Optimisation of gold recovery by selective gold flotation for copper-gold-pyrite ores [J]. Minerals Engineering, 2001, 14 (2): 227-241.

[10] LEPPINEN J O, HINTIKKA V V, KALAPUDAS R P. Effect of electrochemical control on selective flotation of copper and zinc from complex ores [J]. Minerals Engineering, 1998, 11 (1): 39-51.

[11] SEGURA-SALAZAR J, BRITO-PARADA P R. Stibnite froth flotation: A critical review [J]. Minerals Engineering, 2021 (163): 106713.

[12] ALLAN G C, WOODCOCK J T. A review of the flotation of native gold and electrum [J].

Minerals Engineering, 2001, 14 (9): 931-962.

[13] MULPETER T, GUYOT O. Design and implementation of an on-line optimizing control system for processing the sadiola hill oxidised gold ore [J]. Developments in Mineral Processing, 2000 (13): 45-54.

[14] PYKE B L, JOHNSTON R F, BROOKS P. The characterisation and behaviour of carbonaceous material in a refractory gold bearing ore [J]. Minerals Engineering, 1999, 12 (8): 851-862.

5　金精矿预处理

如前所述，金矿提取实践中，根据氰化浸金的难易程度分为自由选矿和难处理矿两类。对于自由选矿金矿，可用氰化物直接浸出（详见第 6 章），原矿适宜粒度下回收率可达到 90%；对于难处理金矿，直接采用氰化物浸出难度很大，回收率仅为 50%~80%，且这类矿物多为载金硫化矿物，通常先通过硫化矿物及砷硫化矿物浮选的方法获得金精矿，金精矿经预处理脱硫脱砷，使金颗粒暴露出来以利于氰化浸出，或采取其他化学浸出剂的方法回收金。难处理金精矿的预处理方法很多，但基本途径是经氧化过程使硫化矿或砷硫化矿物氧化分解，使金矿由难处理转变为易处理形态。实践中，金矿氧化预处理的方法主要有氧化焙烧、加压预氧化和生物预氧化。

5.1　氧化焙烧

氧化焙烧广泛用于硫化金精矿的预处理，所含硫氧化生成的二氧化硫，经与石灰等反应固定或生产硫酸。焙烧反应一般在 450~820 ℃ 的范围内。硫化金精矿中的金主要以胶态金的形式嵌布在含砷黄铁矿和白铁矿中。除含硫化铁矿物外，硫化金精矿中还常存在微量的雌黄（As_2S_3）、雄黄（AsS）、毒砂（$FeAsS$）、辉锑矿（Sb_2S_3）和朱砂（HgS）等。金矿中硫化物硫含量为 0.5%~3.5%，总体品位接近 2.0% 左右。碳酸盐岩在整个储层中含量存在显著差异，从 5%~20% 及以上不等。矿石中有机碳含量在 0.5%~4% 之间，平均在 1.5% 左右。这些矿物及元素在获得金精矿的浮选过程会得到富集，并在焙烧过程中将发生焙烧化学反应，被脱除或转变其化学形态。

5.1.1　氧化焙烧的化学基础

5.1.1.1　碳的燃烧

金精矿焙烧多在硫化焙烧床反应器中进行，而碳作为焙烧的热源，焙烧过程将发生典型的碳燃烧反应：

$$2C(s) + O_2(g) \longrightarrow 2CO(g) \tag{5-1}$$

$$2CO(g) + O_2(g) \longrightarrow 2CO_2(g) \tag{5-2}$$

所有来源（矿石、煤和石油）的碳在焙烧流体床内被氧化为一氧化碳和二氧化碳，CO 和 CO_2 之间的比例约为4%和96%（碳质量分数）。一氧化碳可能进一步被氧化，以降低废气中的一氧化碳含量水平。其中，矿石中有机碳的氧化程度取决于矿石的矿物特性，一般在81%~89%之间；而煤和柴油的氧化程度约为99.5%和100%，如果条件适宜，整体氧化程度可达100%。残留在焙烧炉废气中的一氧化碳由一氧化碳焚烧炉除去。

5.1.1.2 硫和砷的氧化

随着反应床温度的升高，金精矿中的雌黄（As_2S_3）、雄黄（AsS）和毒砂（$FeAsS$）及辉锑矿（Sb_2S_3）等硫化物将发生氧化反应，直到它们完全被氧化。对于砷硫化物，主要反应为：

$$FeAsS(s) + 3O_2(g) \longrightarrow FeAsO_4(s) + SO_2(g) \qquad (5-3)$$

$$2As_2S_3(s) + 11O_2(g) \longrightarrow 2As_2O_5(s) + 6SO_2(g) \qquad (5-4)$$

$$2As_2S_3(s) + 9O_2(g) \longrightarrow 2As_2O_5(s) + 4SO_2(g) \qquad (5-5)$$

$$2FeS_2(s) + 2As_2O_5(s) + 11O_2(g) \longrightarrow 4FeAsO_4(s) + 8SO_2(g) \qquad (5-6)$$

$$2Sb_2S_3(s) + 9O_2(g) \longrightarrow 2Sb_2O_3(s) + 6SO_2(g) \qquad (5-7)$$

对于黄铁矿（FeS_2）的分解，部分被氧化为磁黄铁矿（Fe_7S_8），而磁黄铁矿大部分会进一步氧化为赤铁矿（Fe_2O_3）。

$$7FeS_2(s) + 6O_2(g) \longrightarrow Fe_7S_8(s) + 6SO_2(g) \qquad (5-8)$$

$$4Fe_7S_8(s) + 53O_2(g) \longrightarrow 14Fe_2O_3(s) + 32SO_2(g) \qquad (5-9)$$

硫化物燃烧的总体程度预计在99%，其中97.5%在一级床层反应、1.5%在二级床层反应[1]。

5.1.1.3 二氧化硫和二氧化碳的固定

焙烧所产生的二氧化硫常通过与矿石中的矿物质（碳酸盐和赤铁矿）及在干磨前加入矿石中的石灰反应而固定。实践表明，与矿石矿物反应，二氧化硫固定率为54.5%~89.5%；而剩余二氧化硫通过添加石灰固定，石灰添加率控制在剩余二氧化硫化学计量要求的50%，其利用率约为60%。因此，石灰将与矿石矿物反应后残留的30%的二氧化硫固定下来。焙烧炉中二氧化硫总固定率在68.1%~92.7%之间，具体取决于矿石中的碳酸盐含量。二氧化硫与矿石中的碳酸盐和赤铁矿反应如下：

$$2CaCO_3(s) + 2SO_2(g) + O_2(g) \longrightarrow 2CaSO_4(s) + 2CO_2(g) \qquad (5-10)$$

$$2Fe_2O_3(s) + 6SO_2(g) + 3O_2(g) \longrightarrow 2Fe_2(SO_4)_3(s) \qquad (5-11)$$

附加的二氧化硫固定是与石灰加入矿石反应：

$$2CaO(g) + 2SO_2(g) + O_2(g) \longrightarrow 2CaSO_4(s) \qquad (5-12)$$

固定后，焙烧炉尾气中残留的二氧化硫通过气体净化系统和 SO_2 洗涤器进行去除，总去除率为99.95%[2]。

另外，估计有10%的石灰会与二氧化碳发生固定反应：

$$CaO(g) + CO_2(g) \longrightarrow CaCO_3(s) \qquad (5-13)$$

5.1.1.4 脱水

金矿中，黏土或其他水合矿物的脱水主要发生在第一级床层中，水蒸发成过热的蒸汽，焙烧炉中的水分和空气中的水汽也会过热。原料矿石中的所有汞在焙烧炉废气中蒸发成单质汞，并由气体净化系统除去[3]。

5.1.1.5 氮的氧化

焙烧过程中，在焙烧炉内空气中的氮也会被氧化，所产生的氮氧化物有 NO 与 NO_2，体积比约为 9:1。

$$N_2(g) + O_2(g) \longrightarrow 2NO(g) \tag{5-14}$$

$$2NO(g) + O_2(g) \longrightarrow 2NO_2(g) \tag{5-15}$$

5.1.2 焙烧工艺

从工业应用看，几十年来，焙烧工艺经历的主要发展阶段有回转窑焙烧、多膛炉焙烧、流化床焙烧、循环流化床焙烧和富氧焙烧。

5.1.2.1 多膛炉焙烧

20 世纪 40 年代以前，人们使用回转窑和多膛炉焙烧来处理难选矿石。在黄金行业中最常见的是单一爱德华兹焙烧炉（多膛炉），因为它提供了更好的床温控制。该焙烧炉由一个封闭的砖砌炉缸组成，炉缸长 40 m、宽 3.6 m。通过旋转粗臂，金精矿沿着炉膛推进，该炉截面如图 5-1 所示。爱德华兹焙烧炉成功应用的例子有 Giant Yellowknife 矿山有限公司、Ashanti 金矿有限公司（加纳）和津巴布韦政府焙烧厂等。

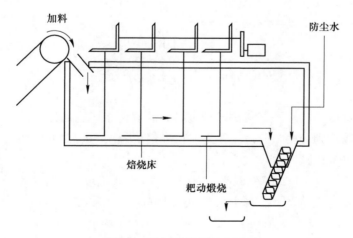

图 5-1 多膛炉结构示意图

随着焙烧技术的发展，焙烧工艺向金矿处理量大、床效率高、烟气收集与处理更环保的方向发展。为提高床效率，增大处理量，多膛焙烧炉逐步被流化床焙烧炉所取代。早在 1954 年，Giant Yellowknife 公司采用包含两个流态化焙烧炉的两级焙烧，成功将精矿处理量从原爱德华兹多膛炉的 36 t/d 扩大到 120 t/d，并且大大缩小了炉缸的占地面积。两个焙烧炉中第一个直径 4 m、第二个直径 3 m（总共 19 m²），而爱德华兹多膛炉则占地 350 m²。

5.1.2.2 流化床焙烧

流化床焙烧又称流态化床焙烧，即自炉床下部鼓入空气，使精矿粉末在炉膛内流态化以提高焙烧反应效率。精矿粉自炉膛上部加入，与自炉床下部鼓入的空气充分混合，形成流态化，焙烧反应在流态化下进行，废气自炉上部排出，废气中的含金粉尘通过静电除尘器收集，送往碳浆浸出工序以回收金，如图 5-2 所示，焙烧金精矿的金回收率一般在 87%~92%。

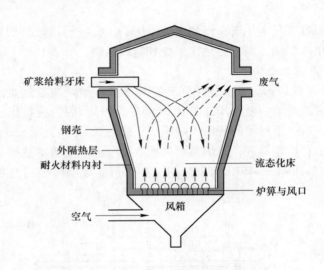

图 5-2 流化床焙烧炉

根据焙烧原料的不同，黄铁矿型金精矿的流化床焙烧常为一段焙烧，而砷黄铁矿精矿的焙烧则分两个阶段：第一阶段在焙烧温度 500 ℃下，部分氧化并使砷挥发，见式（5-16）。

$$FeAsS(s) \longrightarrow FeS(s) + As(g) \tag{5-16}$$

挥发砷在有氧情况下，马上会被氧化为 As_2O_3，见式（5-17）。

$$4As(g) + 3O_2(g) \longrightarrow 2As_2O_3(g) \tag{5-17}$$

第二阶段温度仍为 500 ℃，随着硫的氧化，几乎完成所有的氧化过程，并煅烧形成多孔易于氰化的焙烧产物。理想情况下，当焙烧过程完成时，焙烧的产品呈巧克力色，此时焙砂产品含有约 80%赤铁矿（Fe_2O_2）和 20%磁铁矿（Fe_3O_4）。

在氧化过程中，不会形成式（5-5）中的 As_2O_5，因其会与 Fe_2O_3 生成无孔砷酸铁（FeAsO₄），见式（5-18）。砷酸铁所包裹的金难以氰化浸出，会降低金的回收率。为尽量避免砷酸铁的形成，在焙烧的第一阶段常控制在缺氧的气氛焙烧。

$$Fe_2O_3(s) + As_2O_5(g) \longrightarrow 2FeAsO_4(g) \tag{5-18}$$

这两个阶段从金精矿中的硫获得燃料，均为自燃过程。净化后的三氧化二砷冷却至 105 ℃下被收集在布袋中，运输给木材防腐剂制造商或永久封存在地下冻层地窖中[5-6]。

5.1.2.3 循环流化床焙烧

循环流化床（CFB）是流化床的发展，是指在气流速度大于颗粒的自由沉降速度下进行流态化，颗粒被气流带出，气体与固体分离后，固体又循环回床层中所构成的流化床。早在 20 世纪 50 年代末和 60 年代初，流态化床焙烧出现不久，国际镍业公司和鹰桥公司分别启动了磁黄铁矿的循环流化床技术以回收铁、镍、铜和钴；同样，20 世纪 60 年代，德国的鲁奇与 Vereinigte Aluminumwerke A. G. 共同开发了用于氧化铝工业的循环流化床技术，均实现了工业化应用。之后，循环流化床广泛应用于黏土和磷矿的煅烧、发电厂固体燃料的燃烧、废气的干洗和难处理金矿石、金精矿的氧化处理。

如图 5-3 所示，难选金矿石或金精矿被送入循环流化床焙烧炉，循环流化床焙烧炉通过底部喷嘴引入空气或富氧空气进行焙烧。由旋风除尘器收集的一部分热焙烧料被回收到焙烧炉中，其余部分通过随后氰化法工序回收金。循环流化床与流化床焙烧原理一致，其改进及优点在于：物料中的硫和碳燃烧更完全，进料粒度范围更宽（1~1700 μm），过程控制更优，投资相对更省[7]。

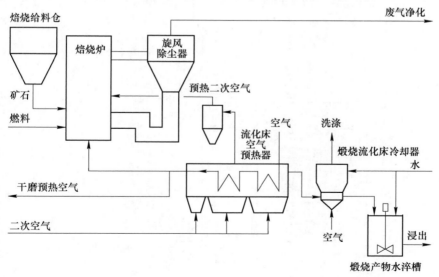

图 5-3　循环流化床（CFB）工艺流程

在废气中硫的捕集方面，循环流化床可以在很宽的温度范围内实现硫的高捕获率。当钙硫比为 1 左右时，硫捕获率显著高于 50%。

5.1.2.4　富氧焙烧

对于许多卡林型金矿，不仅硫化物需要被氧化，碳质也必须被破坏或变成惰性物质。硫化矿中的硫通常在温度 650 ℃ 以下焙烧，超过该温度会发生过度焙烧，导致氰化回收率降低。然而，碳在温度 730 ℃ 以下很难燃烧，在不影响后续金回收率的情况下，普通流化床焙烧机的空气气氛很难平衡地实现这两个要求。为实现硫和碳均能被充分氧化，出现了富氧焙烧，即通过提高鼓入空气中氧的浓度，制造富氧焙烧气氛，使碳与硫能在较低温度下一起燃烧的方法。

1985 年，自由港的印尼 McMoran 公司开发了一种富氧焙烧炉，用于美国内华达州硫化/碳质卡林型金矿的处理，3 台焙烧炉总处理量约为 4500 t/d。巴里克黄金的 Goldstrike 矿山，也是富氧焙烧成功工业应用的案例，日处理量达 11000 t。上述富氧焙烧炉仍基于流态化床反应器，主要差别是富氧气氛的控制与流态化方式的改进，如图 5-4 所示。整个系统还包括流态化进料系统、一级和二级旋风分离器系统

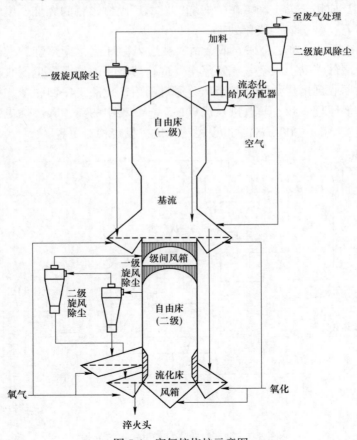

图 5-4　富氧焙烧炉示意图

及辅助系统。矿石焙烧分两段进行，氧化反应主要在第一级（上床层），床的上部温度保持恒温，温度范围为525~595 ℃；第一级氧化固体通过级间固体输送系统连续排放到第二级（下床层），该床层温度在525~620 ℃范围内保持恒定。整个氧化历程会在第二级完成，硫化矿物中硫的总氧化率通常为99%，有机碳的总氧化率达88.5%[6-7]。

低压高纯氧（体积分数为99.5%）作为流化介质通过冷风箱进入二级床层和固体输送箱，从二级反应器排出的热废气通过级间气体传递系统和热风箱输送到一级床。来自第二阶段的高温富氧气体促进了第一阶段床层中的有机碳、硫和燃料的快速氧化，第一级废气在气体排放系统中除尘后进行冷却和清洗。

卡林型金矿处理提金流程如图5-5所示。

5.1.3　废气处理

5.1.3.1　收尘

焙烧炉废气在废热锅炉中从550 ℃冷却到375 ℃，冷却后的气体通过一个热静电除尘器，在那里蒸汽中的大部分灰尘被清除，如图5-6所示。电除尘通常能处理综合流量为1700 m³/min高粉尘负荷的烟气，收集的粉尘由位于底部的两个链式输送机从静电除尘器中清除。烟气经过热静电除尘器之后，一部分（通常约50%）返回至焙烧炉，其余部分则进入气体清洗工序和制酸厂。进入焙烧炉的循环气体含有30%~40%的氧气，在引入燃烧器中使用天然气再加热，并与预热的纯氧混合，以保持焙烧炉中所需的氧气浓度。

5.1.3.2　烟气清洗与净化

气体净化装置的主要单元操作有气体洗涤、冷却除湿、湿气静电除尘器除硫酸雾、除氟、除汞和电积汞回收。通常未返回焙烧炉的部分烟气合并进入气体洗涤和冷却单元，该单元由洗涤塔和气体冷却器组成。电除尘后的热气（≥375 ℃）从洗涤塔底部进入，逆流流向洗涤溶液。溶液的蒸发过程使气体出口温度冷却至70 ℃左右，通过湿气从气流中捕获挥发性杂质，同时吸收气体中部分SO₃。气体通过两级管式冷却器最终冷却至30 ℃。气体离开冷却器后，进入湿静电除尘器中以去除酸雾和气流中的少量极细粉尘。

焙烧炉尾气中如果含氟，将会与制酸催化剂发生反应，从而降低其使用寿命，一般会在湿气静电除尘器之间安装除氟塔。气体通常从塔顶进入，向下通过高硅填料床，在那里烟气中80%的氟与硅填料发生化学反应而被除去。

有些难处理矿石原料中含有汞及其化合物，在焙烧过程中汞挥发并进入气流中。有些汞在洗涤和冷却过程中会与其他化合物发生反应或凝结，然而大量的金属汞仍然留在气流中，如果不清除将污染硫酸产品。常采用专门的除汞塔除去烟

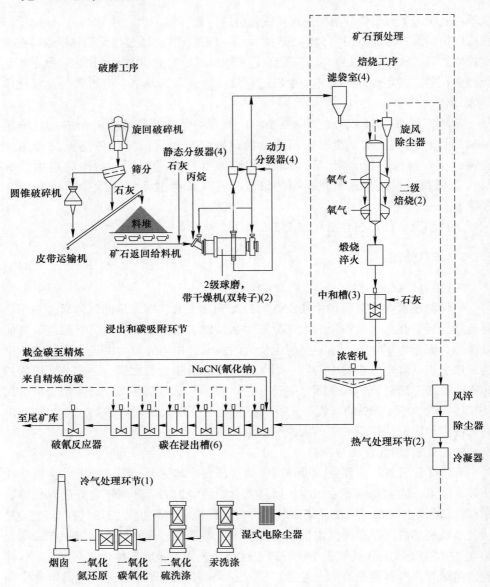

图 5-5　巴里克黄金的 Goldstrike 矿山卡林型金矿富氧焙烧提金流程

气中的汞，烟气通过除汞塔时，气体中的金属汞与洗涤溶液中的氯化汞反应，形成氯化亚汞（甘汞），氯化亚汞溶液再进入电积槽以回收金属汞[8]。

5.1.3.3　制酸

净化后的含 SO_2 烟气进入制酸工序制备硫酸产品。制酸装置可分为三个主要部分：干燥，吸附，带有气-气热交换器和尾气洗涤器的 SO_2 转化。通常制酸厂

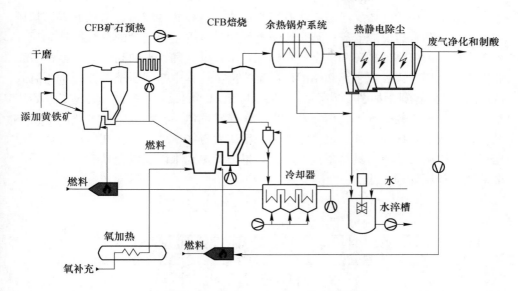

图 5-6 流态化床（CFB）焙烧工艺流程

可采用四种生产模式，模式一和模式三用于生产 94% 的硫酸、模式二和模式四用于生产 98.5% 的硫酸。任何操作模式都可以使用单、双或部分双吸收，这取决于工艺气体中进入的 SO_2 的浓度。最终的二氧化硫转化率通常大于 99.8%。

5.2 加压氧化

5.2.1 加压氧化的发展

最早在 1859 年，俄国化学家 N. 贝克托夫第一次尝试研究压力下的化学反应，当时他在巴黎索邦大学学习，师从大仲马。他发现在加氢压力下，金属银可以从硝酸溶液中加热沉淀。从此，人们对氧化、中性或还原气氛，高温、高压条件下从矿石和二次材料中浸出回收金属的过程展开了大量研究。加压湿法冶金在商业上最早的应用是在铝工业中，1892 年，居住在俄罗斯的奥地利化学家拜耳（Bayer）申请了一项在高于沸点的温度下，用氢氧化钠溶液从铝土矿中溶解铝的专利，开启拜耳法大规模生产氧化铝的工艺。自 20 世纪初，人们在加压湿法冶金回收铜、镍、钴等金属方面开展了大量的工作。至 20 世纪 50 年代早期，使用连续操作的高压釜对金属矿石和精矿进行压力浸出首次成功应用于工业生产。由于苛刻的条件要求，直到拜耳法之后近 60 年，金属硫化物的加压氧化浸出才成为一种可行性方法。此外，在 20 世纪早期，火法冶金工艺是流行的，在经济上使得其被取代的动力不强，这也延缓了加压浸出方法的发展与应用[9]。

工业上采用的加压反应釜结构有多种形式，有壶状、球体、塔状、垂直加压帕丘卡容器和管道反应器等。拜耳法通常使用带有垂直导流管的蒸汽搅拌帕丘卡容器来诱导内容物的循环和混合；在铀工业中，垂直和水平的高压反应器都有工业应用；而用于镍、铜、锌和钴的加压湿法冶金过程中的高压釜容器通常为卧式（水平放置）容器，如图 5-7 所示。在 20 世纪 80 年代，这种加压反应釜开始用于金矿和金精矿的处理。金矿处理采用酸性或碱性体系，而金精矿一般用酸性体系。是对金矿直接加压处理还是浮选为金精矿后再加压处理常存在争议，还需根据黄金矿山矿石性质与具体条件而定，如果金矿选别难以获得金精矿，则常采取金矿直接加压处理方法。

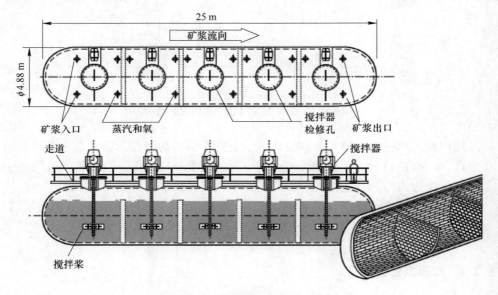

图 5-7 加压搅拌反应釜截面示意图

加压预氧化的优点在于：不排放二氧化硫，降低尾矿中的砷含量，改善环境管理；降低氧化浆液的氰化物消耗；提高浸出率，降低金在系统中的库存；利于生产高品质金，改善操作与工作环境。

需要考虑的不利因素有：检测水污染的程度是否增加或减少，高压釜反应过程中和之后所形成的化合物的长期稳定性。尽管金精矿氧化预处理的湿法与火法对于环境的负荷存在长期争论，实际上，世界范围内压力浸出的湿法冶金过程已经为环境提升作出了积极的贡献。

5.2.2 加压氧化的化学基础

金矿或金精矿加压氧化的目的是破坏硫化物，如黄铁矿、镁锰矿或毒砂等，从而使其包裹的金释放出来，然后用氰化法回收金。目前，加压氧化工艺的反应介质有酸性和碱性体系。

5.2.2.1 硫酸体系

硫酸体系下，高压釜操作温度在175 ℃以上，pH值低于2，发生的氧化反应可以表示为（所有产物可溶解）：

$$2FeS_2 + 7O_2 + 2H_2O \longrightarrow 2FeSO_4 + 2H_2SO_4 \tag{5-19}$$

$$4FeSO_4 + 2H_2SO_4 + O_2 \longrightarrow 2Fe_2(SO_4)_3 + 2H_2O \tag{5-20}$$

由式（5-19）和式（5-20）有式（5-21）：

$$4FeS_2 + 15O_2 + 2H_2O \longrightarrow 2Fe_2(SO_4)_3 + 2H_2SO_4 \tag{5-21}$$

$$4FeAsS + 11O_2 + 2H_2O \longrightarrow 4HAsO_2 + 4FeSO_4 \tag{5-22}$$

$$HAsO_2 + 2FeSO_4 + H_2SO_4 + O_2 \longrightarrow Fe_2(SO_4)_3 + H_3AsO_4 \tag{5-23}$$

由式（5-22）和式（5-23）有式（5-24）：

$$4FeAsS + 2H_2SO_4 + 13O_2 + 2H_2O \longrightarrow 2Fe_2(SO_4)_3 + 2H_3AsO_4 + 2HAsO_2 \tag{5-24}$$

所发生的水解反应有（所有铁产物沉淀）：

$$Fe_2(SO_4)_3 + 3H_2O \longrightarrow Fe_2O_3 + 3H_2SO_4 \tag{5-25}$$

（赤铁矿）

由式（5-21）和式（5-25）有：

$$4FeS_2 + 15O_2 + 8H_2O \longrightarrow 2Fe_2O_3 + 8H_2SO_4 \tag{5-26}$$

（氧化＋水解）

其他水解反应：

$$Fe_2(SO_4)_3 + 2H_2O \longrightarrow 2Fe(OH)SO_4 + H_2SO_4 \tag{5-27}$$

（碱式硫酸铁）

$$3Fe_2(SO_4)_3 + 14H_2O \longrightarrow 2H_3OFe_3(SO_4)_2(OH)_6 + 5H_2SO_4 \tag{5-28}$$

（水合氢黄钾铁钒）

$$Fe_2(SO_4)_3 + 2H_3AsO_4 \longrightarrow 2FeAsO_4 + 3H_2SO_4 \tag{5-29}$$

（砷酸铁）

由式（5-24）和式（5-29）有式（5-30）：

$$2FeAsS + 7O_2 + 2H_2O \longrightarrow 2Fe_3AsO_4 + 2H_2SO_4 \tag{5-30}$$

（氧化＋水解）

如式（5-19）~式（5-23），黄铁矿和毒砂中的铁最初都被氧化为亚铁状态，然后 Fe^{2+} 被缓慢氧化为 Fe^{3+} 形态，见式（5-20）和式（5-23）。在压力反应釜中，当溶液电位需在500 mV（相对于 Ag/AgCl 电极）以上时停留 1~2 h，大部分亚铁将会被氧化成高铁（Fe^{3+}/Fe^{2+} 浓度比大于 10）。

黄铁矿和毒砂中硫的氧化均耗氧，高压釜操作过程中，金精矿中每摩尔黄铁矿或毒砂消耗 3.50~3.75 mol 的氧气，见式（5-21）和式（5-24）。当黄铁矿和砷黄铁矿的完全分解和溶解，被困在无孔硫化物颗粒晶格中的细金颗粒将被完全释放，有利于下一步金的浸出与提取。加压氧化相较焙烧，硫的氧化更彻底，通常氧化度较焙烧高 5%~10%[10]。

黄铁矿整个氧化反应产生硫酸（见式（5-21）），而砷黄铁矿氧化则消耗酸（见式（5-23））。然而，当考虑氧化和水解整个过程时，高压釜中这两种矿物均是硫酸的产生源，见式（5-26）和式（5-30）。硫酸根离子既存在于溶液相（硫酸和硫酸铁），也存在于固相（黄钾铁或碱性硫酸铁），其中分布于硫酸的占 50%~80%、在硫酸铁中的占 10%~30%、在碱性硫酸铁或黄钾铁矾中的占 0~40%。

高压釜的高温高压和低酸环境，易于氧化铁和砷酸铁的形成，这两种化合物均很稳定，且因多孔而不会阻碍下一步金的浸出，并使铁和砷最后进入浸出渣中，有利于环境保护。当体系中的游离酸丰富时，易形成大量黄钾铁钒，会给操作带来困难。此外，黄钾铁矾在尾矿库中缓慢分解，向环境中释放酸和重金属，造成了环境问题，这是不愿见到的结果。另外，碱性硫酸铁比黄钾铁矾更不稳定，尤其在后续浸金的高 pH 值环境下分解，消耗石灰，见式（5-31）。

$$Fe(OH)SO_4 + Ca(OH)_2 \longrightarrow Fe(OH)_3 + CaSO_4 \qquad (5-31)$$

一般高压釜残渣中含有 10%~20% 的硫酸盐并不罕见，但这一数量的硫酸盐将会消耗 75~150 kg/t 的石灰。此外，所产生的大量微细氢氧化铁和石膏沉淀物会极大地改变氰化矿浆的流变性能，造成泵送、混合、沉淀和氧传质等一系列问题。故当加压后的矿浆进入氰化浸出时，快速调节 pH 值，使铁盐转化为氧化铁和砷酸铁硫酸盐非常重要。不同 pH 值下铁化合物稳定区域如图 5-8 所示[11]。

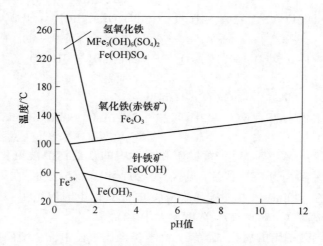

图 5-8 Fe-S-O 体系中各种化合物的稳定区域

尽管在低酸度（<20 g/L H_2SO_4）和高温（>200 ℃）下，水解产物易于形成所需的赤铁矿和砷酸铁，但在实际生产中，提高温度和降低矿浆浓度以降低酸浓度的条件将使操作成本大大提高，故实际中需选用合理的操作参数。为解决该问题，部分工厂在热压酸性氧化后，增加了热养护工序，即碱性体系工序。

5.2.2.2 硝酸-硫酸体系

当硝酸存在下，硫化矿物的硝酸浸出反应为：

$$MeS(s) + 2HNO_3(aq) \longrightarrow MeSO_4 + 3S^0(s) + 2NO(g) + 3H_2O_4(aq)$$

$$(5-32)$$

一般假设参与反应的组分是 NO^+ 而非 NO_3^-，故加入 NO_2^- 而非 NO_3^- 有利于加速形成 NO_3^-，NO^+/NO 对具有极高的氧化还原电位，所以，NO^+ 很容易自亚硝酸而不是硝酸中形成。亚硝酸钠是亚硝酸的一个方便来源，当将其加入酸性溶液时易形成亚硝酸。

$$NaNO_2(aq) + H^+ \longrightarrow HNO_2(aq) + Na^+ \qquad (5-33)$$

亚硝酸离子进一步反应生成 NO^+：

$$HNO_2(aq) + H^+ \longrightarrow NO^+(aq) + H_2O \qquad (5-34)$$

然后 NO^+ 与矿物反应，将硫化物氧化成硫：

$$MeS(s) + 2NO^+(aq) \longrightarrow Me^{2+}(aq) + S^0 + 2NO(g) \qquad (5-35)$$

当然，在较高的温度和（或）氮元素浓度下，硫化物会被完全氧化成元素硫。可以看出，硫化物氧化产生一氧化氮（NO）气体，由于该气体在水溶液中的溶解度有限，因此它倾向于转移出溶液。在压力浸出系统中，采用带氧超压的密闭容器，从浸出浆液中释放出的 NO 积聚在反应器的顶空中，在那里它与提供的氧气发生反应，形成二氧化氮气体，然后使 NO 重新生成为 NO^+[12]。总的反应如下：

$$2NO(g) + O_2(g) \rightleftharpoons 2NO_2(g) \qquad (5-36)$$

$$2NO_2(g) \rightleftharpoons 2NO_2(aq) \qquad (5-37)$$

$$2NO_2(aq) + 2NO(aq) + 4H^+ \rightleftharpoons 4NO^+(aq) + 2H_2O \qquad (5-38)$$

$$2MeS(s) + 4H^+(aq) + O_2(g) \longrightarrow 2Me^{2+}(aq) + 2S^0 + 4H_2O \qquad (5-39)$$

由于氮物质可持续再生，整个反应中氮作为氧化剂的作用并不明显，矿物中金属硫化物则与酸性溶液和氧反应，被氧化生成硫酸盐并产生部分元素硫，见式（5-39）。硝酸中间产物则作为氧传递至矿物表面的捷径，并使氧化反应在提高的氧化还原电位下进行。这种特殊的体系可以使氧化反应在相对较低的温度和压力下进行，使采用普通不锈钢反应釜成为可能；同时，可以实现硫完全氧化为元素硫，这是其他极端加压氧化体系所不具备的。该体系动力学速率较快，也利于所需反应釜体积减小和单位产出率的提高。

5.2.2.3 碱性体系

对于有些高碱性脉石难处理金矿，如 Mercur 难处理金矿石含有高达 20% 的碳酸盐，黄铁矿氧化产生的硫酸会立即被中和而形成碱性环境，见式（5-40）。

$$2FeS_2 + 7.5O_2 + 4CaCO_3 \longrightarrow Fe_2O_3\downarrow + 4CaSO_4 + 4CO_2\uparrow \qquad (5-40)$$

一般来说，碱性加压体系的金回收率比酸性体系低 10%，这与氧化产物及未氧化硫化物中金的包埋有关。在酸性体系中，氧化产物硫酸亚铁还会从反应物黄铁矿表面扩散开来，溶于酸溶液中，并水解形成 Fe_2O_3 沉淀；在碱性加压体系中，赤铁矿在硫化矿表面形成，将金包裹起来，从而降低金的回收率。但碱性体系高压釜常因材料便宜，加压反应过程不易被腐蚀，低投资及运行成本而常被选中，在用于金的氧化矿石的压力浸出时经济可行[13]。

5.2.3 加压氧化的动力学因素

5.2.3.1 温度的影响

载金硫化矿物的加压预氧化过程可以认为符合三相浸出体系动力学，反应步骤包含气体向液相扩散、反应物在液-固相界面传输、液-固相界面化学反应、反应产物向液相扩散四个过程。而对于化学反应，几乎所有的情况下，温度的升高都会在很大程度上加快化学反应的速率。通常温度每增加 10 ℃，反应速率增加 2 倍或 3 倍。阿累尼乌斯方程是表示温度和反应速率之间关系的最方便的形式之一，见式（5-41）。

$$k = Ae^{-E/(RT)} \qquad (5-41)$$

式中，R 为气体常数；E 为活化能；T 为温度；k 为速率常数；A 为碰撞频率常数。

当浸出反应在化学控制情况下，反应速率随温度的升高而迅速增加，活化能在 50 kJ/mol 左右。因此，在高于常压沸点的温度下操作，可以获得非常高的反应速率。然而，如果反应速率受物质传递过程的限制，则温度的净效应要小得多，因为活化能通常为 20 kJ/mol。此时，通过控制分压和搅拌可以增强物质传递机制，从而促进浸出反应的进行。部分与提金有关反应的活化能数据见表 5-1[10]。

表 5-1 提金工艺部分反应的活化能

提金过程	E/kJ·mol^{-1}	速率限制步骤
金的锌沉淀反应	13~16	$Au(CN)_2^-$ 的物质传递
金的碳吸附	11~16	$Au(CN)_2^-$ 的微孔扩散
载金硫化矿氧化（O_2）	30~70	氧化反应，高温时为 O_2 的扩散

金湿法冶金中的大多数反应可以近似地看成是一级反应，但硫化物的压力氧化例外，它可能是半阶的。在硫化物的酸压氧化过程中，动力学因素尤为重要，氧化产物随体系温度和 pH 值的变化而变化，如图 5-9 所示。酸性环境中，当温度在 175 ℃以上时硫将被完全氧化成为硫酸根离子，但在较低温度下有元素硫的形成。形成的元素硫 S^0 或 S_8 覆盖在未氧化的硫化物颗粒表面，防止完全硫化矿物的进一步氧化，从而阻止包裹金的释放，且对于随后氰化浸金后溶液的金有吸附作用，这都使金的回收率降低。

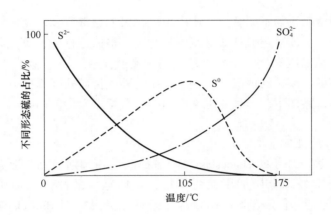

图 5-9 硫化物的氧化产物随温度的变化
（pH≤3，高压釜中的硫酸-硫-氧系）

此外，在金浸出过程中与氰化物发生反应，形成硫氰酸盐，增加了氰化物用量，从而增加了运行成本。可见压力氧化过程中元素硫 S^0 或 S_8 的形成非常有害，提高温度可以改善氧化动力学，将元素硫进一步氧化为硫酸根离子有利于改善氧化过程，并提高金的回收率。

5.2.3.2 氧分压和搅拌

除温度因素外，酸性体系中要加快硫化矿物的氧化，需使气体氧尽快转移到溶液中，所采用的动力学方法有增加氧分压和提高搅拌速率。

（1）增加气体的分压。硫化物的氧化被认为是半级或一级反应，增加氧分压可提高反应速率。

（2）大力搅拌，增加气-液界面的表面积，以协助氧的传递。剧烈搅拌可以缩短扩散路径，加快物质扩散的限制，使氧化速率的限制性环节最大可能为固-液界面的化学反应步骤。在含有高比例（质量比）细粒固体的溶液中，剧烈搅拌还可消除固体表面所形成的任何保护层，从而减小表面扩散阻力，增强氧化反应。但是，搅拌不能太剧烈，否则会使搅拌桨过早磨损。实践经验表明，在处理金矿的加压氧化容器中，未包覆的轴向式叶轮的叶尖速度必须保持在最大 4 m/s 左右；否则，叶片的加速磨损会大大降低高压釜容器的在线可用性。因此，在剧烈搅拌和叶轮/叶片磨损之间必须保持一个实际的平衡。最近，随着陶瓷涂层等离子喷涂技术的发展及其在搅拌桨叶轮/叶片上的应用，使该部件的磨损寿命增加了一倍的同时，还可使叶尖转速提高 50%，设备的输入功率增加 3 倍[14]。

5.2.4 压力预氧化工艺

根据处理金矿石的不同特点，压力预氧化工艺通常有金矿全矿加压和金精矿加压预氧化两类，即采用碱性或酸性体系对金矿整体进行压力氧化和载金硫化矿精矿的酸性体系加压氧化。全矿处理的对象是指金和（或）硫化物浮选回收较差的金矿。在可能浮选的情况下，关于全矿处理或精矿处理哪种方法更好一直存在着重大争议，具体工艺选择需根据矿山的矿石特点、金的回收率、成本因素等来确定。

5.2.4.1 酸性体系工艺

1985 年，美国加州的 Homestake McLaughlin（霍姆斯塔克，麦克诺林）公司投产了第一个难处理金矿加压氧化工厂，首创全矿酸性体系加压工艺。之后 1986—1993 年，美国 Barrick Resources（巴里克资源）对 Barrick Goldstrike（巴里克金击）矿开发了该系统。

Goldstrike（金击）矿位于美国内华达州中北部的 Elko（埃尔克）和 Eureka（尤里卡）县，处于 Carlin（卡林）地质趋势。该矿位于卡林镇西北约 40 km 处，处于 Tuscarora 山脉，海拔约 520 m；所有硫化物中的金都属于难处理金，其中 50% 的金在难熔的碳质/硫化物矿石中，故加压氧化显得非常重要。该矿采取了酸性体系加压氧化—CIL 浸出工艺，如图 5-10 所示。经过多年发展和逐步扩大，目前的热压罐处理量达 16000 t/d[9]。

磨矿后颗粒粒度 $P_{80\sim85}$ 为 130 μm、浓度 35%（质量分数）的矿浆，泵入浓密机浓密后矿浆浓度达 54%；然后到达 4 个酸化槽，酸化后矿浆进入高压釜流程前，向浆液中加入硫酸以破坏足够碳酸盐的 CO_3^{2-}，并在酸化槽中注入空气，以助于所生成二氧化碳的去除。在酸化槽中，碳酸盐的含量通常会降低到 2% 以下。作为经验法则，高压釜进料中约 1% 的硫化物硫（S^{2-}）可破坏 0.9% 的 CO_3^{2-}；通常高压釜进料中 S^{2-} 的含量范围为 2.0%~2.5%，当 S^{2-} 含量在较高水平时，每 1% 的 S^{2-} 所破坏的 CO_3^{2-} 会略低于 0.9%。

矿浆从酸化槽通过一系列直接接触加热器（闪蒸）预加热至 165~175 ℃后进入高压釜，热源则来自高压釜排出的矿浆。浆料从顶部进入闪蒸容器，并沿内部挡板级联而下，闪蒸蒸汽自容器下部进入并上升，与浆料接触并直接传热。每

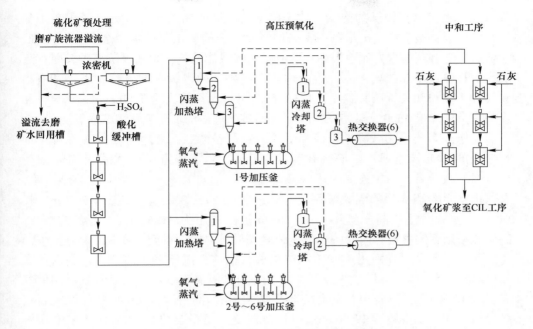

图 5-10 巴里克金击矿加压氧化预处理工艺

个闪蒸容器的底部用作级间给料泵的泵箱，矿浆由两个正排量活塞隔膜泵泵入高压釜。两台泵并行，每台可供 60% 矿浆量。

6 个高压釜的外径均为 4.6 m，除 1 号釜总长度为 23 m 外，2 号~6 号釜总长度均为 25 m。每个高压釜分为 5 个隔间，每个隔间包含一个搅拌器及氧气、蒸汽和水的注入管。高压釜容器的耐腐蚀膜为 8 mm 厚的化学铅板，粘在碳钢外壳上，热保护层用 3 mm 的纤维纸和 23 cm 厚的耐酸黏土耐火砖。

高压釜矿浆停留时间范围为 40~60 min，容器运行压力约 2900 kPa、温度 215~220 ℃，硫化矿氧化率通常达 90%~92%。当 S^{2-} 含量达到 0.25% 时，CIL 段金的回收率将会大幅下降，故高压釜中残余的 S^{2-} 含量需控制在 0.2% 以下，排出矿浆游离酸与给料中的 S^{2-} 和 CO_3^{2-} 呈函数关系，但通常 H_2SO_4 浓度保持在 10~25 g/L 之间。

高压釜排出的矿浆通过逐级闪蒸热交换后，压力降为常压，温度会降至 96 ℃左右，蒸汽瞬时压力降则取决于闪蒸各工序段情况。降压后的矿浆再通过 6~8 级水冷式管式换热器后，温度由 96 ℃降至 48 ℃，整个换热系统旨在热能的循环利用及降低能耗。换热后的矿浆用两台平行泵泵至中和系统，使矿浆 pH 值由 1~2 提高至 10.5，以供 CIL 工序金的氰化浸出。

5.2.4.2 碱性体系工艺

碱性体系全金矿加压氧化工艺以 Mercur（美库尔）矿为例。该矿区在

Oquirrh（奥克尔）山脉的南端，位于美国盐湖城西南约 56 km 处，属于美国最早开发的卡林型金矿，也是第一家采用氰化提金的矿山。矿物中金颗粒粒度细，主要赋存于有利的古生代地层中，形成硫化碳酸盐脉，以微米级游离颗粒赋存于氧化矿石中。在未被氧化的（难处理）矿石中，微米级金与硫化物矿物和有机碳（如干酪根和沥青质）伴生。1986 年 10 月，巴里克决定在 Mercur 选厂设计和安装一个处理量 4500 t/d，其中 680 t/d 为难处理矿的加压氧化工艺系统[15]。

高压釜系统采用现有的破碎和磨矿回路制备浆料，并将浆料储存在罐中进行连续的高压釜处理。原矿浆在直径 20 m 的高效浓密机中浓缩至固体浓度 50%（质量分数），泵送至三段闪蒸塔加热，加热蒸汽来自高压釜的热回收。泵送由一台容积式活塞隔膜泵完成，矿浆通过冷凝器被引入一直径 3.7 m、长 14 m 的水平圆柱式高压釜中，压力釜单元操作压力 3135 kPa、温度 215 ℃。高压釜采用碳钢材料，内衬一层耐酸砖耐火材料，内部空间由不锈钢隔板分成 4 个隔间，每个隔间分别用单叶轮搅拌机进行搅拌。搅拌桨叶的叶尖速度保持在 3.8 m/s 以下，以防止叶片加速磨损。氧气来自液氧制备厂，液氧蒸发后由储氧罐引入每个高压釜隔间中。矿浆在高压釜中停留时间一般为 90 min，排浆通过三级降压冷却，温度降至 95 ℃，通过换热器使温度降至约 25 ℃，泵入 CIL 段浸出。由于难处理矿中的硫含量平均仅为 0.8%，因此高压预氧化过程需要不断引入蒸汽加热。

金精矿的预处理除焙烧和加压预氧化方法外，目前还有生物预氧化、微波与超声波预氧化、机械活化预氧化等方法。

5.3　生物氧化

5.3.1　生物氧化的概念

难处理金精矿的生物氧化是自 20 世纪八九十年代发展起来的一种低温、低压条件下绿色预氧化方法。含金硫化物或砷化物在微生物辅助氧化下转变为硫酸盐，其晶格遭到破坏后，所包裹的金被暴露或释放出来，以利于金的提取，并提高金的综合回收率。

自然界中许多嗜热菌、中等嗜热菌和极端嗜热菌均能催化硫化矿物的氧化，且已被广泛用于金精矿的生物氧化工艺中。该类菌在不同的适宜温度和 pH 值环境中生长，通过不同价态的铁与硫元素而获得电子以完成其生长代谢过程。嗜热菌，如氧化亚铁硫杆菌、氧化硫硫杆菌和氧化铁钩端螺旋菌，适宜生长的温度为 35~45 ℃；中等嗜热菌，如嗜酸硫化芽孢杆菌，适宜生长的温度为 45~65 ℃；极端嗜热菌硫化叶菌，适宜生长的温度则高达 65~80 ℃。上述菌均为嗜酸菌，在较低的 pH 值环境中生长。在该类菌生长代谢中，一些难处理金矿中的黄铁矿、磁黄铁矿、砷黄铁矿等矿物通过一系列氧化反应转变为硫酸盐类物质被去除，以达到难处理金预氧化的目的。基本的总氧化反应见式（5-42）~式（5-44）。

$$4FeS_2 + 15O_2 + 2H_2O \xrightarrow{\text{细菌}} 2Fe_2(SO_4)_3 + 2H_2SO_4 \qquad (5\text{-}42)$$

$$2FeAsS + 7O_2 + H_2SO_4 + 2H_2O \xrightarrow{\text{细菌}} Fe_2(SO_4)_3 + 2H_3AsO_4 \qquad (5\text{-}43)$$

$$2FeS + 4.5O_2 + H_2SO_4 \xrightarrow{\text{细菌}} Fe_2(SO_4)_3 + H_2O \qquad (5\text{-}44)$$

氧化过程的中间产物 Fe^{2+} 及不同价态的硫最终被氧化为 Fe^{3+} 和 SO_4^{2-}，同时会产生黄钾铁矾、臭葱石、石膏沉淀物及部分元素硫等。

生物氧化法因较传统焙烧法及加压氧化法投资省、运行成本低、低温低压环境较友好而得到青睐，该法 1986 年率先在南非费威尔矿山实现工业化，并取得了良好的金回收率；之后相继在加纳、巴西、中国锦丰等矿山得到应用[16-17]。

5.3.2 硫化矿生物氧化原理

普遍认为，硫化矿细菌参与的生物氧化行为包含直接作用和间接作用两方面。其中，直接作用是指细菌通过酶和氧直接氧化硫化矿的行为，即硫化矿直接被氧化为硫酸盐，其中并无中间价的金属阳离子释放至溶液中，该过程的发生通常需要细菌在矿物表面的物理接触或附着。间接作用是硫化矿物受 Fe^{3+} 等氧化剂或质子的攻击，经一系列中间过程后被氧化为硫酸盐，而细菌与氧结合，将硫化矿物中的低价铁或由氧化剂 Fe^{3+} 被还原后产生的低价金属离子 Fe^{2+} 等氧化为 Fe^{3+} 高价氧化剂，这些高价金属离子氧化剂再进一步氧化矿石中的硫化物，如此不断循环。该过程中，细菌发挥了类似催化剂的作用[18]。细菌的直接与间接作用可用式（5-45）~式（5-50）表示。

直接作用：

$$FeS_2 + 3.5O_2 + H_2O \xrightarrow{\text{细菌}} Fe^{2+} + 2H^+ + 2SO_4^{2-} \qquad (5\text{-}45)$$

间接作用：

$$FeS_2 + 14Fe^{3+} + 8H_2O \longrightarrow 15Fe^{2+} + 16H^+ + 2SO_4^{2-} \qquad (5\text{-}46)$$

$$MS + 2Fe^{3+} \longrightarrow M^{2+} + S^0 + 2Fe^{2+} \qquad (5\text{-}47)$$

$$MS + 4H^+ + O_2 \longrightarrow M^{2+} + S^0 + 2H_2O \qquad (5\text{-}48)$$

$$Fe^{2+} + 0.5O_2 + H^+ \xrightarrow{\text{细菌}} Fe^{3+} + H_2O \qquad (5\text{-}49)$$

$$S^0 + 1.5O_2 + H_2O \longrightarrow 2H^+ + SO_4^{2-} \qquad (5\text{-}50)$$

生物浸出的直接作用和间接作用如图 5-11 所示。

在硫化矿间接作用过程中，硫化矿氧化途径及所作用的氧化剂根据其晶体结构的不同而不同，如图 5-12 所示。对于 FeS_2、MoS_2、WS_2 等硫化矿，硫的氧化遵循以 $S_2O_3^{2-}$ 为中间过程的氧化机理，并以 Fe^{3+} 为氧化剂而氧化；闪锌矿、黄铜

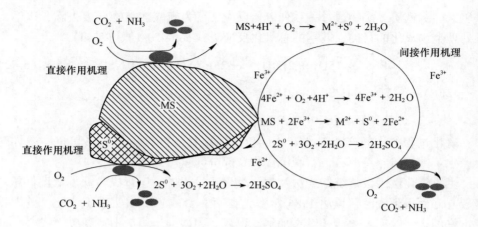

图 5-11 细菌浸矿的直接作用和间接作用示意图

矿、方铅矿等硫化矿中硫的氧化并不遵循以 $S_2O_3^{2-}$ 为中间过程的机理，而是以 S_n^{2-}、S_8 为中间过程。该氧化过程中硫化矿受 Fe^{3+} 和质子 H^+ 的联合作用，且在硫化矿物的表面易于生成元素硫膜[19]。

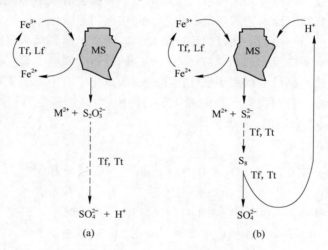

图 5-12 硫化矿细菌浸出过程的两种氧化机理模型[33]

(a) $S_2O_3^{2-}$ 为中间过程的氧化过程；(b) S_n^{2-}、S_8 为中间过程的氧化过程

(1) $S_2O_3^{2-}$ 为中间物的氧化机理（FeS_2、MoS_2、WS_2等）为：

$$FeS_2 + 6Fe^{3+} + 3H_2O \longrightarrow S_2O_3^{2-} + 7Fe^{2+} + 6H^+ \tag{5-51}$$

$$S_2O_3^{2-} + Fe^{3+} + H_2O \longrightarrow S_2O_4^{2-} + Fe^{2+} + H^+ \tag{5-52}$$

$$Fe^{2+} + 0.5O_2 + H^+ \xrightarrow{\text{细菌}} Fe^{3+} + 2H_2O \tag{5-53}$$

（2） S_n^{2-}、S_8 为中间物的氧化机理（ZnS、$CuFeS_2$、PbS 等）为：

$$MS_n + Fe^{3+} + H^+ \longrightarrow M^{2+} + H_2S_n + Fe^{2+}(n \geqslant 2) \tag{5-54}$$

$$H_2S_n + Fe^{3+} \longrightarrow 0.125S_8 + Fe^{2+} + 2H^+ \ (n = 1) \tag{5-55}$$

$$0.125S_8 + 1.5O_2 + H_2O \longrightarrow SO_4^{2-} + 2H^+ \tag{5-56}$$

在以 $S_2O_3^{2-}$ 为中间物的氧化过程中，黄铁矿被 Fe^{3+} 攻击，产生 Fe^{2+} 和硫的中间态化合物 $S_2O_3^{2-}$，Fe^{2+} 被铁氧化细菌重新氧化为 Fe^{3+}，$S_2O_3^{2-}$ 则进一步被氧化为 SO_4^{2-}，并且也会产生少量的元素硫和五硫磺酸盐。该氧化过程硫形态的转变如图 5-13 所示。

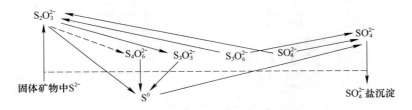

图 5-13 $S_2O_3^{2-}$ 为中间物的氧化过程

在以 S_n^{2-}、S_8 为中间物的氧化过程中，硫化矿受 Fe^{3+} 和质子 H^+ 的联合攻击，硫的中间态化合物主要为元素硫，部分元素硫可在氧参与下经硫细菌的催化氧化最终也转化为 SO_4^{2-}，剩余部分沉积在矿物表面形成元素硫膜而妨碍硫化矿的进一步氧化。在金精矿的生物氧化实践中，表面元素硫膜和复合硫酸盐沉淀物对硫化矿的氧化及后续氰化浸金均会造成负面影响，甚至妨碍该工艺的有效实施，需要设法消除[20-21]。

通常在酸性环境下，存在于难选矿石中的氧化反应可归纳如下：

$$2FeAsS_2 + 7O_2 + H_2SO_4 + 2H_2O \xrightarrow{\text{细菌}} 2H_3AsO_4 + Fe_2(SO_4)_3 \tag{5-57}$$

$$2FeS_2 + 7.5O_2 + H_2O \xrightarrow{\text{细菌}} Fe_2(SO_4)_3 + H_2SO_4 \tag{5-58}$$

$$FeS + Fe_2(SO_4)_3 \longrightarrow 3FeSO_4 + S^0 \tag{5-59}$$

$$FeS_2 + Fe_2(SO_4)_3 \longrightarrow 3FeSO_4 + 2S^0 \tag{5-60}$$

$$2FeS + 2H_2SO_4 + O_2 \longrightarrow 2FeSO_4 + 2S^0 + 2H_2O \tag{5-61}$$

$$2FeSO_4 + 2H_2SO_4 + O_2 \xrightarrow{\text{细菌}} Fe_2(SO_4)_3 + 2H_2O \tag{5-62}$$

$$2S^0 + O_2 + 2H_2O \xrightarrow{\text{细菌}} 2H_2SO_4 \tag{5-63}$$

上述反应表明，硫化物的氧化需要高氧量。实际生物氧化反应器中，为保障氧化效率，必须注入大量空气并将其有效分散至矿浆中，这是生物反应器设计中的主要工程挑战之一。

5.3.3　生物氧化 BIOX® 工艺

典型的难处理金精矿生物氧化 BIOX® 工艺流程如图 5-14 所示[22]。图中的生物氧化过程分初级和二级两个阶段，金精矿和微生物营养液经配置后加入三个平行的初级生物氧化反应器中，经初级氧化后矿浆合并导入三个依次串联的二级生物氧化反应器中。硫化金精矿氧化后的矿浆经浓密和固液分离后，经调浆输送至氰化浸出工序；氧化所产生的酸性水经石灰中和处理后回用，中和渣妥善安置。

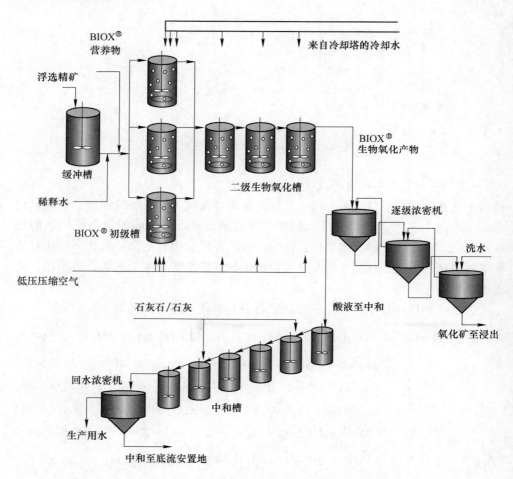

图 5-14　金精矿生物氧化 BIOX® 工艺典型流程

5.3.3.1　备料

浮选金精矿粒度通常为 80% 小于 75 μm 及 95% 小于 150 μm，更细的粒度会提高硫化矿物生物氧化的速度,但会对固-液分离等后续过程产生不利影响,故金精矿再磨需确定最佳的磨矿粒度。再磨金精矿通常在调浆罐调至适宜浓度后分配至生物氧化反应器。矿浆浓度对氧的传质速率有一定影响,对于硫化物硫含量 20%~30%的金浮选精矿,矿浆中固体含量通常被限制在 20%以内。生物氧化反应器操作中,通过调节给料泵吸入管路加入的稀释水,使到给料分离器的矿浆浓度自动控制在 20%。如果金精矿中硫化物含量降低,固体浓度可相应提高。

细菌生长需要营养来维持,氮、磷和钾是基本元素。在 BIOX® 工艺中,硫酸铵、钾盐和磷酸盐作为营养源配置为溶液后添加到主反应器中,所需营养物质的量取决于所处理矿石或精矿的成分。因为没有确切证据表明反应器中所有的细菌都能固定空气中的氮,故硫酸铵被包括在所添加的营养物组分中。细菌生长营养液预先配制后,通过给料分配器加入料浆。大多数工厂使用的营养液浓度为10%~15%,为固体营养质的预混物。营养物种类、使用量的配加可参考金田公司南非费威尔矿山的标准,见表 5-2[22]。

表 5-2 BIOX® 工艺过程细菌生长营养物配加标准

营养种类	南非费威尔矿山使用量/kg·t^{-1}		
	1987 年	1988 年	1989 年
NH^+	9.62	8.73	8.40
K^+	13.05	4.27	1.43
PO_4^{3-}	1.50	1.52	1.56

另外,细菌需要足够的二氧化碳来促进细胞生长。二氧化碳可以从矿石内的碳酸盐矿物中获得。如果金精矿原料中碳酸盐矿物不存在或不足,则必须向给料矿浆中添加石灰石或注入空气,注入的空气必须富含二氧化碳。

5.3.3.2 生物氧化

BIOX® 工艺通常利用氧化亚铁硫杆菌、氧化硫硫杆菌和氧化亚铁钩端螺旋菌等的混合菌群来分解硫化物矿物以释放出包裹金,硫杆菌直径 0.3~0.6 μm、长1~3.5 μm,如图 5-15(a)所示。钩端螺旋体具有类似的尺寸,幼小时呈弧菌状,成熟时呈高度运动的螺旋状,如图 5-15(b)所示。

菌群的组成受到矿浆环境中诸如温度和 pH 值等因素的影响。矿浆温度的上升和 pH 值的下降会促进氧化亚铁钩端螺旋菌的生长;氧化亚铁硫杆菌适宜的 pH 值环境为 2~3,当环境 pH 值低于 1.6 时会抑制其生长,而氧化硫硫杆菌在 pH 值为 0.5~1.0 时几乎不生长。由于氧化铁钩端螺旋菌只能氧化还原铁化合物,而氧化硫硫杆菌只能氧化硫化合物,因此 BIOX® 工艺操作中须将矿浆体系的 pH

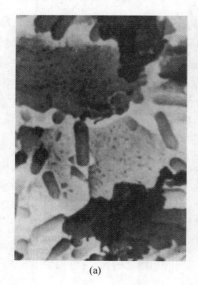 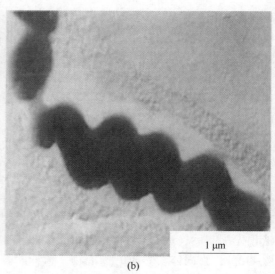

(a)   (b)

图 5-15   BIOX®工艺硫化矿氧化细菌显微照片

（a）氧化亚铁硫杆菌；（b）氧化亚铁钩端螺旋菌

值和温度控制在狭窄范围内，以保持细菌种类的适当平衡，从而优化氧化速率。石灰、石灰石和（或）硫酸用于调控反应器中的 pH 值，BIOX®工艺典型的 pH 值范围控制在 1.2~1.8。对于温度的控制，细菌培养在 40 ℃ 以下运行最好，然而，BIOX®工艺中因硫化物矿物的氧化为放热反应，温度通常较高，初级反应器在 45 ℃ 下运行，二级反应器温度甚至达到 50 ℃。实际操作中，有必要对反应器过程进行冷却，以使矿浆温度保持在适宜的范围。

另外，矿浆中有害离子浓度过高也会抑制细菌生长，降低硫化矿氧化速率。如当氯化物浓度高于 7 g/L 时，将抑制细菌活性（有迹象表明，氯化物会对细菌细胞造成膜损伤）；尽管细菌耐受砷培养时，砷（Ⅴ）浓度高达 20 g/L，高浓度砷尤其砷（Ⅲ）对氧化细菌有毒害与抑制生长的作用。

BIOX®工艺实践中，控制矿浆在初段槽停留时间较长，以建立稳定的种群，并防止细菌的洗出，同时 50%~70% 的硫化矿物在该阶段被氧化，即初级段槽中硫化矿生物氧化的负荷一般高于二级段槽。氧化槽生物氧化总体停留时间主要取决于矿物原料的矿物学因素，通常为 4~6 天。载金矿物类型中，如果金主要被毒砂包裹而非黄铁矿，因毒砂的氧化速率较黄铁矿快，达到最佳金解离度的氧化停留时间相对较短，反之时间较长[23]。

矿物学因素不仅决定氧化停留时间，也决定该过程是产酸还是耗酸。黄铁矿氧化会产生硫酸，而毒砂和磁黄铁矿氧化则消耗酸，高碳酸盐含量的原料也会增加酸的消耗。对于耗酸矿石，酸性生物氧化产品或溶液可循环利用，以减少新鲜酸的消耗；也可以通过前面金精矿的浮选过程降低酸耗脉石矿物，如白云石和方解石等，以最大限度地降低操作成本。实际操作中，根据矿物产酸与耗酸的实际情况，通过添加浓硫酸、石灰或石灰石以调节 pH 值，反应器中的 pH 值通常保持在 1.2~1.8。

细菌生长及氧化反应均需氧，BIOX®工艺由鼓风机提供低压空气，注入反应器中，并由专门设计的机械搅拌器进行分散，以保障适宜的氧气传递速率和氧气利用率。由于对氧的需求量很大，反应器供气为该工艺最大的电力消耗过程，故搅拌槽供气与气流分配系统的优化设计成为主要关注点，如 Sao Bento 厂所有搅拌槽均采取轴流式搅拌桨和空气分散器，以提高供气和氧分散效率。

5.3.3.3 浓密及酸性水中和

氧化产物在氰化之前经高效浓密机浓密，使底流矿浆铁浓度低于 1 g/L。浓密机溢流含铁、砷的酸性水则进入中和处理工序，如图 5-14 所示，中和反应通常分两段在 6~7 个中和槽中进行。在第一段，用石灰石或石灰将 pH 值提高到 4~5，根据中和反应式（5-64）和式（5-65）生成砷酸铁和石膏；在第二段加入石灰乳，使 pH 值进一步提高到 7，此时也有石膏生成，见式（5-66）。

$$H_2AsO_4 + Fe_2(SO_4)_3 + CaCO_3 \longrightarrow FeAsO_4 + CaSO_4 + CO_2 + H_2O$$
$$(5-64)$$

$$Fe_2(SO_4)_3 + 3CaCO_3 + 3H_2O \longrightarrow 2Fe(OH)_3 + 3CaSO_4 + 3CO_2 \quad (5-65)$$

$$H_2SO_4 + CaO \longrightarrow CaSO_4 + H_2O \quad (5-66)$$

中试试验及工业生产的运行结果表明，只要铁与砷的摩尔比高于 3 : 1，就能形成足够稳定的砷沉淀物。经过美国 EPA 的标准和改良毒性特征浸出程序（TCLP），证明砷沉淀物在很宽的 pH 值范围（5~9）内是稳定的。模拟尾矿坝季节性风化作用的试验表明，砷沉淀物经后续不断脱水再水化，砷的稳定性会有增加[24]。

中和回路中，采用循环泵将部分中和废水自第三或第四槽移回头部槽组中，旨在提供较大晶种以改善沉淀物的沉降特性且提高中和效率，减少石灰石消耗，循环率通常为新鲜浆料的 200%~500%。向中和槽内鼓气，以确保亚铁的完全氧化。中和后的浓密机溢流水循环利用，作为磨矿段补水或生物氧化段稀释水，底流至尾矿坝沉积；也有工厂在浓密之前，将中和后矿浆与浮选尾矿混合。经 Fairview 生产实践，回收溶液对浮选性能或细菌活性无不利影响，其确实有助于节约用水，且在沙漠、高原等干旱地区至关重要。

BIOX®工艺因更好的黄金回收率、更低的资本和运营成本，以及更短的许可和建设周期，许多难处理金精矿的预氧化矿山选择了 BIOX®工艺，已工业应用并向大型化发展，部分矿山设计参数见表 5-3。

表 5-3　部分矿山 BIOX® 工艺参数

参　数	矿　山		
	Amantaytau （金田公司，乌兹别克斯坦）	Olympias （TVX Gold，希腊）	Fosterville （澳大利亚）
氧化反应器体积/m³	974	1328	531
给料量/t·d⁻¹	1100	772	120
精矿 S²⁻ 品位/%	25	36.3	17.8
精矿 As 品位/%	1.2	13.8	8.1
矿浆固体浓度/%	20	20	20
BIOX® 工艺模块数/个	4	3	1
每个模块反应器数/个	6	4	6
总停留时间/d	4	4	5
总 S²⁻ 氧化率/%	95	85	98

5.3.4　生物氧化堆浸工艺

　　除 BIOX® 工艺外，难处理金矿的生物氧化堆浸工艺也得到发展，1999 年纽蒙特卡林型金矿的生物氧化堆浸走向工业应用，为低品位难处理金矿的经济性预氧化处理提供了途径。该矿山 1997 年设计包括 12 个 14~305 m 的曝气浸出堆垫，年处理矿量 11.7 Mt（32000 t/d），年产金 8.4 t。目标处理矿石含金 1~3 g/t，黏土 5%~15%，硫 1.5%~2.5%，酸溶性碳 0.07%~0.5%，有机碳 0.07%~1%。矿石经过三段破碎，使 P_{80} 达到 10 mm 后，在鼓式制粒机上混入微生物进行造粒，并通过输送机-堆垛机筑堆，堆高 10 m。当一批矿达到生物氧化预期效果后，使用斗轮挖掘机将该批矿石从氧化堆垫移至金氰化浸出堆垫。然而，1997—2000 年期间，金价经历了在 9.65 美元/g（300 美元/oz）以下的急剧下跌，导致项目预算推迟和大幅减少，这极大地改变了项目的建成速度与规模；最终预算不到原计划金额的 50%，生物氧化堆垫的数量从 12 个减少到 3 个，矿石粉碎粒度目标 P_{80} 由 10 mm 增加至 19 mm，取消了鼓式制粒、输送机-堆垛机、水处理回路、斗轮挖掘机，并取代堆浸法回收黄金，而将生物氧化后的矿石直接引入 CIL 氰化处理工艺。纽蒙特卡林矿经调整后，建成运行的生物氧化堆及设施如图 5-16 所示。

卸载矿堆　　　　　　　　生物氧化堆　　　　　　　　入载矿堆

图 5-16　纽蒙特卡林矿生物氧化堆浸设施（2001 年）[25]

卡林矿区的冬季寒冷、夏季炎热的极端温度给堆中温度与水分控制带来问题，堆体内部温度常远超过额定设计温度 60 ℃，有时甚至堆温高达 80 ℃以上。为了降低堆温，常会增加喷淋强度，而喷淋强度的增加会使堆中水饱和，导致堆的塌陷和堆中局部积水，并会抑制细菌的氧化作用。为适应堆内温度的上升，当新堆运行 6 个月后，接入耐高温古细菌，该微生物在堆中数量可达 $10^6 \sim 10^8$ cell/mL，有效改善了堆的生物氧化特性。

卡林矿生物氧化堆浸操作的最佳溶液化学参数为：pH 值为 1.3~2.2，E_h 为 550 mV，Fe^{3+} 浓度为 5~25 g/L，溶解氧浓度为 $2 \times 10^{-4}\%$。为保持堆中细菌良好的生长条件和氧化电位，需在溶液中加入适量 Fe^{2+} 和往堆内鼓入空气，以优化 Fe^{3+}/Fe^{2+} 比和溶解氧。实践运行表明，堆中硫的总氧化率仅 21.9%，未达到 30%的预期，并将进一步影响金的浸出回收率，使该工艺进一步的发展受到限制[25]。

参 考 文 献

[1] CHAKRABORTI N, LYNCH D C. Thermodynamics of roasting arseno-Pyrite [J]. Metallurgical Transactions B, 1983 (14B): 239-251.

[2] FERNÁNDEZ R R. Better temperature control of Newmont's roasters increased gold recovery [J]. Minerals & Metallurgical Processing, 2003, 20 (4): 191-196.

[3] FERNÁNDEZ R R, SOHN H Y, LEVIER K M. Process for treating refractory gold ores by roasting under oxidizing conditions [J]. Minerals & Metallurgical Process, 2000, 17 (1): 1-6.

[4] LIU J, CHI R, ZENG Z, et al. Selective arsenic-fixing roast of refractory gold concentrate [J]. Metallurgical Transactions B, 2000 (31B): 1163-1168.

[5] FERNÁNDEZ R R, COLLINS A, MARCZAK E. Gold recovery from high-arsenic containing ores at Newmont's roasters [J]. Minerals & Metallurgical Process, 2010, 27 (2): 60-64.

［6］ FOLLAND G, PEINEMANN B. Lurgi's circulating fluid bed applied to gold roasting ［J］. Eng. Min. J., 1989: 28-30.

［7］ FERNÁNDEZ R R. Refractory ore treatment plant at Newmont Gold Company ［J］. Second International Gold Symposium, Lima, Peru, 1996: 227-234.

［8］ PEINEMANN B. New experience in gold roasting using Lurgi's CFB technology ［C］//World Gold Conference 91, Cairns, Australia, 1991: 3-9.

［9］ CHARITOS A, RUNKEL M, GÜNTNER J, et al. Roasting-a study of environmental aspects, off-gas, effluents and residue treatments ［C］//World Gold Conference 2013, Brisbane, Australia, 2023: 509-518.

［10］ BEREZOWSKY R M G S, COLLINS M J, KERFOOT D G E, et al. The commercial status of pressure leaching technology ［J］. JOM, 1991 (43): 9-15.

［11］ CONWAY M H, GALE D C. Sulfur's impact on the size of pressure oxidation autoclaves ［J］. Journal of Metals, 1990: 19-22.

［12］ FLEMING C A. Basic iron sulfate-a potential killer in the processing of refractory gold concentrates by pressure oxidation ［J］. Metallurgical Transactions B, 2010, 27 (2): 81-88.

［13］ ANDERSON C G. Treatment of copper ores and concentrates with industrial nitrogen species catalyzed pressure leaching and non-cyanide precious metals recovery ［J］. JOM, 2003 (4): 32-36.

［14］ JEFFREY M I M J, ANDERSON C G, A fundamental study of the alkaline sulfide leaching of gold ［J］. Eur. J. Miner. Process. Environ. Prot. 2022, 3 (3): 1-21.

［15］ ANDERSON C G. Alkaline sulfide gold leaching kinetics ［J］. Miner. Eng., 2016 (92): 248-256.

［16］ FROSTIAK J, HAUGARD B. Start up and operation of Placer Dome's Campbell Mine gold pressure oxidation plant ［J］. Min. Eng., 1992, 44 (8): 991-993.

［17］ AHNA J, WUA J, AHNB J, et al. Comparative investigations on sulfidic gold ore processing: A novel biooxidation process option ［J］. Minerals Engineering, 2019 (140): 105864.

［18］ KAKSONEN A, MUDUNURU B M, HACKL R. The role of microorganisms in gold processing and recovery—A review ［J］. Hydrometallurgy, 2014b (142): 70-83.

［19］ 李宏煦, 王淀佐, 陈景河, 等. 细菌浸矿作用分析 ［J］. 有色金属, 2003, 55 (3): 68-71.

［20］ 李宏煦, 王淀佐, 陈景河. 细菌浸矿的间接作用分析 ［J］. 有色金属, 2003, 55 (4): 98-100.

［21］ SAND W, GEHRKE T, JOZSA P G, et al. (Bio) chemistry of bacterial leaching-direct vs. indirect bioleaching ［J］. Hydrometallurgy, 2001, 59: 159-175.

［22］ 李宏煦. 硫化矿的生物冶金 ［M］. 北京: 冶金工业出版社, 2007.

［23］ DEW D W, LAWSON E N, BROADHURST J L. The BIOX Process Forbiooxidation of Gold-bearing Ores or Concentrates ［M］//RAWLINGS D E. Biomining, Theory Microbes and Industrial Processes. Springer, 1997: 45-80.

［24］ AZIZITORGHABEH A, MAHANDRA H, RAMSAY J, et al. A sustainable approach for gold recovery from refractory source using novel BIOX-TC system ［J］. Journal of Industrial and Engineering Chemistry, 2022 (115): 209-218.

[25] PYKE B L, JOHNSTON R F, BROOKS P. The characterisation and behaviour of carbonaceous material in a refractory gold bearing ore ［J］. Minerals Engineering, 1999, 12 (8): 851-862.

[26] ROBERTO F F. Commercial heap biooxidation of refractory gold ores-Revisiting Newmont's successful deployment at Carlin ［J］. Minerals Engineering, 2017 (106): 2-6.

6 氰化浸金

氰化浸出（leaching by cyanide）是用氰化物溶液作浸出剂，从含金银矿物原料中提取金、银的浸出工艺。早期氰化浸金使用氰化钾水溶液，近代使用氰化钠或氰化钙的水溶液。氰化钠具有较大的溶金能力和较高的稳定性，价格也较低廉。氰化浸出是当今世界提取金、银的主要方法[1]。

6.1 氰化浸金基础

6.1.1 金的氰化溶解

金在氰化物配合剂溶液中溶解的化学机理已有很多研究，普遍认为是一个电化学过程，主反应物（O_2 和 CN^-）的作用可以通过单个的阳极和阴极半反应方程来描述。

阳极反应：
$$Au \Longrightarrow Au^+ + e \tag{6-1}$$

配合反应：
$$Au + 2CN^- \Longrightarrow Au(CN)^{2-} \tag{6-2}$$

阴极反应：
$$O_2 + 2H^+ + 2e \Longrightarrow H_2O_2 \tag{6-3}$$
$$H_2O_2 + 2H^+ + 2e \Longrightarrow 2H_2O \tag{6-4}$$

总反应：
$$Au + 2CN^- + O_2 + 2H_2O \Longrightarrow Au(CN)_2 + H_2O_2 + 2OH^- \tag{6-5}$$

阳极过程及其配合反应进一步揭示为：
$$Au + CN^-(aq) \longrightarrow Au(CN)^-(ads) \tag{6-6}$$
$$AuCN^-(ads) \longrightarrow AuCN(ads) + e \tag{6-7}$$
$$AuCN(ads) + CN^-(aq) \longrightarrow Au(CN)_2^-(aq) \tag{6-8}$$

式中，ads 为表面吸附组分；aq 为水溶组分。

在浸金过程中，矿石中的金与溶液中的氰化物离子发生阳极反应，形成配合物 $Au(CN)^{2-}$，其阳极氧化释放电子后转变为 $AuCN(ads)$，$AuCN(ads)$ 再与溶液中吸附 $CN^-(aq)$ 配合形成 $Au(CN)_2^-(aq)$ 进入溶液，即金通过一系列阳极反应与氰根离子配合后进入溶液而被自矿石中提取出来；阴极则发生形成中间双氧水的反应。工业上氰化浸金反应剂常用氰化钠，相应浸金两步骤反应式为：

$$2Au(s)+4NaCN(l)+O_2(g)+2H_2O(l)\longrightarrow 2Na[Au(CN)_2](l)+2NaOH(l)+H_2O_2(l)$$
$$(6-9)$$

$$2Au(s)+4NaCN(l)+H_2O_2(l)\longrightarrow 2Na[Au(CN)_2](l)+2NaOH(l) \quad (6-10)$$

合并：

$$4Au(s)+8NaCN(l)+O_2(g)+2H_2O(l)\longrightarrow 4Na[Au(CN)_2](l)+4NaOH(l) \quad (6-11)$$

基于上述反应，在不考虑金的赋存状态与矿石性质的情况下，除影响阳极氰化浸出反应因素外，因阴极反应氧的参与，氧对金的溶解是至关重要的。该过程的化学计量学表明，溶液中每 4 mol 氰化物需要 1 mol 氧气。在室温和标准大气压下，1 L 水中大约有 8.2 mg 的氧气，这相当于 $0.27×10^{-3}$ mol/L。因此，氰化钠的浓度（NaCN 的相对分子质量为49）应等于 $4×0.27×10^{-3}×49≈0.05$ g/L。实践中，在室温下用极稀的 NaCN 溶液，相对金矿石用量为 0.01~0.5 g/t，富金和银精矿为 0.5~5 g/t。实际 CIL/CIP 工艺中（详见 6.2 节），浸出矿浆中氧的浓度控制也非常关键，有研究认为，氰化物与氧的最佳配比为 10.5 mg/L NaCN 与 1 mg/L O_2（摩尔比 6.9∶1）。

另外，当固体浸金剂氰化钠（NaCN）溶于水时，形成钠阳离子（Na^+）和氰化阴离子（CN^-）。氰化物阴离子经过水解，并与氢离子结合会形成氰化氢分子，见式（6-12）。

$$CN^-(aq) + H_2O(l) \Longleftrightarrow HCN(aq) + OH^-(aq) \quad (6-12)$$

氰化物转化为氰化氢的量取决于溶液的 pH 值，如图 6-1 所示。

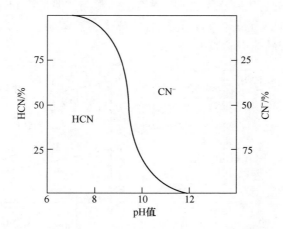

图 6-1　氰化物-氰化氢平衡的 pH 值依赖关系图

从图 6-1 中可知，pH 值约为 9.3 时溶液中的 CN⁻ 和 HCN 浓度相等，当 pH 值大于 10.5 （为碱性）时，几乎所有的游离氰化物都以阴离子 CN⁻ 的形式存在。而接近中性到酸性 pH 值条件下 （即 pH<8.3），所有的游离氰化物将以 HCN 的形式存在，HCN 具有相当的挥发性，并能分散到大气中，见式 （6-13）。

$$HCN(aq) \Longleftrightarrow HCN(g) \tag{6-13}$$

游离氰化物对氰化提金工艺至关重要，氰化氢的挥发降低了工艺溶液中溶解的游离氰化物 （CN⁻(aq)）的浓度，导致空气中氰化物负荷升高，并可能使工人接触氰化物气体 （HCN(g)）。因此，需保持浸金溶液 pH 值不低于 10.3，以避免氰化物气体的生成。实践中常用加入生石灰 （CaO）或熟石灰 （Ca(OH)₂）的方法来调节 pH 值。当 pH 值高于 10.3 时，金的提取效率会降低，故 pH 值又不宜过高，权衡两方面因素，氰化浸金工艺中矿浆 pH 值一般保持在 10.3~11.0[3]。

6.1.2 氰化浸金电化学

金的浸出过程 （氰化溶解）是电化学过程，见式 （6-1）~式 （6-5），故可从混合电位及电流电位关系理解金在氰化物溶液中的溶解。图 6-2 为金银氰化体系 E_h-pH 值图。图中有各金属的配合氰化物离子，即 Au(CN)₂⁻、Ag(CN)₂⁻ 存在的电位与 pH 值区域。金 （Ⅲ）复合体 Au(CN)₄⁻ 的稳定性区域高于金 （Ⅰ）复合体 Au(CN)₂⁻，但在该溶液条件下 （CN⁻浓度为 0.02 mol/L，25 ℃），由于其存在的电位区比氧线 （图 6-2 中的 1 线）更正，故不会在实际浸金过程中发挥作用，而 Au(CN)₂⁻ 则是主要存在的配合物离子。银的配合物离子存在形态与金的类似。Au(CN)₂⁻ 氰化物稳定存在的边界 pH 值为 9.3，同图 6-1，当 pH 值大于 9.3 时，金属/金属氰化物的稳定存在不受 pH 值增加的影响，但是当 pH<9.3 时，溶液中稳定的氰化物为 HCN 而非金属氰化配合物离子，这就是上述为何氰化浸金需要在碱性环境中进行的热力学原因。

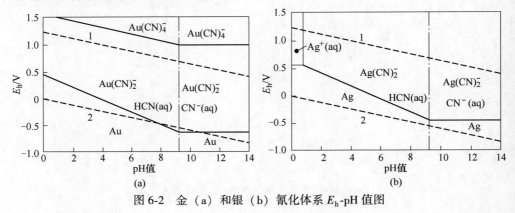

图 6-2 金 （a）和银 （b）氰化体系 E_h-pH 值图

对于金、银、铂等金属，配合物氰化物离子区域均存在于氧线以下，因此金属氰化物离子的生成和氧还原电位的差异反映了驱动浸出反应的自由能差。从热力学上，金、银、铂、钯等贵金属，以及铜、铅、铁等金属在含氧氰化物溶液中浸出都是可能的，如图 6-3 为钯铂氰化体系 E_h-pH 值图，可以看出，在系统溶液电位与 pH 值条件下，各贵金属氰化配合物稳定程度为：Au > Ag > Pd > Pt。

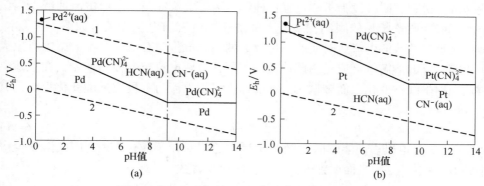

图 6-3　钯（a）和铂（b）氰化体系 E_h-pH 值图

金在 pH 值为 11.2 的 0.02 mol/L 氰化钠溶液中的线性电位扫描伏安曲线如图 6-4 所示，图中横坐标是自图 6-3 得到的金属/金属氰化物离子对的可逆电位。金的伏安曲线在 −100~300 mV 之间出现了一个明显的扩散限制区域而不是电流峰，说明在该区域内金的氰化反应受扩散控制。在 −600 mV 时，吸附峰的电流密度降低，反映了氰化物浓度的降低。可以认为，氰化物阴离子吸附到电极表面的步骤是缓慢的，浸金工艺中提高氰化物浓度和加强搅拌等促进氰化物阴离子扩散过程有利于金阳极反应的进行。银的伏安曲线（见图 6-4（b））中阳极电流从可逆电势起迅速增加到极限值，与金相比，金氰化溶解的热力学优势被银溶解过程中更快速的动力学所抵消[4-5]。

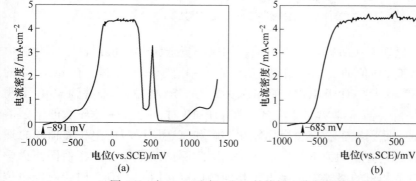

图 6-4　金（a）和银（b）的线性电位扫描伏安曲线

（25 ℃，扫描速率 2 mV/s，电极转速 4 r/s）

　　贵金属的浸出是通过金属的阳极溶解和氧的阴极还原同时进行的，金表面在正电位下的钝化可以用氧吸附来解释，氧吸附是发生在金溶解相关电位区域。因此，浸出速率等于浸出电位（即腐蚀电位）处的阳极氧化反应速率，图 6-5 为金电极在 pH = 10、氰化钠浓度为 0.02 mol/L 溶液中的溶解行为，曲线 1、曲线 2 是脱氧和有氧溶液中 $Au/Au(CN)_2^-$ 电对在可逆电位区域的氧化输出电流曲线，阳极段为溶金过程，阴极段为析氢过程；曲线 3 为等电位氧阴极还原电流曲线，因该条件下氧受质量传输的限制，实质上氧的还原电流与电位无关。如图 6-5 所示，金在无氧时的溶解电流所对应的电位及氧的还原电位与有空气时金的腐蚀电位大小相等。金的溶解电流应受物质传输的控制，溶解电流与电极转速 $\omega^{1/2}$ 在上述电位范围内呈线性变化，而金氰化溶解的速度可按电流与电极质量的变化得出，见式（6-14）。

$$r = [M/(nF)]i_{corr} \tag{6-14}$$

式中，r 为金电极表面溶解的速度；M 为金的相对原子质量；n 为阳极溶解反应中的电子数；i_{corr} 为表面腐蚀电流；F 为法拉第常数。

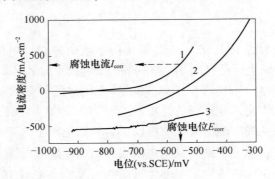

图 6-5　金氰化溶解伏安曲线
1—脱除空气溶液中金的阳极溶解电流曲线；2—曝气溶液中的阳极溶解电流曲线；
3—等电位氧阴极还原电流曲线
（25 ℃，扫描速率 5 mV/s；电极转速 4 r/s）

　　用这种电化学方法所得金、银、钯、铂四种贵金属在 0.02 mol/L 氰化钠中溶解速率随溶液 pH 值的变化如图 6-6 所示。图中对于每种金属，在 pH = 10 的区域溶解速率最大。对于 HCN 在 pH < 9.2 时，随酸性环境增强其溶度积（pK_a）逐步下降，溶解速率相应降低；在 pH > 10 时，随着碱性环境的增强溶解速率也降低，原因在于金等贵金属氰化溶解和氧还原反应的电位差值随之逐步缩小，溶解的电势驱动力下降。电化学动力学测试结果与 E_h-pH 值图热力学中趋势一致，金和银的腐蚀电位接近于相同的值（pH 值为 10.3 时，腐蚀电位约为 −550 mV）[6]。

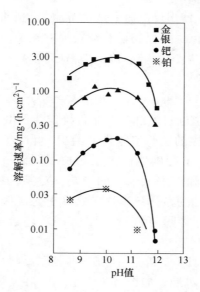

图 6-6 pH 值对金氰化溶解速率的影响
(25 ℃，扫描速率 5 mV/s；电极转速 4 r/s)

6.1.3 氰化浸出动力学

在恒温、氰化物浓度和给矿品位一定的条件下，金氰化浸出动力学表达式可为：

$$\frac{\mathrm{d}c_{Au}}{\mathrm{d}t} = -k_{leach}(c_{Au,t} - c_{Au,\omega})^n \tag{6-15}$$

式中，$c_{Au,t}$ 为时间 t 时的固体金质量浓度；$c_{Au,\omega}$ 为不可浸出固体金质量浓度。

初始条件 $c_{Au,t} = c_{Au,0}$，在 $t = 0$、反应阶不等于 1 时，式（6-15）经积分的一般关系式为：

$$k_{leach} = \frac{1}{(n-1)t}\left[(c_{Au,t} - c_{Au,\omega})^{1-n} - (c_{Au,0} - c_{Au,\omega})^{1-n}\right] \tag{6-16}$$

整理式（6-16）可得 $c_{Au,t}$ 的表达式：

$$c_{Au,t} = \left[(n-1)k_{leach}t + \frac{1}{(c_{Au,0} - c_{Au,\omega})^{1-n}}\right]^{-1/(n-1)} + c_{Au,\omega} \tag{6-17}$$

最后，金的浸出率（X）为：

$$X = \frac{c_{Au,0} - c_{Au,t}}{c_{Au,0}} \tag{6-18}$$

该动力学方程表明，浸出反应速率是时间 t 时 $c_{Au,t}$ 和 $c_{Au,\omega}$ 的微分函数，当时间无限长时，不可浸出金 $c_{Au,\omega}$ 仅与矿物颗粒尺寸相关。浸金工艺中，不可浸出的金由原矿磨矿粒度 P_{80}（μm）与品位 $c_{Au,HG}$ 决定。J. T. Hollow 和 E. M. Hill 基于诺克斯堡矿得出经验式为[7]：

$$c_{Au,\omega} = 0.00033P_{80} + 0.0312c_{Au,HG} - 0.0267 \tag{6-19}$$

速率函数 n 的阶数需通过实际工艺条件确定。如 Rees 和 Van Deventer 针对相对简单的氧化矿在受控的实验室条件下给出 $n = 1.28$[8]；McLaughlin 和 Agar 使用方程的一级形式 $n = 1$ 精确地模拟了四种不同矿石样品的氰化提金率[9]；Ling 等人为消除游离氰和溶解氧浓度的影响，对某一特定金矿提出了 $n = 1.5$ 的模型[10]；Nicol 等人认为氰化浸出反应实际上是二级反应，$n = 1.5$。当 $c_{Au,t}$ 的动力学模型估计值与实际值进行回归时，通过最小化误差项可以确定 n 的值[11]。

J. T. Hollow 和 E. M. Hill 对诺克斯堡矿不同反应级数下金浸出率随时间变化进行动力学计算和实际对照，如图 6-7 所示。结果表明，三阶速率方程（$n = 3.0$）最适合两组数据，相关系数（R_2）分别为 0.996 和 0.999；进一步说明反应级数及反应速率受实际工艺条件影响较大，不仅矿物粒度、品位，还有过程条件如温度、氰化物浓度及扩散速度、氧浓度及其扩散等复杂条件[11]。

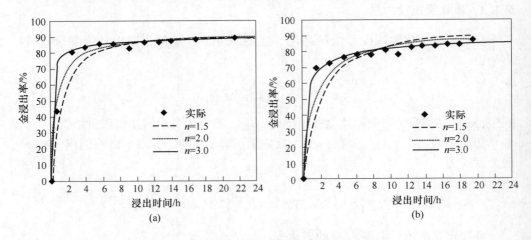

图 6-7　不同反应级数下金浸出率随时间的变化
(a) 8~15 ℃；(b) 29~34 ℃

考虑氰化物浓度及矿浆温度，可通过阿累尼乌斯公式绘制 $1/T$ 与速率常数 k_{leach} 的对数图，可以建立速率常数与温度的关系，如图 6-8 所示。

利用阿累尼乌斯方程推导出速率常数的表达式，并根据矿浆浸出氰化物浓度的变化进行调整，见经验式（6-20）。

$$k_{\text{leach}} = \frac{c_{\text{NaCN,ac}}}{c_{\text{NaCN,av}}} \times 2.84 \times 10^{33} e^{-20.87(1/T)} \tag{6-20}$$

式中，$c_{\text{NaCN,ac}}$ 为实际浸出矿浆氰化钠浓度；$c_{\text{NaCN,av}}$ 为浸出矿浆氰化钠平均浓度；T 为矿浆温度。

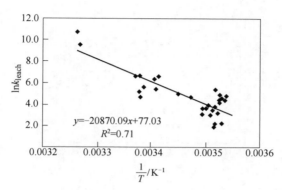

图 6-8　温度与金浸出速率常数对数 $\ln k_{\text{leach}}$ 的关系

　　尽管速率常数与 NaCN 浓度成正比，见式（6-20），但受试剂和后续成本限制，在实际工艺运行中应选择适当的氰化物浓度。

　　氰化浸出速率也可以通过溶液中金浓度的变化进行描述和预测，如实际的 CIP 工艺（详见 6.3 节）中，采用浸出液（矿浆中液体）金浓度的变化反映出来。浸出液金质量浓度可表示为：

$$\frac{\mathrm{d}c_{\text{Au}}}{\mathrm{d}t} = - k_{\text{CIP}} c_{\text{Au,Lt}} \tag{6-21}$$

当 $t = 0$，$c_{\text{Au,Lt}} = c_{\text{Au,LI}}$，有：

$$\ln \frac{c_{\text{Au,Lt}}}{c_{\text{Au,LI}}} = - k_{\text{CIP}} t \tag{6-22}$$

式中，$c_{\text{Au,Lt}}$ 为浸出液中时间 t 时金浓度；$c_{\text{Au,LI}}$ 为初始浸出液金浓度；t 为浸出时间。

　　重新排列式（6-22），CIP 中各槽排出时的浸出液金浓度 $c_{\text{Au,Lt}}$ 为：

$$c_{\text{Au,Lt}} = c_{\text{Au,LI}} e^{-k_{\text{CIP}}t} \tag{6-23}$$

　　通过式（6-23）绘制溶液金浓度与时间的关系曲线，并采用非线性回归分析、确定二者的关系，可以估算不同时间每个 CIP 槽溶液（矿浆）中的金浓度。回归结果可能与实际有差异，说明反应速率常数 k_{CIP} 还取决于其他工艺变量，如与氰化金活性炭吸附速率相关，而混合效率和矿浆温度及其流变特性则是影响吸附速率的主要参数。速率常数 k_{CIP} 与温度可通过绘制 $1/T$ 的对数图来确定二者关系，某 CIP 工艺实际 k_{CIP} 与 $1/T$ 线性回归结果如图 6-9 所示（阿累尼乌斯图），建立了 CIP 浸出液中金浓度与矿浆温度的函数关系。利用直线的斜率可计算速率常数 k_{CIP}，代入式（6-23）可以计算预测不同浸出时间溶液金浓度及 CIP 最终尾渣含金量。

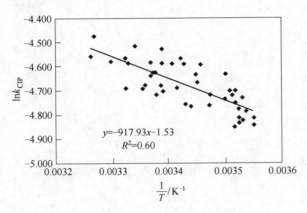

图 6-9　k_{CIP} 与 $1/T$ 的关系

如果考虑 CIP 矿浆中碳的推进速率，速率常数可以进行修正调整，J. T. Hollow 等人提出经验式（6-24）。

$$k_{CIP} = \frac{AR_{act}}{AR_{avg}} \times 0.22e^{-918(1/T)} \tag{6-24}$$

式中，AR_{act} 为 CIP 中实际碳推进速率，t/d；AR_{avg} 为 CIP 中平均碳推进速率，t/d；T 为矿浆温度。

应用式（6-24）计算的速率常数代入式（6-23）也可计算修正后 CIP 溶液中金的浓度及最后金在溶液中的损失。

6.2　硫化矿对氰化浸金的影响

如前所述，金矿中不可避免存在硫化矿物。大部分金矿物中金与黄铁矿及砷黄铁矿、硫化铜矿物等共生，这使金的氰化浸出过程变得更为复杂。硫化矿物的存在常会使金的浸出速率变慢，且会增加氰化物等药剂的消耗。

6.2.1　黄铁矿/磁黄铁矿的影响

黄铁矿（FeS_2）是与金矿伴生的最常见的硫化物矿物之一，它的存在无疑会干扰金的浸出，使氰化工艺过程控制复杂化。黄铁矿在低浓度（2 g/L）时对金浸出动力学有轻微的促进作用，而在高浓度（>4 g/L）时则有消极作用。Guo 等人研究了黄铁矿物（黄铁矿样品中含有 59.7% 的黄铁矿、38.25% 的二氧化硅、

0.3%的黄铜矿、0.13%的毒砂及微量的黝铜矿和砷黝铜矿）载金矿物氰化浸出动力学及氰化钠消耗的影响，如图 6-10 所示。浸出 4 h 内，当黄铁矿质量分数低于 10%时，对金的氰化浸出动力学没有显著影响，但氰化钠消耗明显增加，由 0.05 kg/t 增加到 0.28 kg/t。当黄铁矿浓度为 20%时，金的提取率降低到 80%，氰化物消耗量增加至 0.50 kg/t[12]。

100 g/t 硝酸铅的加入会克服黄铁矿的不利影响，显著提高金浸出动力学。如图 6-11 所示，对含 10%和 20%黄铁矿的合成金矿石，添加 100 g/t 硝酸铅，浸出 2 h，金浸出率达 100%；而不添加硝酸铅时，同等条件含 20%黄铁矿金矿石金浸出率仅 48.8%。硝酸铅的加入对含黄铁矿金矿氰化浸出动力学有良好的促进作用，但对氰化物的消耗量没有显著影响。

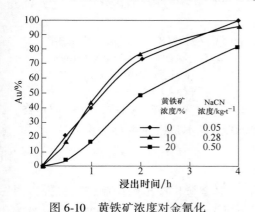

图 6-10 黄铁矿浓度对金氰化
浸出的影响

（pH=11.5，DO 8×10⁻⁴%，NaCN 5×10⁻²%，
温度 21 ℃）

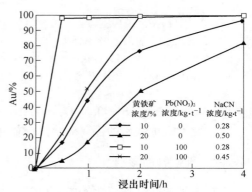

图 6-11 硝酸铅对含黄铁矿金矿氰化
浸金浸出的影响

（pH=11.5，DO 8×10⁻⁴%，NaCN 5×10⁻²%，
温度 21 ℃）

XPS 表面分析结果表明，加入硝酸铅后，黄铁矿表面会有铅析出，而金表面的 S、Ag、Fe 沉积物显著降低，这是金浸出动力学增强的原因之一。研究证明，硫化物和氧化物易在金表面形成阻碍层，特别是在含银金矿。银是金矿中常见元素，氰化浸出时，因它的溶解速度较金慢（见图 6-12），会积聚在金的表面，故控制银在金表面的沉积将降低阻碍层形成的可能性。

Deschenes 等人对矿浆存在 1.2%~6.9%磁黄铁矿氰化浸金的研究表明，当磁黄铁矿浓度为 1.2%时，其氰化浸出速率延缓 40%；随着磁黄铁矿浓度增加其影响浸出速率的负面效应增大，当浓度增加到 2.4%后，其影响保持基本不变。在该条件下浸出 4 h，浸出率下降 60%，如图 6-13 所示。溶液分析表明，磁黄铁矿在浸出过程中产生了大量的 SO_4^-、SCN^- 和 $S_2O_3^-$。然而，在浸出液中没有发现溶解的铁[13]。这些结果表明，在浸出过程中形成不溶性铁（Ⅲ）氢氧化物，可能的反应途径为：

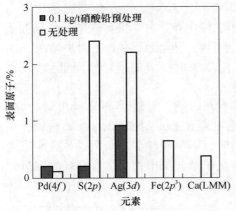

图 6-12 金表面的 XPS 分析

（矿浆含黄铁矿 4%，pH=11.5，DO $8×10^{-4}$%，

NaCN $5×10^{-2}$%，温度 21 ℃）

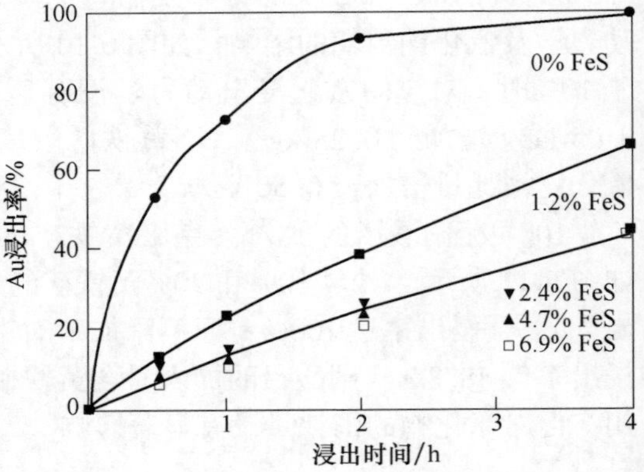

图 6-13 磁黄铁矿对金矿氰化浸金的影响

（pH=11.5，DO $8×10^{-4}$%，NaCN $5×10^{-2}$%，

Au 25 g/t，温度 25 ℃）

$$Fe_{1-x}S + 0.5y\,O_2 + y\,H_2O \Longrightarrow Fe_{1-x-y}S + y\,Fe(OH)_2 \qquad (6\text{-}25)$$

因此，磁黄铁矿的存在对溶液中氰化物的消耗不是铁而主要是硫。

6.2.2 砷矿物的影响

在常见的载金砷硫化矿中，雄黄（AsS）对金氰化浸出的抑制作用最强，图 6-14 显示了矿浆中 0%、0.11%、0.42%、0.56% 和 1.38% 不同浓度的雄黄对氰化浸金的影响。在没有 AsS 的情况下，金试样中金的溶解量在 240 min 内从零稳步增加到 95% 以上，在矿浆中仅存在 0.11% 的 AsS 时，金的溶解动力学便受到显著抑制。随着 AsS 添加量的增加，这一效应越来越明显，在 AsS 添加量为 1.38% 时，金的溶出率显著降低，4 h 后的浸出率低至 10%。可以假设，矿浆中雄黄在 1.38% 以上的任何浓度均对金浸出有更强的负面影响。

除了降低浸出液中金的浓度外，AsS 含量的逐渐增加使 SO^- 和 SCN^- 的形成成比例增加，但几乎不会有硫代硫酸盐（S_2O^-）的形成。SO^- 和 SCN^- 的含量明显高于溶液中所有砷的相应当量浓度，说明有不溶性砷酸盐的形成。砷不会与 CN^- 形成配合物，随着砷的增加，氰化物的消耗量没有增加，说明氰化物消耗机制主要是通过形成 SCN^-。在 0.25% AsS 存在下，添加硝酸铅和注入氧气对金溶解的影响如图 6-15 所示。将矿浆中溶解氧含量从 $8×10^{-4}$% 提高到 $16×10^{-4}$% 时，浸出效果没有明显改善，充氧和不充氧的浸出趋势相似，浸出 4 h 浸出率为 60%。但在充氧环境下加入硝酸铅 50g/t 处理后，金浸出率明显上升，浸出不到 1 h，浸出率上升到 100%[14-15]。

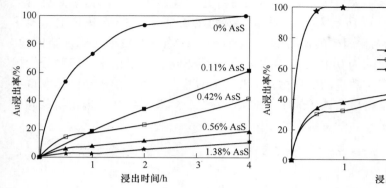

图 6-14　雄黄对氰化浸金的影响

（pH=11.5, DO $8\times10^{-4}\%$, NaCN $5\times10^{-2}\%$,

Au 25 g/t, 温度 25 ℃）

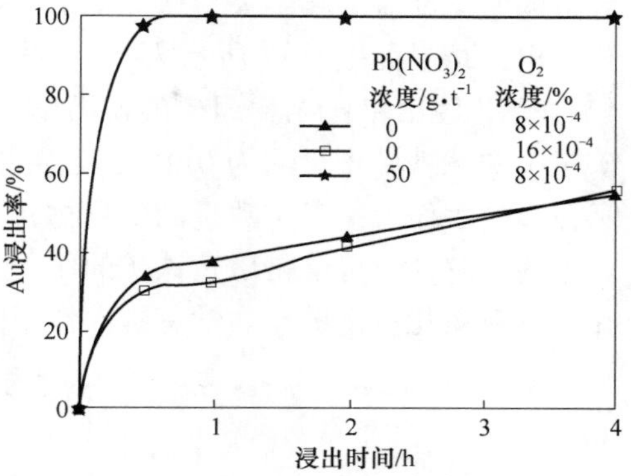

图 6-15　硝酸铅和氧气对金溶解的影响

（pH=11.5, DO $8\times10^{-4}\%$, NaCN $5\times10^{-2}\%$, 温度 25 ℃,

Au 25 g/t, 0.25%AsS）

有研究表明，在氰化浸出过程中，如果不添加硝酸铅，含砷金矿石的颗粒金表面会形成含砷化合物层，砷的主要形态为 As^+ 和 As^{5+}。这些砷化合物非常有害，因为氰化物不会与砷化合物发生反应，阻碍金氰化浸出的进行。硝酸铅的加入阻止了砷在金矿颗粒表面的沉淀，显著减少了砷及硫化物的形成，使氰化浸出有效进行，从而较大幅地提高含砷硫化矿金矿的金浸出率[12]；在有氧环境中，铅则主要以 $Pb(OH)_2$ 形式沉积在矿物表面，这并不阻碍金的氰化浸出。

6.2.3　硫化铜矿物的影响

载金硫化铜矿通常有黄铜矿、辉铜矿、铜蓝等。姜涛等人研究认为，各种铜矿物因为矿物形态的不同对金氰化浸出的影响有很大的不同，原因在于：除溶解硫的影响类似铁硫化矿物外，铜矿物对金氰化回收率的影响主要是铜在氰化溶液中溶解后形成铜氰化配合物而大量额外消耗氰化物[16]。在氰化物溶液中，铜很容易形成稳定性很强的可溶性配合物，如 $Cu(CN)_2^-$、$Cu(CN)_3^{2-}$ 和 $Cu(CN)_4^{3-}$。在氰化溶液中，金属铜、氧化铜和亚氧化铜均不稳定，倾向于形成配合离子 $Cu(CN)_3^{2-}$。如图 6-16 所示，当氰化浸出液 pH 值在 9.3~11 范围时，铜和氰化物会形成稳定的 $Cu(CN)_3^{2-}$。

硫化铜矿及氧化铜矿在常规氰化浸金溶液中均有不同程度的溶解，故对氰化浸出的影响主要取决于其在氰化溶液中的溶解性。通常，金属铜、氧化铜和次生硫化铜矿物在氰化物溶液中几乎可以完全溶解，故称其为氰化易溶铜；而原生硫化铜矿物如黄铜矿在氰化物溶液中的溶解度较低，故称其为氰化不溶铜[17]。前者对金的氰化反应有明显的干扰作用，故对金氰化浸出有决定性的影响；而后者对金的氰化反应影响不大。Deschenes 等人对含有 10% 磁黄铁矿的黄铜矿进行氰化浸出，结果如图 6-17 所示[13]。当黄铜矿浓度在 0.5%~1.5% 范围内时，浸出 4 h，氰化浸出率比无黄铜矿的矿石低 30 个百分点左右。在黄铜矿添加范围内，矿浆中磁黄铁矿含量约为 0.1%，磁黄铁矿有可能影响金的浸出率。表面分析揭示在金的表面含有一定数量的硫化物，主要为硫酸盐，说明黄铜矿在该体系也有一定的溶解，但可能是磁黄铁矿的作用结果。总之，当黄铜矿和铁硫化物共同存在时，对氰化浸金的动力学有延滞作用[18]。

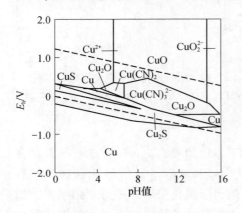

图 6-16 Cu-S-CN-H$_2$O 系 E_h-pH
（CN$^-$ 10^{-3} mol/L，S^{2-}、Cu^{2+} 10^{-4} mol/L，
温度 25 ℃）

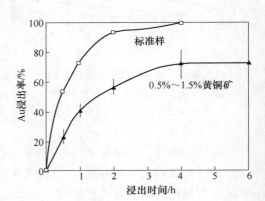

图 6-17 黄铜矿对氰化浸金的影响
（pH = 11.5，DO 8×10^{-4}%，NaCN 5×10^{-2}%，
Au 25 g/t，温度 25 ℃）

由于铜矿物在氰化体系的溶解析出铜离子的行为，故在载金铜矿物提金实践中，不建议对载金铜矿物（硫化及氧化铜矿）直接采取氰化浸出的方式，常采取矿物选别、溶液脱铜等方法尽量降低矿物及溶液铜含量以消除铜离子的负面效应，或采取非氰化方法提金。

6.2.4 辉锑矿的影响

辉锑矿（Sb$_2$S$_3$）是最容易水解的硫化矿物之一，在氰化矿浆中即使浓度很低，也会对金的浸出有显著的负面影响。研究表明，其他条件一定、含 0.002% 辉锑矿时，氰化浸出 4 h，金提取率仅为 38%，不含辉锑矿时为 90%，如图 6-18 所示。当辉锑矿浓度为 0.01% 时，金的浸出率降低到 22%；而当辉锑矿浓度再提高时，金的浸出率没有进一步降低。矿浆中氧的增加会促进金的氰化浸出，但过高的氧会加快辉锑矿的溶解，溶解析出的锑会污染矿物中金颗粒的表面，导致其浸出下降，故过低和过高的氧含量均对氰化浸金不利[12-13]。图 6-19 中辉锑矿浓度 0.05%，氰化浸出 4 h，当溶解氧浓度在 8×10^{-4}% 时浸出率为22%，而氧浓度在 $3×10^{-4}\%$ 和 $16×10^{-4}\%$ 时，金浸出率由原22%降至13%。相较辉锑矿对金浸出率的不利影响远大于黄铁矿等其他硫化矿物，而富氧会使其影响更大。

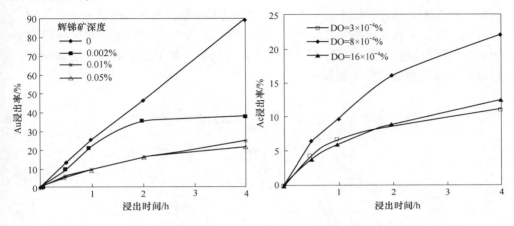

图 6-18　辉锑矿对金氰化浸出的影响
（ $pH=11.5$ ，DO $8×10^{-4}\%$ ，NaCN $250×10^{-3}\%$ ，
温度 25 ℃ ）

图 6-19　氧对金氰化浸出的影响
（ $pH=11.5$ ，NaCN $25×10^{-3}\%$ ，
温度 25 ℃ ，辉锑矿 0.05% ）

辉锑矿延滞金浸出作用的机理是在金表面形成褐色钝化膜，辉锑矿氧化和锑氧化物在金表面沉淀的反应为：

$$Sb_2S_3 + 8OH^- \Longrightarrow 2SbO_2^- + 3S^0 + 4H_2O + 6e \tag{6-26}$$

$$S^0 + 6OH^- \Longrightarrow SO_3^{2-} + 3H_2O + 4e \tag{6-27}$$

$$2SbO_2^- + 2OH^- \Longrightarrow Sb_2O_5 + H_2O + 4e \tag{6-28}$$

因为金的导电性非常好，有利于电子转移到氧，故反应式（6-28）易于在金表面发生。当矿浆中氧浓度增加时会促进辉锑矿氧化为 Sb_2O_5 ，在金颗粒表面形成阻滞性钝化膜，这也是氧浓度增加到 $16×10^{-4}\%$ 时金氰化浸出率显著下降的原因。研究表明，该钝化膜中未检测到硫，说明钝化膜并不是硫亚锑酸盐膜，金表面 Sb 原子的 Sb $3d_{5/2}$ 结合能为 530.6 eV ，Sb 以 Sb^{5+} 的形式存在，锑氧化物为 Sb_2O_5 而非 Sb_2O_3 ，这也可通过其褐色判断，因 Sb_2O_3 为无色[19]。

由于锑在金表面钝化中起关键作用，其他锑矿物（辉锑矿容易氧化为 $Sb_3O_6(OH)$ 和 Sb_2O_3 ），如黄锑矿（ $Sb_3O_6(OH)$ ）、氧化锑矿（ Sb_2O_3 ）也可以通过以下反应对金的氰化有阻滞作用：

$$Sb_3O_6(OH) + 3OH^- \Longrightarrow 2SbO_3^- + SbO_2^- + 2H_2O \tag{6-29}$$

$$Sb_2O_3 + 2OH^- \Longrightarrow 2SbO_2^- + H_2O \tag{6-30}$$

SbO_2^- 会在金颗粒表面氧化为 Sb_2O_5 ，从而形成阻碍层。

总之，硫化矿的存在对氰化浸金均有不同程度的延滞作用，当条件一定时，影响的基本顺序为：辉锑矿>雄黄>磁黄铁矿>黄铜矿>黄铁矿>砷黄铁矿，如图6-20所示。辉锑矿在0.05%、雄黄在0.1%以下就对氰化浸金产生显著阻碍作用；磁黄铁矿在1.2%以下作用不明显，在1.2%以上会有较明显的影响，相对黄铜矿和黄铁矿及砷黄铁矿影响不明显[18]。添加硝酸铅会在一定程度消除这些硫化矿物氧化溶解形成产物的负面作用，而对于硫化铜矿，其主要影响在于溶解铜离子对溶液中氰化物的配合劫氰作用。

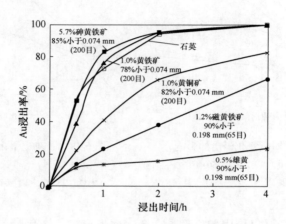

图 6-20 矿浆中硫化矿对氰化浸金的影响
（pH=11.5，DO $8×10^{-4}$%，NaCN $25×10^{-3}$%）

6.2.5 氧的作用

如 6.1 节所述，氧对金的溶解是至关重要的，在 25 ℃ 稀氰化物溶液的最大 DO 含量为 $8.2×10^{-4}$%。一方面，常规氰化提金通常在 pH 值大于 10 和氧浓度大于 $6×10^{-4}$% 的条件下进行。当 DO 的浓度低于 $4×10^{-4}$% 时，金的溶解速率就会大大降低。另一方面，当 DO 浓度超过 $10×10^{-4}$% 时，金的溶解速率会显著增加，故为保障氰化浸金速率，需要矿浆中有较高的氧浓度[20]。但当金矿中含有硫化矿时，由于硫化矿物的溶解会消耗氧气使矿浆氧浓度下降，因此需要避免矿浆中的低 DO 而导致金浸出率降低，见反应式（6-31）~式（6-34）。

$$2MeS + 2(x + 1)CN^- + O_2 + 2H_2O \longrightarrow 2Me\,CN_x^{(2-x)-} + 2CNS^- + 4OH^-$$

$$(6-31)$$

$$MeS + 2OH^- \longrightarrow Me(OH)_2 + S^{2-} \tag{6-32}$$

$$2Me(OH)_2 + 0.5O_2 + H_2O \longrightarrow 2Me(OH)_3 \tag{6-33}$$

$$2S^{2-} + 2O_2 + H_2O \longrightarrow S_2O_3^{2-} + 2OH^- \tag{6-34}$$

为抵消硫化矿消耗氧及保持较高的氧浓度以提高生产能力，实际工艺常采取通过向浆液中充入氧气进行富氧操作，使矿浆氧浓度达到（12~18）$\times 10^{-4}$%。大多工厂采取鼓入压缩空气的方式补充氧，在加拿大等地的黄金矿山，也有采取鼓入纯氧的供氧方式和加入硝酸铅以实现快速浸出。如图 6-19 中的含辉锑矿及图 6-21 中的含黄铁矿和磁黄铁矿金矿氰化浸金过程，氧浓度高时，氰化浸出率有明显提高[12-13]。图 6-21 中，在浸出过程中，16×10^{-4}% 的氧气浓度使氰化物浸出速率增加 147%，在相同浸出率时氰化物的用量减少了 30%。但又如 6.2.4 节，当有辉锑矿存在时，富氧操作反而会使金浸出率降低，故氰化浸出液中的氧浓度需按实际情况控制在适宜的范围。为维持氧的适宜浓度及其在矿浆中的有效扩散，实践中常通过氧气连续监测和控制技术稳定氧的供给，以及与消除氧气需求变化相关的干扰因素。

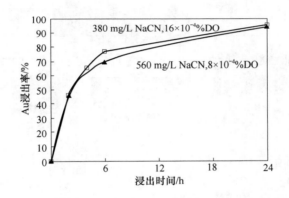

图 6-21　氧对含黄铁矿和磁黄铁矿金矿氰化浸金的影响
（pH=11.5，温度 25 ℃）

6.3　CIL/CIP 氰化提金工艺

6.3.1　CIL/CIP 工艺简介

CIL（carbon-in-leach，炭吸附在氰化浸出槽中）和 CIP（carbon-in-pulp，碳吸附在浸出后矿浆中），即炭浆法是目前工业应用最为普遍的氰化浸金工艺。其中，CIL 工艺是吸附碳在氰化浸出液中吸附氰化浸出的金，即碳与矿浆分离；而 CIP 是将吸附碳直接混入氰化浸出矿浆中以吸附浸出金。某矿山典型氰化浸出—炭浆吸附 CIP 工艺流程如图 6-22（a）所示，CIL 流程如图 6-22（b）所示。在该工艺的搅拌氰化浸出槽中，磨矿至适合粒度矿石中的金通过氰化物离子的络合作用进入矿浆中，并在第二段混有吸附碳的槽中，矿浆中的金络合物被吸附在活性炭表面，提碳后通过碳解吸将转换至溶液中以供进一步提金。金的碳吸附与解吸将在第 8 章介绍。

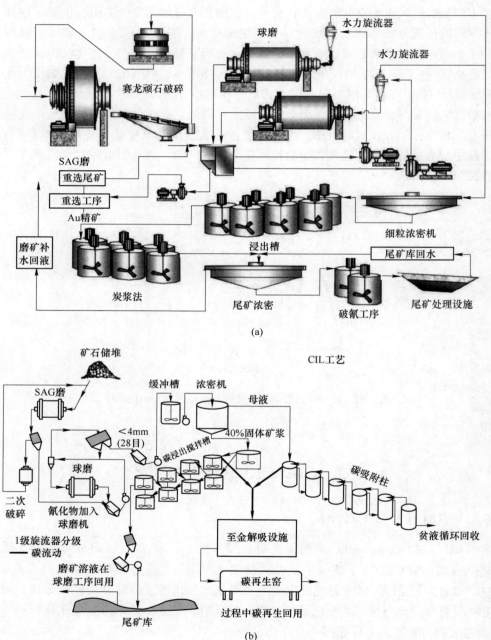

(a)

(b)

图 6-22 典型 CIP 提金流程（a）和 CIL 提金流程（b）

CIL/CIP 浸金工艺最初在南非和澳大利亚应用，随后便迅速推广到世界上所有的黄金生产地区，于 20 世纪 80 年代，便在黄金矿业领域中确立了牢固的地位。因与以往传统的 Merrill-Crowe 工艺相比，金回收率更好、原料适应性广、对溶液杂质的耐受性强、能更大规模生产，而且资本和运营成本更低，故这种以活性炭吸附为基础的生产工艺在全球黄金年产量中所占的比例从 20 世纪 70 年代的零增长到 21 世纪之初的近 70%。除 CIL/CIP 浸金外，视金矿原料的不同，工业实践中还发展了各种不同的氰化提金工艺。如针对低品位矿常采取氰化堆浸提金工艺；对于重选高品位金精矿，采用 Acacia 工艺进行高浓度氰化浸出，而对于载金硫化矿物近年来发展了加压预氧化/氰化浸出等其他新工艺，如 5.2 节和 5.3 节所述。

提金工艺的选择既要考虑该工艺是否适合矿山特定金矿的加工提取、规模选择及实施条件，还要考虑与金的回收率、尾矿金损失、物料消耗、单位成本及与各项影响因素相关的工艺参数，如浸出停留时间和氰化物的用量等。对 CIL/CIP 两种工艺，从矿石性质考虑，碳劫金矿石一般采用 CIL，以避免浸出液中的金再次吸附或解吸到矿石中的含碳物质上，而其他矿石则常采用 CIP 工艺。

CIL 工艺通常由 6~7 个大小相同的氰化搅拌浸出槽（罐）交错排列而成，占地面积小。每个槽配有搅拌器和罐间筛，槽间由溜槽和大直径管道连接，以实现矿浆的分流。一般吸附碳装在带有细筛的碳罐里分布在浸出槽中，氰化浸出液通过细筛孔进入碳罐供金的碳吸附。而传统的 L/CIP 工艺的搅拌槽通常分为两段，前段由 3 个及以上的浸出槽（矿浆无吸附碳）组成，以提供全流程氰化浸出所需的停留时间；后段为 6 个及以上的碳吸附槽（矿浆中混合有吸附碳），以保证停留时间相对较短的矿浆中已氰化浸出金的碳吸附，各槽及两段间也由溜槽及矿浆管连接。近年来，传统的 L/CIP 也有将两段混合演变为由 8 个及以上相同搅拌槽组成的流程，前 3 个槽提供初始浸出，随后的 5 个槽提供进一步浸出和吸附，这种混合配置具有较高的碳载金浓度、较低的碳库存和罐体大小相同等优点。

6.3.2 CIL/CIP 工艺与控制

6.3.2.1 级数选择

对于 CIL 和 L/CIP 工艺，浸出和吸附段所需搅拌槽的数量与级数的确定主要取决于氰化浸出及吸附的动力学要求。设计中常考虑矿石的品位、载金碳负荷、尾液含金浓度、尾矿含金与停留时间，采用模型计算来确定需要的级数与各段反应槽数量，并确定工艺中金和碳的存量。同时，一般需要采取可行性研究试验来确定需要的浸出时间和达到目标浸出率需要的矿石破磨粒度、氰化钠用量等影响浸出动力学的条件。

在矿山实际中，CIL、L/CIP 工艺浸出和吸附阶段的槽数和级数是可变的，当前多倾向于减少前段无碳预浸槽数量，增加后段碳吸附槽数量。随着吸附阶段槽数的增加，每个阶段达到相同的贫金溶液浓度所需的碳量减少，但每一阶段碳的金含量较高（第一阶段除外）。碳的载金平均浓度提高，碳的滞留时间更短，系统中总金量和总碳库存量相应减少。随着吸附流程中碳总量的减少，碳的磨损和金的损失率降低。但级数（槽数）达到 8~10 级时，进一步增加级数所带来的好处微不足道，反而会增加吸附槽所带来的资金投入与运行成本，故吸附段槽数一般不超过 10 级[21]。

CIL 相较 CIP 槽数量较少，通常投资成本较低，从投资成本考虑有一定吸引力。但由于浸出槽罐体往往大于吸附槽，碳储存罐容量更大，工艺中碳和金的库存增加，随之碳破损增加，碳和金的损失也增加，碳污染的风险也更大。而 L/CIP 的碳浆母液碳载金负荷高，故碳金存量较小，但总段数和槽数更多。浸出容器通常比普通吸附容器大得多，为了转移所需的碳量，CIL 工艺通过级间筛的矿浆流量显著增加，需要扩大筛子或增加外部筛，故转移的时间往往比 CIP 操作的时间长，工厂被打乱的时间更长。此外，浸出和吸附的要求很容易发生冲突，这两个阶段的优化可能很难实现。

Fleminps 等人认为，浸出和吸附段的分离至少有两个好处：由于在浸出过程中停留时间的增加，金从矿石中总的提取量增加；吸附进料中溶液浓度的增加，再加上工厂最后几个阶段很少发生浸出，从而提高了吸附性能和整体金回收率。近年来，随着更多级数的增加和所需库存的减少，CIL 和 CIP 工艺之间的差异将会减少[22]。

6.3.2.2 传流与串碳、返碳

槽体间矿浆一般通过溜槽或管道自浸出段到吸附段逐级流动，同时每个罐体均设有旁通，以保证疏通在相邻罐体中矿浆浓度不均匀或粗颗粒堵塞筛网造成的溢流和短路，以及必要时的矿浆调节。矿浆调节可通过槽顶料槽或排料箱中的飞镖阀来实现，以保持至少 6 个以上槽体的稳定运行。CIL/CIP 每个阶段矿浆停留时间一般为 3 h，实际每个矿山根据原矿和所需的尾矿品位的不同而有所不同。

CIP 串碳是通过矿浆自吸附段碳加入的末端槽反向逐级流动来实现的，同时通过吸附槽顶部虹吸管调节吸附段各级矿浆中的碳浓度，而各级载金碳含金品位和金提取效率决定了所需的碳移动速率。对于高银金矿，碳推进时会导致大量的矿浆回流，故在设计串碳装置时必须考虑回流浆对槽间筛容量的影响。有些工艺采取单独的碳转移筛，在碳推进同时使矿浆返回到原来槽中。

6.3.2.3 洗脱与返碳

吸附碳含金达到一定负荷后（一般 800~1000 g/t），通过提碳将碳从吸附槽

中导出后，加入解吸塔进行金的洗脱（解吸），进一步将金重新解吸至含金富液中以供电积或沉淀提金。洗脱成本一般为操作成本的 5%~10%。载金碳洗脱后，贫金碳直接或通过碳再生工序后返回到吸附流程中。对于处理规模较小的工艺，再生碳装置往往设置在吸附槽顶部，可使再生碳在筛选后直接进入所需的吸附槽，从而避免了建设单独的支撑结构；对于处理规模较大的流程，碳再生窑位于较低的位置，再生碳用液压运输到吸附槽顶部的筛网上，筛选后进入吸附槽。碳吸附金解吸详细内容见 8.3 节。

6.3.2.4　供氧

不同矿石类型的需氧量差异很大，一般氧气以两种方式引入，即低压鼓风供氧和低温或变压吸附设备供纯氧。低压鼓风供氧通过鼓风机提供曝气，一般沿搅拌器轴向下或通过下部搅拌器叶轮下鼓入空气，这种方法适用于低至中氧需求的矿石，一般每小时鼓风量相当于一个槽的容积。低温或变压吸附设备供氧气，则直接通过槽侧或搅拌轴注入矿浆中，喷射口一般位于搅拌器下方，以便用于含有活性硫化物的高需氧矿石。

6.3.2.5　氰化物与石灰

浸出剂氰化物常采用氰化钠溶解后加入浸出槽，生产中氰化物浓度可根据需要从 0.1 g/L（0.01%）到高达 5 g/L（0.5%）不等。浸出时间根据浸出动力学计算可能是 24~120 h 或更长。浸出槽及吸附槽顶可覆盖，以减少搅拌时氰化物挥发或氧气喷射期间的损失。为保持 pH 值在 9.3~11.0 的碱性浸出体系，工业中调节 pH 值常采用石灰调浆，在消化反应器中将石灰配制成石灰乳加入各槽中。除石灰外，生产中还保留有氢氧化钠，甚至水泥等。氰化物、石灰或苛性物质，以及空气或氧气可能构成最大操作成本。

通常过程检测应控制 pH 值、氰化物浓度和溶解氧水平，并定时采集溶液、固体和碳的样本以供测量化验。

6.3.2.6　氰化物解毒与尾浆处理

碳吸附后的矿浆尾液在排往尾矿库前一般要经过氰化物解毒处理，使氰化物含量降至 $5×10^{-3}$% 以下。常见的氰化物解毒技术包括物理分离（稀释、膜分离、电积和水解/蒸馏）和络合（二氧化硫/空气、过氧化氢、卡罗酸和添加硫酸亚铁）等，也有细菌辅助解毒、酸化、蒸发、再生、树脂和碳吸附技术的应用。CIL/CIP 工艺解毒段通常采取两段或多段搅拌反应完成，在反应桶中加入焦亚硫酸钠（SMBS）和硫酸铜，通过氰催化分解反应，使矿浆中大部分氰化物分解为无毒物质后，采用尾矿泵输送至尾矿库。也有矿山在尾浆解毒后导入浓密机进一步浓缩，上清液返回系统回用，浓密后的尾矿浆再泵至尾矿库。矿山应以遵守经济和环境因素为基础，选择最适当的解毒技术和（或）回收办法。尾浆解毒处理方法将在第 10 章专门介绍。

　　解毒过程对曝气的要求较高，较大槽体所需的充气压力常高于典型低压鼓风机的正常水平。100 kPa 时可使用常规鼓风机，更高压力时应采用多级离心式鼓风机。在这种高度曝气的环境中，必须以特殊搅拌器与曝气要求相匹配。由于其任务主要是为气体的分散/溶解，而不是固体颗粒的悬浮，因此与同等大小的 CIL 罐相比，解毒槽搅拌器对电力的需求更高，且搅拌叶轮须特殊设计以防止所充气体短路至矿浆表面[23]。

6.3.2.7　尾浆的输送

　　矿山氰化尾浆自解毒槽或浓密机底流泵至尾矿库，尾浆固体浓度一般大于50%。当尾浆压头大于 60 m 时，需考虑采用多级泵送方式。高黏度尾浆会增加对泵系统的要求，并可能需要稀释后输送，且对矿浆管配备冲洗装置。

6.3.3　工艺过程动力学

6.3.3.1　浸出/碳吸附动力学模型

　　CIL/CIP 的特点是金的氰化浸出与活性炭吸附在工艺过程中一并进行。金在活性炭上的吸附速度非常慢，需要数周甚至数月才能达到真正的平衡负载。在工艺运行过程中，CIP 和 CIL 每个阶段碳上的载金量总是远低于平衡负荷，工艺过程中金的提取效率始终基于吸附动力学，而不受平衡负荷的约束。因此，提高金的吸附动力学意味着在给定的时间范围内有更多的金负载在碳上，从而提高过程的金提取效率，降低投资和运营成本。

　　Nicol 和 Fleming 等人提出，当溶液中金浓度恒定时（如 CIP 工艺的每个碳吸附阶段）氰化金吸附到碳上的速率方程见式（6-35）[11]。

$$\frac{dc_{Au,C}}{dt} = k(Kc_{Au,S} - c_{Au,C}) \tag{6-35}$$

式中，$c_{Au,S}$ 为时间 t 时浸出液溶液（矿浆）中金浓度；$c_{Au,C}$ 为时间 t 时载金碳金浓度；k 为动力学常数；K 为平衡常数。

　　如间歇式反应器中描述金加载到碳上的速率方程，溶液中和碳上的金浓度是不断变化的，见式（6-36）。

$$\ln\frac{c_{Au,S,0} - B}{c_{Au,S} - B} = k\left(\frac{KM_C}{M_S} + 1\right)t \tag{6-36}$$

其中

$$B = \frac{M_S c_{Au,S,0} - M_C c_{Au,C,0}}{KM_C + M_S}$$

式中，$c_{Au,S,0}$ 为初始 $t=0$ 时溶液金浓度；$c_{Au,C,0}$ 为初始 $t=0$ 时载金碳金浓度；M_C 为碳质量；M_S 为溶液质量。

式（6-36）中动力学常数 k 和平衡常数 K 值可通过浸出试验和非线性拟合得到，将其代入式（6-35）可用于计算 CIP 工艺中各段在时间 t 时的碳载金。式（6-36）为矿浆和碳流量比、每个阶段的碳浓度和阶段数 X 的函数，将速率方程与物质平衡方程相结合，通过一个迭代过程来确定流程中每个 X 阶段溶液和载金碳上的金浓度。以上 Nicole-Fleming 模型简单易行，易通过试验验证，所预测的值和全规模工厂运行数据间的一致性好，已在行业中获得了相当广泛的认可。

CIL 工艺过程相较 CIP 稍难以模拟，因金自矿石浸出和吸附在碳上同时进行，每级（假设处于稳态进行）溶液中金的浓度不恒定，而是与浸出和吸附速率相关的函数，见式（6-37）。

$$-\frac{dc_{Au,S,t}}{dt} = k_s(c_{Au,S,t} - c_{Au,S,e}) \tag{6-37}$$

式中，$c_{Au,S,t}$ 为时间 t 时矿浆中的金浓度；$c_{Au,S,e}$ 为吸附平衡时矿浆中的金浓度。

将式（6-35）以时间 t 积分，可计算每段时间 t 时溶液（矿浆）中金的浓度，再代入式（6-35）可计算相应载金碳浓度[24]。

在实际 CIL/CIP 工艺过程中，金的吸附常常并不受负载平衡的影响，而主要受传质动力学限制，即碳吸附在每一阶段的速率限制步骤是金在溶液或矿浆中的传质过程。影响矿浆传质（膜扩散）动力学的最重要因素是搅拌混合效率和矿浆的流变性，这两个参数由系统的物理特性决定，如混合搅拌器的类型和能量输入、吸附桶的尺寸、碳颗粒粒度分布、矿浆浓度、矿浆是否存在泥化和沉淀物、矿浆温度等。

6.3.3.2 矿浆流变特性及其影响

矿浆的流变性影响其流动性和流动行为，进而直接影响矿物加工中所有能量和传质单元操作的效率，如磨矿、混合、泵送、筛分和液固分离。在 CIL/CIP 工艺的金提取中，矿浆的流变性是影响金浸出和在活性炭上吸附过程传质动力学的关键因素。多数提金矿浆表现出以屈服应力为特征的宾汉塑性流变行为，即与水等牛顿流体不同，该浆体过程不表现出恒定的黏度，在静态条件下表现为固体，必须施加最小的力才能使其流动，如图 6-23 所示，这种力被称为屈服应力，它是由剪切效应产生的，这种剪切效应几乎存在于上述各单元操作中。CIP 工艺矿浆屈服应力与固体浓度的关系如图 6-24 所示，并可根据关系曲线的形状确定临界固体浓度（critical solids density，CSD）。根据定义，CSD 提供了一个小的固体浓度范围，在这个范围内，固体浓度稍有增加，屈服应力就会急剧增加。由图 6-24 可看出，CIP 工艺的矿浆固体浓度的优势区域在 56% ~ 58%，这一浓度通过浓密机可以实现，而浸出和吸附部分的有效传质的最佳固体浓度可能在 45% 左右，此时的屈服应力值为小于 10 Pa。

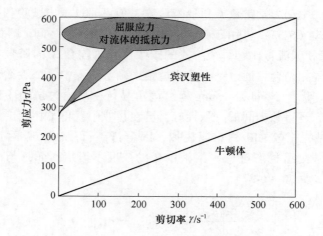

图 6-23 宾汉流变特性与牛顿流体的行为

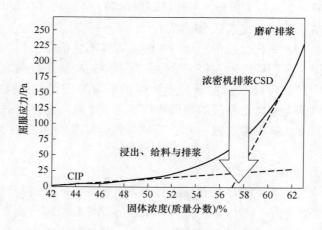

图 6-24 CIP 工艺矿浆流动性区域

金选厂的普遍做法是以尽可能高的固体浓度磨矿，以最大限度地提高磨矿效率；过高的矿浆浓度会使剪切应力急剧升高、黏滞性增大并降低金的浸出率和金的传质效率，故降低矿浆固体浓度会加快传质和提高金的提取率。对某含硫化矿金矿（20%黄铁矿，0.2%砷黄铁矿，0.4%黄铜矿）的连续氰化浸出结果如图6-25 所示。其他条件不变，当矿浆固体浓度由 45%降至 20%时，金提取率提高8%，故降低矿浆浓度有利于提高金的提取率。

但在实际 CIP 工艺中，矿浆浓度过低时，炭粒和粗粒矿石会在浸出和吸附槽底部沉沙集聚，甚至导致停机。大多数类型活性炭的湿密度在 1.4 g/mL 左右，碳颗粒往往会在密度小于 1.4 g/mL 的矿浆静置区沉降，而在密度大于 1.4 g/mL

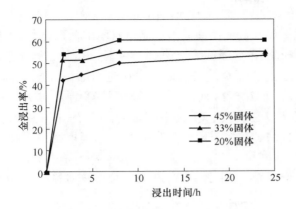

图 6-25　矿浆固体浓度对金提取率的影响

的矿浆里漂浮，故含金矿山的经验法则是将矿浆密度保持在 1.4 g/mL 左右。考虑到碳吸附和磨矿及工艺操作综合效益，常将矿浆固体浓度保持在 50%~60%。

另外，矿浆浓度的增加也会对 CIP 碳吸附段产生不利影响。有研究表明，当矿浆浓度从 50% 增加到 60% 时，某金矿石 CIP 工艺碳吸附后贫液金损失量从 0.003 mg/L 增加到 0.019 mg/L，对于处理 250000 t/月矿石的选厂来说，这相当于黄金净损失 2.7 kg/月。为了保持贫液金低损失，在碳吸附最后阶段保持碳载金低浓度非常重要，这意味着碳必须始终被有效地洗脱。金氰化物吸附在活性炭上是一种可逆反应，每个 CIP 槽中碳的金含量都会影响金在碳上的吸附速率，最后的吸附段尤为关键。对于 6 段吸附的 CIP 工艺，当 CIP6 洗脱碳上的金含量从零增加到 50 g/t 时，导致可溶性损失从 0.003 mg/L 增加到 0.011 mg/L[25]。但受实际洗脱工艺影响，一些矿山甚至很难将其碳洗脱到 100 g/t 以下，显然对这些运行中的黄金回收率产生了负面影响。为了以较小的吸附桶体积实现较高的碳吸附固体浓度以降低操作成本，必须增加碳吸附的级数，同时提高系统中碳的推进速度，并提高洗脱效率、有效降低再生碳及系统运行中各段碳载金浓度。通过工艺控制，CIP 工艺实际上可以在更高的矿浆密度（60%）下运行、不会在贫液（尾矿浆）中损失更多的金。

6.3.3.3　各工艺参数的影响

金回收率是评价各工艺优势及效益的主要指标，影响金回收率的工艺因素有原矿品位及性质、工艺过程中的固体质量分数、泥浆黏度、磨矿粒度分布、是否存在活性炭（CIL 或 CIP）及停留时间等。

A　给矿品位与回收率

给矿品位对金的提取率有显著影响，通常在统计上是所有操作变量中最明显的影响因素。随着给矿品位的增加，尾矿含金量也随之增加，但因增加比例不相同，金的提取率也随之提高。西非加纳 Damang 金矿给矿品位对尾矿含金量的影响如图 6-26 所示，澳大利亚西澳矿给矿品位对尾矿含金量的影响如图 6-27 所示。尽管各矿山变化数量不同，但总体趋势基本一致。Brittan 等人采取简单统计经验模型见式（6-38），得出了全球一些矿山原矿进料品位与尾矿金品位的关系（由单个参数 α 表征），如图 6-28 所示[27]。模型计算结果与实际一致，即给矿品位越高，尾矿金品位也越高，回收率随之增加，且 α 值越大，这种趋势越明显；反之亦然，当给矿品位下降时，尾矿品位和提取率也下降。如 Damang 矿，给矿品位由 2.9 g/t 降至 1.7 g/t，金的提取率将下降 1.7%；西澳矿也有相同趋势，当给矿品位从 6 g/t 下降到 2 g/t 时，金的采收率损失为 6.1%。

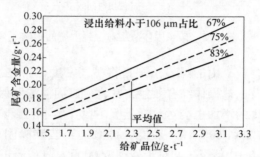

图 6-26　给矿品位对尾矿含金量的影响
（不同粒度，CIL，Damang 选厂，加纳，西非）

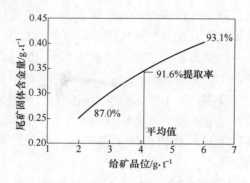

图 6-27　给矿品位对尾矿含金量的影响
（不同回收率，L/CIP 工艺，西澳矿山，澳大利亚）

$$尾矿品位(Au, g/t) = -0.412 + 4.885 \times HG_{1.5}/Grind_{1.5} - 0.0775 \times$$
$$[\ln(DO_1 - 7)] + 0.0000231 \times T_{1.5} +$$
$$0.0461 \times pH \, 值_{1.5} \tag{6-38}$$

式中，尾矿品位（Au, g/t）为黄金损失的因变量；$HG_{1.5}$ 为原矿进料品位，g/t，

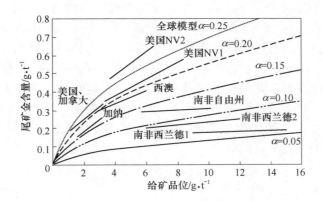

图 6-28 全球各矿山尾矿含金量与给矿品位的关系

测量值为 1.5 班次或尾部前 18 h；$Grind_{1.5}$ 为浸出进料粒度（小于 106 μm 占比（%），尾前 1.5 个班次）；DO_1 为 CIL 第 2 槽溶解氧（$\times 10^{-6}$，尾部 1 个班次）；$T_{1.5}$ 为进料量（t/12 h 班次，尾部前 1.5 班次）；pH 值$_{1.5}$ 为 CIL 第 1 槽 pH 值（尾部前 1.5 班次）；变量上的下标表示测量与尾矿之间的时间滞后。

给矿品位还会影响溶液金的损失，图 6-29 为西澳矿山 CIP 工艺结果。随着给矿品位提高，溶液中金损失机会线性增加。这种给矿品位的影响效应并不是由于工艺运行效率的任何变化造成的，它超出了工厂操作员的控制范围，因此，在给矿品位波动时期，需要修正给矿品位影响后确定其他参数的净影响。

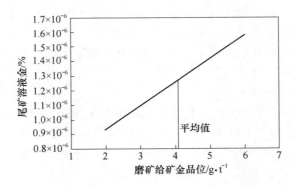

图 6-29 给矿品位对溶液金损失的影响
（CIP 工艺，西澳矿山）

B 磨矿粒度的影响

如第 2 章所述，除给矿品位外，粒度是对金的提取率工艺经济性影响的又一重要因素。在不过磨情况下，磨矿粒度越细金提取率越高。对于 CIL/CIP 工艺，为有好的浸出动力学表现，常使金矿石磨矿粒度小于 75 μm 的占 80%以上。但考虑到磨矿的经济性及各矿山金矿石可浸性，许多矿山的磨矿效果并不能达到该粒级。图 6-26 中的 Damang 选厂 CIP 工艺，当小于 106 μm 的磨矿粒度从平均 75%每降低 1 个百分点时，金的提取多损失 0.1%。图 6-30 是纽蒙特矿山卡林型半难处理金矿 CIL 工艺中磨矿粒度与尾矿金损失之间的关系。当磨矿粒度小于 38 μm 占比增加时，尾矿金损失明显降低。这种关系是非线性的，即随着粗颗粒的增多，会有更多的金损失到尾矿中。

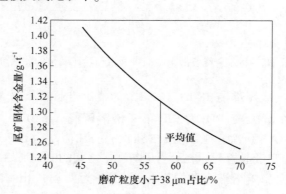

图 6-30 磨矿粒度与尾矿金损失的关系
(CIL, 纽蒙特, 内华达, 美国)

沿着磨矿曲线操作将明显提高金的回收率，但随着磨矿越细，成本也会相应增加，故实际的磨矿粒度以降到收益递减的点为止。各矿山通常通过磨矿曲线分析诊断可行的经济方案，以确定最佳磨矿粒度，从而提高金回收率。如纽蒙特矿山通过优化磨矿粒度，以最低的成本增加了约 2.74 kg/月（88 oz/月）的金产量。

C 氰化物浓度的影响

图 6-31~图 6-33 是典型的氰化物对尾矿含金量的影响曲线，分别是南非西威特沃特斯兰德和西澳卡尔古利金矿山的实际结果，尽管二者氰化物影响曲线相似，但不同矿山其影响的大小常会有所不同。这两种情况均表明，较高的氰化物浓度与减少尾矿金损失的有关。但是，根据关系函数的曲率，氰化物浓度增加均会达到一个收益递减的点，在这个点上，再额外增加氰化物的成本将大于金提取增量的收益。尽管从浸出动力学上更倾向于增加氰化物浓度，但在实际 CIL 和 CIP 工艺中，常根据综合效益因素确定氰化物用量。测定系统可维持一定动力学强度的氰化物剂量，通过氰化物与尾矿损失关系曲线，有助于经济评估当前氰化物和黄金价格下最佳的氰化物用量。

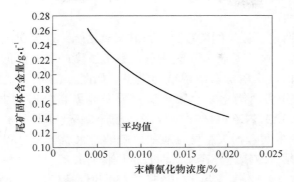

图 6-31 氰化物浓度对尾矿金损失的影响

(CIP, 西威特沃特斯兰德, 南非)

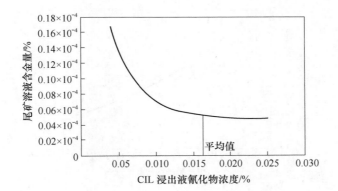

图 6-32 浸出液氰化物浓度与尾液金损失的关系

(CIL, 西威特沃特斯兰德, 南非)

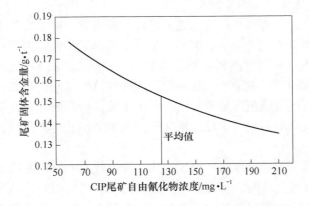

图 6-33 尾矿自由氰化物浓度与尾矿金损失的关系

(CIP, 卡尔古利, 西澳)

D　氧浓度的影响

如 6.2.5 节所述，耗氧的矿石会导致矿浆氧枯竭。这会对浸出动力学产生不利影响。在 Damang 矿选厂 CIL 工艺中，溶解氧浓度的显著降低发生在 CIL 浸出槽过程，说明金的浸出对溶解氧浓度很敏感，如图 6-34 所示。因此，维持溶解氧的水平对于充分利用氰化物，从而最大限度地提高浸出动力学是很重要的。Damang 矿选厂 CIL 工艺通过增加 2 号浸出槽溶解氧 1×10^{-4}%，每月可以减少 5070 g（163 oz）的黄金损失，可见氧的影响非常大，工艺过程中一旦发现溶解氧浓度下降，必须采取措施补充氧。西芒选厂将 CIL 工艺 2 号浸出槽内的平均溶解氧含量从 13.4×10^{-4}% 提高到 17.1×10^{-4}%，并保持随后浸出槽内的溶解氧含量，该措施每月可增加 15925 g（512 oz）的黄金产量。提高溶液氧含量，还可以减少过氧化氢试剂和氰化物的添加，节省药剂消耗近 7.3 万美元/月[28]。

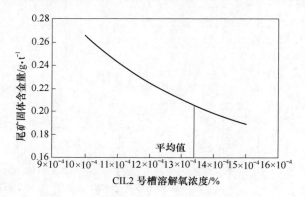

图 6-34　溶解氧对尾矿金损失的影响

（CIL，Damang 矿选厂，加纳，西非）

E　吨位与停留时间的影响

实际生产中，当磨机接近或超过其设计处理量时，对于金矿选厂吨位（处理量）将是一个瓶颈参数。同时，受到金矿在工艺系统中停留时间的限制，较高的吨位会对黄金回收率产生不利影响。如图 6-35 所示，吨位的增加将导致黄金的尾部损失逐渐增加，说明生产需在处理量与提取效率之间进行权衡。从净现值的角度考虑，矿山尽可能使产量最大化，但由于吨位的瓶颈限制，提高产能可能会对金的回收造成负面影响。这反过来又会影响到采矿的边界品位，进而影响到矿山生命周期。

增加处理量可能会导致磨矿粒度粗化，浸出或 CIL 停留时间会减少，矿浆密度会增加，矿浆黏度增大，从而影响浸出动力学、矿浆中的传质和试剂浓度等方面，最终影响到金回收率及效益。在分析各参数影响时，需考虑由吨位增量引起的各动力学因素的变化，有助于准确判断各参数的影响。当吨位增加、其他条件

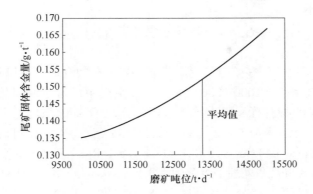

图 6-35　磨矿吨位与尾矿含金量的关系
(CIP，卡尔古利，西澳)

不变下，须考虑延长停留时间，即在 CIL 工艺增加槽体和段数以克服由增量所带来的动力学限制。

F　pH 值及吸附碳浓度的影响

矿浆 pH 值是金矿石氰化过程中的一个重要参数。如前所述，pH 值过低可能导致氰化物损失，从而降低金的提取率。西澳卡尔古利生产中尾浆氰化物浓度与 pH 值之间的典型关系如图 6-36 所示。保持较高的 pH 值会稳定矿浆氰化物浓度，使浸出有效进行，但过高的 pH 值会浪费石灰试剂，且会导致浆料黏度的增加，从而对传质产生不利影响。最佳的 pH 值浸出金提取率有利，会起到同时节约氰化物和石灰试剂的双重效应。

在 CIP 或 CIL 工艺中活性炭浓度过低对金的吸附效果非常不利，会导致溶液损失，如图 6-37 所示。但过高的碳浓度会导致金的碳库存和磨损等，如 6.3.3.2 节所述，所以每个矿山需根据自身特定的情况，确定工艺操作的最佳碳浓度。

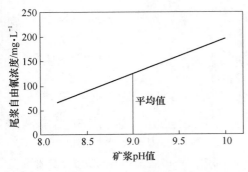

图 6-36　尾浆氰浓度与矿浆 pH 值的关系
(CIP，卡尔古利，西澳)

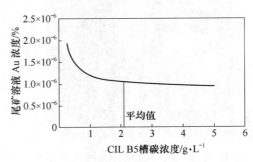

图 6-37　碳浓度对尾液金损失的影响
(CIL，西威特沃特斯兰德，南非)

6.4　强化氰化提金工艺

如 3.4 节所述，许多矿山将旋流器下 2~6 mm 的金矿颗粒采用尼尔森重选，获得高品位含金精矿（1000~20000 g/t），该重选精矿常采取强化氰化浸出，而不是在 CIL 或 CIP 搅拌桶中浸出[29]。这些批次、不连续强化浸出含金液则并入载金碳洗脱液中，进入金电积系统加以回收。目前，工业上已有的强化氰化浸出系统有 Consep Acacia 和 Gekko ILR（InLine Leach Reactor）。这两种系统的处理量（可达到最小 30 t/d）和处理来料范围都很广，不仅与 CIP、CIL 工艺结合处理前端重选高品位金精矿，还处理各种适宜的含金废料。两种工艺基本相同，不同的是 Consep Acacia 使用一个上行反应器，而 Gekko ILR 使用一个低速旋转滚筒作为反应器。

6.4.1　Consep Acacia 工艺

Consep Acacia 是一个基于主浸出槽的批处理系统[28]，如图 6-38 所示。主浸出槽为上流式反应器，是一个能够非常有效地氰化浸出来自尼尔森重选金精矿的流化床。含金目的矿物自由沉降至反应器底部，浸出液自反应器底部注入，使浸出液与重选精矿中含粗粒金的最重颗粒直接接触，达到对金的有效强化浸出的目的。由于主反应器是个密闭装置，所装入精矿固体物体积可通过装料曲线，按照液位计高度确定，如图 6-39 所示。浸出液组成一般为 NaOH 0.25%，NaCN 1%~3%（常取 2.50%），每批料一般浸出时间 5 h 以上，浸出率为 89%~99%。各矿山视来料性质的不同，金回收率会有不同，但该工艺金的平均浸出率可达 96%。

图 6-38　Consep Acacia 强化浸出反应器

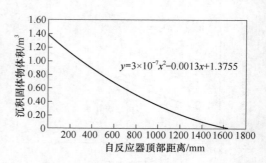

$$y=3\times10^{-7}x^2-0.0013x+1.3755$$

自反应器顶部距离/mm

沉积固体物体积/m³

图 6-39　Consep CS1000 反应器装料曲线

Acacia CS1000 的操作参数见表 6-1。工艺的操作步骤主要包括：将重选精矿从储料斗加入反应器中，先对精矿进行分层和淘洗，使金沉淀到底部；在溶液槽中配制浸出液，按确定的给料速度导入浸出液，浸出液在反应器中循环浸出；当达到设定浸出时间（一般 4~5 h）后，通过反转溶液流动和自反应器底部抽出浸出液，用水清洗固体尾渣，将固体尾渣自反应器中清空，并将尾渣返回磨矿流程；将所导出的含金母液输送到电积工序电积，当阴极达到一定载金量后清洗金泥，并将其收集到过滤器中，熔铸金锭。由于该过程为间歇式操作，故固体尾渣的清洗与转移步骤较为敏感，需防止氰化物的毒害作用。

表 6-1　Acacia CS1000 的部分操作参数

项　目	参　数	项　目	参　数
清水	300 L/min, 2.4 m³	分层流	280 L/min
原水	20 m³/h, 8.1 m³	脱泥流	250 L/min
仪表气源	500~750 kPa	浸出液流	120 L/min
NaCN 溶液	30%, 220 L	固体卸料流 1	100 L/min
NaOH 溶液	1000 g/L, 13 L	固体卸料流 2	280 L/min

因大多 Consep Acacia 工艺安装在整个提取工艺的前端，且重选量及其品位关系到 CIL/CIP 工艺进料的量及其品位，进而会影响整个工艺金提取率和尾渣含金，故每个矿山必须根据自身矿山生命周期和矿石情况确定不同期重选精矿量及品位，这决定了 Consep Acacia 工艺来料的量与性质。近年来，Consep Acacia 工艺改进了加热浸出的能力，以适应矿石类型的变化。加热到 50 ℃即可提高浸出率，并大大缩短每批次浸出的时间。该方法既可应对粗颗粒钝化金和碲化金难以浸出的挑战，也可处理含砷金精矿，以消除以往含砷金精矿焙烧过程中释放的有毒气体。同时因温度不算太高，对于含砷精矿的浸出，也不会导致过多砷的溶解，这防止了其对后续金电积过程的干扰。

尽管多数矿山倾向于适当提高尼尔森重选量的比例，但因 Consep Acacia 是一种间歇式批处理工艺，所以处理量受到限制。近年来，该工艺正在向增大反应器体积方向发展，并用于处理高含金的复杂矿物和二次含金废料。

6.4.2　Gekko 间歇式内嵌浸出反应器

Gekko 间歇式内嵌浸出反应器（the batch InLine Leach Reactor，ILR）工艺流程如图 6-40 所示。该工艺采用水平旋转的低速转鼓反应器，工作原理参考实验室滚瓶试验，通过反应器旋转模式实现固体与液体有效混合与接触。同时，带有一组特别设计的挡板和供氧系统以提高浸出效率。在浸出过程中，浸出液从溶液储存罐到反应器之间不断循环，以确保所需浸出试剂和氧的稳定供给。

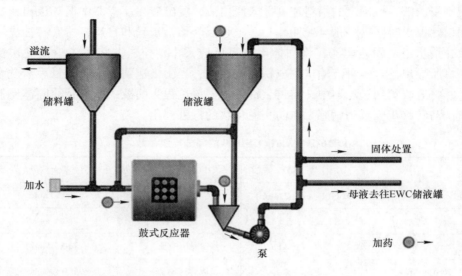

溢流

储料罐　　　　储液罐

加水

鼓式反应器

泵

固体处置

母液去往EWC储液罐

加药

图 6-40　Gekko 间歇式内嵌浸出反应器工艺流程

与 Consep Acacia 工艺一样，ILR 也属于间歇式批处理模式。循环浸出完成后，含金母液澄清后泵至电积系统。固体渣浆通过转鼓反旋转清洗后泵送至磨矿流程。电积后的废液泵入 CIL/CIP 流程（也可以返回 ILR），以重复利用废液中的剩余氰化物和残余金。其具体操作步骤为：把浓缩液装到反应堆鼓筒里；调整初始溶液体积，加入所需试剂。通过转鼓反应器循环溶液进行浸出；放掉桶内的浸出液，用絮凝剂沉降后，泵入含金母液储罐；用水清洗固体渣，将洗涤水排出澄清，上清液直接泵入溶液存储槽中；将反应器鼓筒中的固体物质清空，并将其泵至磨矿回路中；将含金母液泵至电积系统。

ILR 装置与 Consep Acacia 工艺目前均多用于矿山尼尔森重选金精矿的处理。西澳大利亚圣巴巴 Marvel Lake 矿对两种工艺进行了试验后，选择了 Consep Acacia 反应器，认为它相对金回收率较高，设计简单，移动部件较少。两种工艺都正在优化发展，这类强化浸出工艺的应用是矿山 CIL/CIP 工艺的补充，被黄金矿山广泛采用，在高品位原料和重选精矿的氰化浸出方面发挥了很好的作用。

参 考 文 献

[1] LA BROOY S R, LINGE H G, WALKER G S. Review of gold extraction from ores [J]. Miner. Eng., 1994, 7 (10)：1213-1241.

[2] OSSEO-ASARE K, XUE T, CIMINELLI V S T. Solution Chemistry of Cyanide Leaching Systems [M]. KUDRYK V, CORRIGAN D A, LIANG W W. Precious Metals. TMS-AIME, Warrandale,

Pennsylvania, 1984.

[3] MARSDEN J D, HOUSE C I. The Chemistry of Gold Extraction [M]. 2nd Society for Mining, Metallurgy, and Exploration, Inc. (SME), 2006.

[4] LIN H K, CHEN X. Electrochemical study of gold dissolution in cyanide solution [J]. Minerals & Metallurgical Processing, 2001, 18 (3): 147-153.

[5] DORIN R, WOODS R. Determination of leaching rates of precious metals by electrochemical techniques [J]. Journal of Applied Electrochemistry, 1991 (21): 419-424.

[6] ARSLAN F, DUBY P F. Electrooxidation of gold-bearing sulfide concentrate [J]. Minerals & Metallurgical Processing, 2003, 20 (1): 10-14.

[7] HOLLOW J T, HILL E M, LIN H K, et al. Modeling the influeuce of slurry temperature on gold leaching and a dsorption kinetics at the Fort Knox Mine, Fairbanks, Alaska [J]. Minerals & Metallurgical Processing, 2006, 18 (3): 151-159.

[8] REES K L, VAN DEVENTER J S J. Gold process modeling. I. Batch modeling of the processes of leaching, preg-robbing and adsorption onto activated carbon [J]. Minerals Engineering, 2001, 14 (7): 753-773.

[9] MCLAUGHLIN J, AGAR G E. Development and application of a first order rate equation for modeling the dissolution of gold in cyanide solution [J]. Minerals Engineering, 1991, 4 (2): 1305-1314.

[10] LING P, PAPANGELAKIS V G, ARGYROPOULOS S A, et al. An improved rate equation for cyanidation of a gold ove [J]. Canadian Metallurgical Quarterly, 1996, 35 (3): 225-234.

[11] NICOL M J, FLEMING C A, CROMBERGE G. The adsorption of gold cyanide onto activated carbon. I. The kinetics of absorption from pulps [J]. J. S. Atr. Inst. Min. Metal. , 1984, 84 (2): 50-54.

[12] GUO H, DESCHENES G, PRATT A, et al. Lastra. Leaching kinetics and mechanisms of surface reactions during cyanidation of gold in the presence of pyrite or stibnite [J]. Minerals & Metallurgical Processing, 2005, 22 (2): 89-95.

[13] DESCHENES G, PRATT A, RIVEROS P, et al. Reactions of gold and sulfide minerals in cyanide media [J]. Minerals & Metallurgical Processing, 2002, 19 (4): 169-177.

[14] BROWNER R E, LEE K H. Effect of pyrrhotite reactivity on cyanidation of pyrrhotite produced by pyrolysis of a sulphide ore [J]. Miner. Eng. , 1998: 11 (9): 813-820.

[15] JEFFREY M I, BREUER P L. The cyanide leaching of gold in solutions containing sulfide [J]. Miner. Eng. , 2000, 13 (10/11): 1097-1106.

[16] JIANG T, ZHANG Y Z, YANG Y B, et al. Influence of copper minerals on cyanide leaching of gold [J]. J. Cent. South Univ. Technol. , 2001, 8 (1): 24-28.

[17] MEDINA D, ANDERSON C G. A Review of the cyanidation treatment of copper-gold ores and concentrates [J]. Metals (Basel), 2020, 10 (7): 897.

[18] BREUER P L, DAI X, JEFFREY M I. Leaching of gold and copper minerals in cyanide deficient copper solutions [J]. Hydrometallurgy, 2005, 78 (3/4): 156-165.

[19] MADKOUR L H, SALEM I A. Electrolytic recovery of antimony from natural stibnite ore [J].

Hydrometallurgy, 1996, 43 (1/2/3): 265-275.

[20] DESCHENES G, WALLINGFORD G. Effect of oxygen and lead nitrate on the cyanidation of a sulphide bearing gold ore [J]. Miner. Eng. , 1995, 8 (8): 923-931.

[21] BRITTAN M. Estimating process design gold extraction, leach residence time and cyanide consumption for high cyanide-consuming gold ore [J]. Minerals & Metallurgical Processing, 2015, 32 (5): 111-120.

[22] FLEMING C A, MEZEI A, ASHBURY M. Factors influencing the rate of gold cyanide leaching and adsorption on activated carbon, and their impact on the design of CIL and CIP circuits [J]. Minerals Engineering, 2011, 24: 484-494.

[23] HEATH A R, RUMBALL J A. Optimising cyanide: Oxygen ratios in gold CIP/CIL circuits [J]. Minerals Engineering, 1998, 11 (11): 999-1010.

[24] HEATH A R, RUMBALL J A, BROWNER R E. A method for measuring HCN (g) emission from CIP/CIL tanks [J]. Minerals Engineering, 1998, 11 (8): 749-761.

[25] WADNERKAR D, TADE M O, PAREEK V K, et al. Modeling and optimization of carbon in leach (CIL) circuit for gold recovery [J]. Minerals Engineering, 2015 (83): 136-148.

[26] KIANINIA Y, KHALESI M R, ABDOLLAHY M, et al. Predicting cyanide consumption in gold leaching: A kinetic and thermodynamic modeling approach [J]. Minerals, 2018, 8: 1-13.

[27] BRITTAN M. Kinetic and equilibrium effects in gold ore cyanidation [J]. Minerals & Metallurgical Processing, 2008, 25 (2): 117-122.

[28] BRITTAN M I, ARTHUR B. Using diagnostic process analysis to improve cash flow at Newmont's Carlin Mill #4 [J]. Mining Engineering, 2000: 37-42.

[29] WHITWORTH A J, FORBES E, VER STER I, et al. Review on advances in mineral processing technologies suitable for critical metal recovery from mining and processing wastes [J]. Cleaner Engineering and Technology, 2022 (7): 100451.

7 金矿氰化堆浸

7.1 堆浸的基本概念

7.1.1 堆浸工艺及其优点

堆浸是有别于传统主要以机械设备设施为核心反应器的金属提取工艺方法，是将矿石直接筑堆然后喷洒含浸出剂的浸出液，浸出液通过自然重力作用自上而下经过矿堆，矿石中有价金属通过渗滤浸出作用溶解进入溶液，通常在堆的底部收集浸出母液，母液中有价金属再通过下一步溶液提取方法制备金属或金属化合物的过程。金矿氰化堆浸典型工艺流程如图 7-1 所示。

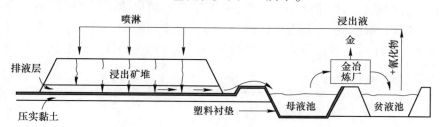

图 7-1 金矿氰化堆浸过程示意图

采用堆浸方法主要基于金矿品位的降低和经济上的考虑，随着金矿的开采和品位的逐年下降，对于回收低品位或极低品位金矿中的有价金属，采用前几章所述传统的破磨，然后采取 CIL/CIP 搅拌浸出工艺不能经济回收，堆浸方法是该类资源提取的有效途径[1]。其主要优点如下：

（1）堆浸比搅拌浸出装置的建设速度快，且成本约为传统工艺投资成本的 1/3。尤其对于在政治不稳定的国家投资时，这可能是一个决定性因素。

（2）规模可大可小，对于资源储量和投资规模适应性好。例如，对于许多地下和露天矿，在项目初期很难开发大量矿石资源，堆浸为处理这类矿体提供了非常快速、低成本的途径。

（3）对低品位矿石中金的提取更经济有效。紫金山金矿堆浸实践表明，经济的入堆品位已降至 0.25 g/t 以下，为低品位金矿资源的经济提取提供了保障。

（4）与传统工艺具有相同或更高的金回收率。人们普遍认为堆浸回收率较磨矿或搅拌浸出工艺的低，许多生产实践表明堆浸整体回收率并不低。例如，内华达公司比蒂的斯特林矿，即使金矿品位高达 11 g/t，采取堆浸方法，当入堆矿石破碎到 100 mm 时，堆浸回收率也达到90%[2]。

7.1.2 堆浸模式

堆浸模式视不同底垫的配置与使用，可包括动态堆、永久堆和山谷填充堆。

（1）动态堆。动态堆是指将一批矿石装载到铺好衬料的底垫上筑堆，当该批矿石浸出达到预期浸出率时，进行洗涤，然后将矿石从底垫上移出来，重复利用相同底垫区域的堆浸方法，如图 7-2 所示。该方法的优点是，大量的矿石可以在一个有限的区域内且在相对较薄的堆层中被浸出。对于不能保持较厚堆高渗透性的矿石，动态堆通常是唯一的选择。由于垫的面积有限，水的平衡很容易实现。但浸出后的矿石必须安置在另一有衬垫的区域，以防止可能带来的环境风险。当旧矿石可以从垫块中移出之前，通常要对其进行清洗，一方面尽可能回收溶解的金，同时对废矿石起到必要的解毒作用。由于靠近底垫层有更多的交通装卸运输，动态堆通常需要比永久堆有更坚固的底垫，故其堆垛的垫料通常采用混凝土或沥青制成，但如果能小心地移去旧矿石，也可以使用土工膜衬垫。

对于浸出缓慢的矿石，也可以与新矿石一起重新堆砌，但这会降低产能。通常情况下，由于动态堆矿石的浸出时间受限，往往达不到最大浸出率。

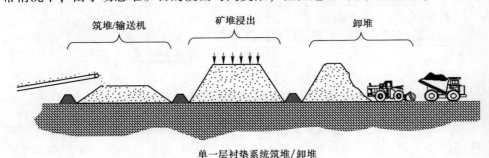

筑堆/输送机　　　矿堆浸出　　　卸堆

单一层衬垫系统筑堆/卸堆

图 7-2　动态堆操作示意图

（2）永久堆。永久堆是指矿石被堆在低渗透性的表面上后将不会再被移除，是一种传统常用的堆浸方法，如图 7-3 所示。永久堆的主要优点是无旧矿石移除操作成本，底垫投资成本省，并且允许矿石有更长的浸滤时间（最高可达几年）。但对于永久堆方法，如果要扩大堆放矿石的可用体积，需要扩大底垫，或者在已经堆放的矿石上方增加堆层。永久堆有多层堆提升与单层堆提升两种，多层堆是新矿石在以往的旧矿堆上逐层连续筑堆，矿堆层总高度有的达到 200 m 以上；单层堆则是逐级单层提升，每层旧矿石顶部进行简单底垫铺设后再堆入新矿石，其适用于某些矿石品位高而渗透性不强的矿石类型或浸出情况。

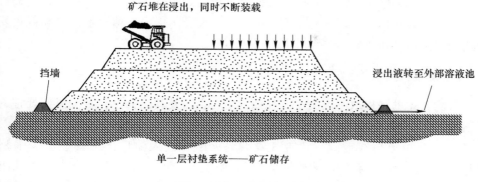

图 7-3　永久堆浸示意图

　　永久堆随着堆越来越高，泵送溶液和将矿石运输到更高海拔的作业成本也会随之增加；且永久堆需要一个大的区域和平缓变化的地形，在高降雨环境中，需要做好水平衡问题。

　　（3）山谷填充堆。山谷填充堆，顾名思义是将矿石倾倒在山谷底部，然后堆积起来，"填满"山谷而筑堆，是当没有足够的水平地形时，依靠矿山地形建立一个扩展的永久堆的方法，如图 7-4 所示。山谷填充堆可以很好地适应长时间的浸出需要。在筑堆时，随着山谷在靠近顶部的地方变宽，山谷填充物逐渐向上向外扩展，这要求入堆矿石足够坚硬并在高负荷下具有较好的渗透性。浸出母液通常储存在堆的底部，并用小池塘或溶液池来收集，这种筑堆方式具有衬垫材料成本低、在寒冷气候下不结冰等优点。但如果溶液长期存储在堆中，则底部需要高质量的衬垫，且堆的前坡需要设计完全，保持稳定，以防止任何灾难性的滑坡与坍塌，故通常采用拦挡坝来支持堆趾。山谷填充堆的另一大缺点是在高降雨地区，因堆谷区域汇水会全部进入堆中，水平衡管理困难。

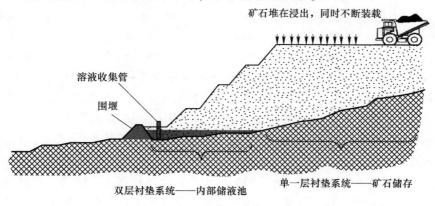

图 7-4　山谷填充堆浸示意图

除上述三种常见堆浸方式外，视矿山堆浸实践的需要，也可将各种方法进行组合形成混合浸出垫，即由动态堆浸出、永久堆浸出、山谷填充堆浸出和可重复使用浸出垫组合而成。

7.1.3 矿石种类

金的氰化堆浸提取率取决于所处理的矿石类型及其矿物学，堆浸主要处理的矿石类型有[3]：

（1）腐泥土与红土矿。热带气候下的火山和侵入体矿体通常经历了强烈的风化作用，地表覆盖层通常是一层薄薄的红土（硬氧化铁结核）。在红土以下几米处的矿石被转化为腐泥土，这种腐泥土层是一种非常柔软的含水黏土层，在其石英细脉中有时含金，但通常不含银。这类矿石通常有较高的氰化浸金回收率，实验室试验回收率可达 92%～95%，实际堆浸生产回收率可达 85%或更高。但这类矿石的堆浸需预先制粒造块，每吨矿常需要多达 40 kg水泥才能制成稳定透水的团块，许多西非和中美洲的堆浸法成功处理了这类矿石。

（2）硫化物矿床氧化带矿石。硫化物矿床的氧化带矿石较软，渗透性较好，这类矿石的金和银常分布在铁氧化物中，筑堆矿石粒度 75 mm 以下再破碎对浸出率贡献不大。由于矿石细软，矿石用水泥制粒，然后采用堆垛输送机运输与筑堆，因此浸出效果较好。西班牙塔西斯的 Filon Sur 矿和苏丹的 Hassai 矿是这类矿石堆浸的成功案例[3]。

（3）低硫酸性火山岩或侵入岩。这类矿石一般含 2%～3%黄铁矿，金通常包裹在黄铁矿中。当破碎至 12 mm 以下时，氧化矿石的回收率为 65%～85%，未氧化矿石的金回收率仅为 45%～55%。美国内华达州的圆山矿和秘鲁的亚纳科查矿是这类矿石堆浸作业的典型案例。

（4）卡林型沉积金矿石。这类矿石由页岩和"脏"石灰石组成，含有极细（亚微观）的金。卡林型氧化矿石通常在粗碎至 75 mm 时，即可获得 70%的浸出率，如果破碎更细可获得更好的回收率，如美国内华达州北部最大的金矿堆浸场便处理这种矿石。由于所含未氧化的硫化矿对细粒金的包裹及矿石中有机（碳质）成分对溶液中金的吸附，会使金的浸出回收率降低。内华达金矿区金矿由于既有氧化矿也有未氧化的硫化矿，因此在同一矿床的开发利用上，采用了焙烧炉、高压釜、搅拌浸出厂和堆浸等不同工艺。金精矿焙烧和高压预氧化方法详见第 5 章。

在一些卡林型矿床和一些火山型矿床中，黏土沉积或黏土蚀变与金沉积同时发生，这些矿石的处理方法通常与腐泥土矿石的处理方法相同，需要制粒才能堆浸。只是制粒前常采用冲击式破碎机将湿软黏土和硬岩石的混合物进行单级破碎，使部分硬岩破碎至适当粒级，这类矿石因具有所含黏土的作用，制粒通常不需要加水泥，常采用皮带输送而非卡车筑堆，以防止卡车的碾压对渗透性的影响。

（5）富银沉积物。有些金矿常含不同数量的银，银浸出的化学性质与金类似，尽管银的回收率通常比金低得多，但工业实践有堆浸浸出金、银的成功案例，如美国内华达州的入堆金矿含有银，所提炼出来的金条含金 95%、银 5%，银锭含银 99%、金 1%。同时，也有银矿堆浸的案例，如墨西哥有多个丰富的银矿，几乎纯银矿堆浸的案例有美国内华达州的科罗彻斯特和玻利维亚的科莫可（Comco）矿[2-3]。

7.2 筑堆方式

7.2.1 卡车运输筑堆

卡车运输筑堆是采用运矿卡车将矿石运输到堆场指定区域，以自卸方式倾倒矿石而筑堆的方法，其主要特点是灵活性高、资金压力小，是目前多数矿山普遍采用的筑堆方式。当矿石较为坚硬且含有很少量黏土粉料时，可以保证矿堆具有较好的渗透性，适合采用该方法筑堆。矿石一般经过破碎达到适合的粒级以保证浸出率，卡车自卸筑堆时粗颗粒依靠重力将滚向底部、细颗粒保留在堆表层，从而使堆底部具有较好的渗透性；但堆顶部常因运输会被压实，在接管喷淋前需要进行机械松堆。

卡车筑堆运输道路常会积压大量矿石，尤其对于较小体积的矿堆，例如对于堆矿量 5000 t/d 的矿堆，路基将会积压约 1 个月的矿量。基于此，若对于需破碎的矿石入堆，皮带运输筑堆将会减小矿石积压量。

7.2.2 皮带运输机筑堆

皮带运输机筑堆是采用皮带运输机将已破碎至适当粒度的矿石直接运送至堆场指定区域筑堆的方式。皮带运输机筑堆主要有两种模式：径向式皮带运输机堆垛筑堆和扩散式皮带运输机筑堆。

（1）径向皮带运输机堆垛。该系统通常由一条或多条长皮带运输机（长达 150 m 的输送带），把矿石从破碎站运输到堆场，然后由 8~10 条短皮带机将矿石输送至筑堆作业区域进行筑堆。短皮带机通常长 20~50 m，包括横向送料输送机和堆垛随动输送机。径向堆垛机一般长 25~50 m，倾斜布置，尾部设有防滑板及平衡移动车轮，其顶端设有一个推力可伸缩的 10 m 输送机用以布料，车轮、卸料角和推力杆均可在筑堆时按要求连续移动[4]，如图 7-5 所示。

图 7-5　倾斜短皮带运输机筑堆作业

　　径向堆垛系统可用于堆垛处理高达 50000 t/d 的矿石，但对于非常高吨位的堆垛作业，大型堆垛机可以安装在履带式轨道上，以减少对地面的压力。

　　（2）扩散式皮带运输机筑堆。扩散式皮带运输机筑堆是一种大型皮带机筑堆方式，筑堆矿石量可达 100000 t/d 以上，如图 7-6 所示。扩散式皮带运输机可跨越矿堆的整个宽度，并可以连续来回移动，在矿堆上分配矿石。该类运输机配有独立的驱动调整系统，可以爬上斜坡到下一堆层（堆高 12 m），并可在尖角半径下转弯。

图 7-6　扩散式皮带运输机筑堆作业

　　对于动态堆浸出完成后，可以安装斗轮挖掘机来清除矿石，通常开槽方法使新旧堆隔开，已浸出矿石在槽前端清理，在后端堆浸新矿石。新旧物料之间的槽口与堆面之间的距离较短，供两台输送机工作，是矿堆中唯一不能浸出的区域，而其他区域均可有效浸出。

7.2.3 制粒与筑堆

一般金矿石较为坚硬，适合筑堆。但对于有些矿石类型，粉料较多或泥化严重，矿堆浸出操作时，大量黏土和细粉会堵塞下面未浸出层液体渗滤通道，这需要采取制粒方法用水润湿矿石，使细粒与粗粒相黏，在堆筑时不会离析。

筑堆实践中，常采用带式制粒。在这种技术中，采用水泥、水与矿石在一系列的输送机的降落点混合，混合物往往黏附在较大的岩石颗粒上，整个过程通过混合与接触以实现泥和粉末黏附的稳定性。对于皮带运输机堆垛系统，常会涉及10个以上的落点，故带式制粒过程可伴随矿石运输过程发生。

对于有些纯黏土矿石，如热带气候中的红土矿石与腐岩矿石，需要采用圆筒制粒方法。首先将矿石破碎至 25~75 mm，以供形成圆形球团的稳定核，加入水泥和水后送入圆筒制粒机滚动。随着滚筒的滚动作用，细粉和水泥在大颗粒矿石表面形成水泥壳，并被压实和强化以达到足够强度。制粒产量与圆筒转鼓的大小相关，通常一个直径 3.7 m、长 10 m 的转鼓每小时可以处理 750 t 矿石。加纳的 Tarkwa 矿安装有两台 3.7 m 的圆筒，每天处理矿石多达 2 万吨[5]。

7.2.4 堆底垫

堆的底垫是堆浸系统的主要环节，主要包括：地基基础；基础与矿石之间衬垫的结构及衬垫材料的选择；土工膜衬垫，如果预期液体压头高，可以采用带有检漏层的两层土工膜，根据实际需要该检漏层可为土工织物或土工排水网；排水或溶液收集层（可在保护层之上或直接在土工膜衬垫上），以及排水层内的溶液收集管布置；空气喷射层（一般用于铜浸出垫，金的堆浸通常不采用），直接置于排水层之上。各部分都有其特定的职责，但在底垫系统设计时必须考虑到部分之间的强烈相互依赖性。

堆的理想底座（基础）是接近（1%坡度）水平、无特征的平坦地面。但因矿区实际地形受限，通常需要将实际地基平整才能筑堆。视实际地形，并不需要将所有的地基找平，只需保证所有的溶液都能流向堆基和堆边的收集场口即可。当坡度超过 3% 时，堆的前缘应有分级平台（30~50 m）作为支撑面，以防止堆的滑坡。实践中，堆垫视坡度因实际地形而确定，只要安全保证，堆也可以安置在山坡高达 45% 的相当陡峭的山谷。

堆的地基通常以黏土层、水泥层、矿石层等为基础，其上布置相应的防渗层组合形成堆的底垫。地基基础为堆浸系统提供坚实的平台，而防渗衬垫与溶液收集系统提供了溶液的收集与防渗方法，同时最大限度地降低矿石的饱和度。堆底垫和防渗衬垫非常重要，一般底垫防渗衬垫系统有单一复合层或双复合层，并配置渗漏收集层，如图 7-7 所示[6]。单一复合衬垫系统一般由土工膜衬垫覆盖在压实的土壤衬垫上组成，这种类型的配置通常用于低水压头（通常小于 1 m）区域。双复合衬垫系统由两个土工膜衬垫组成，之间由一集漏/排水层隔开。上层复合土工膜表面与矿石接触，下层土工膜安置在压实的土壤衬垫之上。双复合衬垫系统通常只用于可能出现高水压头（几米）的地方，如山谷堆浸底部设施。对于可重复使用的浸出堆（动态堆）底垫，通常在衬垫表面增加牺牲保护层，以防止当浸出后矿石被移除时对衬垫的损坏，如图7-8所示。在某些情况下，也可用沥青衬垫代替土工合成材料。

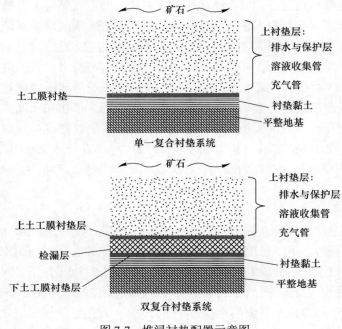

图 7-7 堆浸衬垫配置示意图

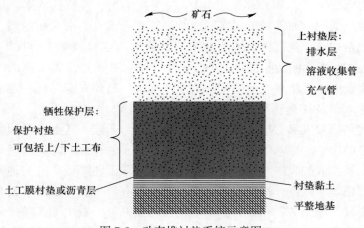

图 7-8 动态堆衬垫系统示意图

防渗材料有天然土工合成材料，堆浸垫土工膜衬垫材料通常包括高密度聚乙烯（HDPE）、线性低密度聚乙烯（LLDPE）、聚氯乙烯（PVC）和聚丙烯（PP），其中主要使用的是 HDPE 和 LLDPE。测试表明，HDPE 和 LLDPE土工膜均适用于酸碱性溶液和金属浸出液的防渗，使用年限可超过 50 年。许多矿山实践中，已使用超过 20 年，未有任何因接触浸出渗滤液而退化的迹象[7]。

衬垫系统需根据矿山实际情况设计与选择。

7.3 堆浸过程动力学及其影响因素

7.3.1 堆浸氰化浸出反应

堆浸过程可以看作是在不饱和流动条件下运行的非均质固定床反应器过程（涓滴床反应器）。浸出液自堆顶部在重力作用下通过颗粒床滴渗至堆的底部。堆中溶液会在空隙中集聚形成半停滞流体区，所占的空隙率称为外部持液率。目前，在滴流床反应器这一区域的传质已被广泛研究。

浸出剂从浸出液扩散到多孔颗粒中，与矿石中所包含的金颗粒发生反应。在大多数情况下，矿物中的孔隙和裂缝因毛管现象被液体所填充，但由于颗粒与矿物表面的扩散路径被改变，因此颗粒内部的扩散过程在很大程度上受到外部颗粒表面润湿效率的影响。

在金颗粒表面，浸出剂与固体金发生反应：

$$4Au(s) + 8CN^- + O_2 + 2H_2O \longrightarrow 4Au(CN)_2 + 4OH^-$$

反应的产物向外扩散到浸出溶液中，在那里它们被并入整体流中。

影响氰化堆浸反应的因素很多，有入堆矿石粒度、堆中孔隙率、堆高、浸出液的浓度、堆温度与 pH 值环境等。堆浸氰化浸出化学反应的一般规律与前述搅拌浸出相同，但堆浸是在已有特殊的环境中进行，并有其特殊的反应动力学特性[8]。

7.3.2 堆浸过程浸出动力学

在金矿堆浸实践中，达到经济上理想的金浸出率及所需的浸出时间是至关重要的。获得理想的堆浸浸出率必须考虑在不同的空间尺度因素，在微观尺度包括矿石矿物的非均质溶解动力学及宏观尺度上堆的渗透性及流体效率。无论是否破碎，入堆矿石的颗粒（岩石）都相对较大，目的矿物未被解离，因此，溶液中的浸出剂及氧在矿粒孔隙和裂隙内的扩散和传输非常重要。即在堆浸过程中，除目的矿物固有的溶解动力学外，岩石中开孔的体积分数（浸染型微晶矿石中通常为3%~6%）、岩石的尺寸大小及其分布、岩石中矿物颗粒的粒度及其分布、矿物对岩石空隙的可及性、浸出溶液中反应物（氰化物浸出剂）传输与扩散率往往是决定浸出速率的重要参数。

如前所述，侵染型亚微米颗粒金的氧化金矿在世界各地普遍存在，在初始成矿过程中，在还原环境中金通常以热液方式与硫化物一起在岩石孔隙中沉积。因金的颗粒小，通过自然氧化或诱导氧化后，这类矿石很容易用氰化物浸出剂浸出，即初始渗入岩石孔隙中的浸出剂通常足以迅速溶解所有可接触的金颗粒。因此，对于这类矿石，通常可以仅考虑已浸出的金通过充盈在岩石孔隙的溶液从岩石中扩散出来，来定量描述堆浸过程中金的浸出速率 F_{t,r_0}，如图7-9所示[9]。

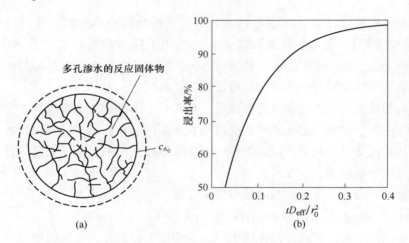

图 7-9　多孔拟似球形颗粒浸出动力学示意图
（a）多孔固体浸出反应模型；（b）tD_{eff}/r_0^2 与浸出率的关系

$$F_{t,r_0} = 1 - \frac{6}{\pi^2} \sum_{n=1}^{\infty} \frac{1}{n^2} \exp\left(\frac{-D_{eff}\, n^2 \pi^2 t}{r_0^2}\right) \tag{7-1}$$

式中，F_{t,r_0} 为时间 t 时，粒度半径 r_0 矿石浸出金的质量分数；D_{eff} 为有效扩散系数，其中包括溶液充填的岩石孔隙度 ε，$D_{eff} = D\varepsilon/\tau$。

浸出剂浓度 c_A 在整个矿石颗粒中基本上是均匀的；除了部分氰化物反应产物的大量外部沉降外，氰化物浓度从矿石堆的顶部到底部是相当均匀的。

F_{t,r_0} 的大小取决于 D_{eff}/r_0^2，故矿石破碎以降低粒度会加快金的浸出速率。对于已入堆矿石，无论是否破碎，都有较大的粒度范围，提取的总质量分数 F_{t,r_0} 由矿石每个粒度分量的加权和确定。在破碎矿石分布中，最大的矿石粒度等于单粒矿石，将矿石破碎粒度分布与浸出速率关系式相关联，可得到矿石破碎累积体积与浸出时间无量纲对应关系，如图 7-10 所示[10]。根据式（7-2）收缩核浸出模型，破碎矿石中的颗粒越小，浸出越快，这也解释了破碎矿石带向图 7-10 中粒度曲线左侧的移动。

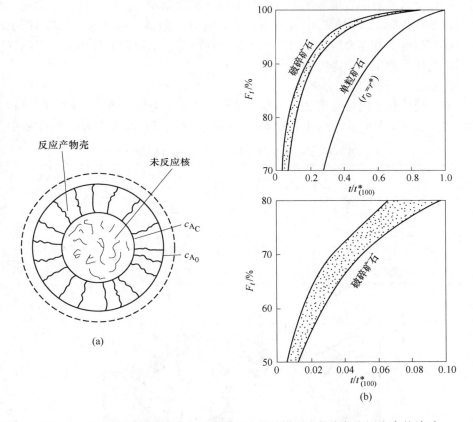

图 7-10 多孔矿石颗粒中金提取未反应收缩核模型及粒度与金浸出率的关系

$$1 - \frac{2}{3}F_{t,r_0} - (1 - F_{t,r_0})^{2/3} = K_D(c_{A_0} - c_{A_C})\frac{D_{eff}}{r_0^2}t \qquad (7-2)$$

式中，c_{A_0} 浸出液初始浸出剂浓度；c_{A_C} 浸出液浸出剂浓度；K_D 反应速率常数。

在以粒度影响浸出的动力学模型中，浸出时间 t 时的浸出速率受堆中最大粒径的限制，即采用式（7-2）表示无量纲项 tD_{eff}/r^* 时，r^* 为堆中最大矿石颗粒的半径。

无量纲浸出速率与时间的计算对于数月甚至数年的长时间浸出趋势的判断很有帮助。

7.3.3 堆中流体动力学

堆中液体和气体的流动与扩散非常重要，流体流动对于堆中浸出剂及所浸出金属的物质传输非常关键，而气体流动对硫化矿堆浸效率影响很大。由于堆结构的复杂性，目前对矿石堆和矿山排土场中溶液流动的理解主要来自土壤力学、水文地质学和化学工程理论，以及浸出柱流动实验（包括示踪研究），矿山排土场水流示踪研究，利用套管井进行排土场渗透性测量，毛细管上升和渗透率随岩石粒径变化的实验室研究等方面。

7.3.3.1 流体的空间分布

堆中液体按空间分布可分为流动与非流动两种，分析二者之间的空间分布非常必要。表 7-1 列举了矿石堆中液体的四相区分布，其空间分布如图 7-11 所示。

表 7-1 矿石堆中液体的四相区分布（实验值）

空 间 相	符号	所测停滞与流动液体体积比
固体岩石（包括封闭的孔隙）	V_S	停滞区（死区）59.0%
岩石开口孔隙	ε	停滞区（死区）2.4%
岩石之间的溶蚀空隙	V_1	流动区（液体流动区）19.0%~21.5%
岩石之间的空气蚀空隙	V_g	流动（气流）18.1%~19.6%的滞留气穴

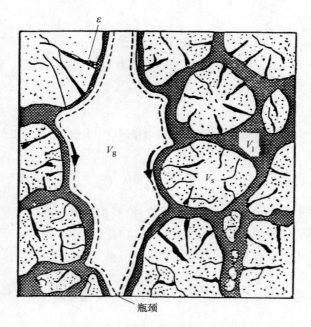

图 7-11 堆中液体的空间分布

空间分布上，岩石固体相 V_S 所占体积最大，而岩石空隙相分为液体充填相 V_l 和气体充填相 V_g，ε 为岩石裂隙孔隙率。当堆中有大量的细粒岩石存在时，V_l 将增加，V_g 将有所减少。对于大多数矿石来说，岩石孔隙度 ε 为岩石体积的 3%~6%，为总堆空间的 2%~4%，但有时会在该限度外。当岩石被开采破碎后，体积一般会膨胀为 35%~40%，当喷淋的湿矿堆沉降后，体积膨胀约为 30%。表 7-1 试验材料的岩石破碎等效膨胀系数为 38.6%。

7.3.3.2　溶液的滞留

渗滤浸出矿堆中的溶液受到三种力的作用：重力、表面张力和大气压力。溶液流过矿石堆的阻力有切向作用于固体表面的切应力和流体内部摩擦产生的剪切黏性应力，当矿石堆浸出液停止喷淋时，多余的水将会流失，直到重力和表面张力达到平衡时，堆中剩余溶液的流动才会停止。此时，出现堆中溶液滞留的现象，该部分滞留溶液用滞留率 $v_{l(0)}$ 表示，为矿石堆排液后所滞留的溶液体积与堆总体积的比值。当堆在喷淋浸出时，溶液流动速率对 $v_{l(0)}$ 的影响较小，控制 $v_{l(0)}$ 的主要因素是矿石堆中较细岩石的粒度和数量，而作用力主要是该溶液所受的毛细力。对于黏土较多的矿石尤为明显，这种溶液水只能通过堆的蒸发才可自堆中去除。经验表明，对于石英矿和斑岩矿石的矿堆，当矿石尺寸小于 0.3 mm（48 目）时，溶液会排除空气，有效地填充所有的空隙；然而，对于矿石粒径大于 1.68~0.883 mm（10~20 目）的矿堆，几乎完成排水，大部分空隙空间将被空气填充[11]。

7.3.3.3　溶液的渗流机制

溶液渗过矿石堆的表面速度 u_l 与单位面积溶液渗滤流量 Q_l/A 或"比流量"相同，并与水力梯度 $h/\Delta x$（其中，h 为水力压头）成正比。

$$u_l(Lt^{-1}) = \frac{Q_l}{A} \frac{L^3 t^{-1}}{L^2} \tag{7-3}$$

式中，L 为渗透率。

对于渗流浸出中的缓慢流动，可假设为层流。比例系数为水力传导系数 K，对于一维流动，则有：

$$u_l = \frac{Q_l}{A} = K \frac{h}{\Delta x} \tag{7-4}$$

水力传导系数 K 是流体通过介质的固有渗透率 k_i 和流体黏度及密度的函数为：

$$K = \frac{k_i g \rho}{\mu} \tag{7-5}$$

式中，g 为重力加速度常数；ρ 为流体密度；μ 为流体的动力黏度。

对于二维流 L^2 ，固有渗透率 k_i 是与流体无关的矿石介质属性。

堆中通过矿石介质的任何流体，包括气体和液体的速率均可以用其相关固有渗透率、流体黏度和流体压力梯度表示。

$$u = \frac{Q_1}{A} = \frac{k_i}{\mu} \frac{dP}{dx} \tag{7-6}$$

式 (7-6) 即为单向流动的达西定律表达式，可充分适用仅受重力作用的非饱和介质中浸出液的渗流机制，但对饱和流动等其他情况，需要多维线性坐标或其他坐标系统。

堆内流体主要有三种形态：无溶液流动的毛细管引流、渗流和溶液泛流。通常当喷淋量较小时，会发生液体毛细管引流，主要通过由于空气-溶液界面上的液膜膨胀，一些额外的空隙空间将被溶液占据。但这种毛细管溶液的膨胀量很小，大部分毛细管在溶液垂滴时已经被溶液填满。随着喷淋量的增大，垂直湿润壁上溶液膜厚度有较小增加时，便可获得非常大的垂直膜流速度。因此，随着溶液渗流速率 Q_1/A 的逐渐增加，溶液所占空隙空间变化不大，直到达到渗流极限。当喷淋量进一步加大时，堆空隙中滴流瓶颈和液桥被打破，流体突破渗流极限形成泛流。通常堆浸过程中，通过控制喷淋强度与喷淋周期，堆中溶液流动以渗流形态为主。

如果溶液渗流足够缓慢，由于溶液被毛细作用限制在较小的空隙内，因此大部分的流动将通过这些毛细管。无论在堆顶的喷淋强度及溶液的初始速率如何，溶液流过局部破碎岩石介质的速度都不能超过由填满孔隙溶液的局部水力传导率和与该位置的水压头相关的压力梯度所决定的速度，即最大水力梯度是垂直梯度矢量，$h/\Delta x = 1$，故有 $u_1 < K$。

由于矿石粒度分布广泛，混合不理想，矿堆将由多个广泛的局部水力传导系数组成，这将导致矿石堆中几乎无限的每个微区都有一个局部最大可能渗流速度，故分布在堆上的溶液渗流速率将是一个平均渗流速度。当平均渗流速度超过局部极限速度时，就会发生微驱动，过剩溶液必须侧向移动，以寻找具有更高水力传导率的导流路径。随着喷淋量加大和溶液用量的逐渐增加，因为较小的孔洞无法承载额外的流体，故其会被分流到溶液更少、更大的通道中。在极端情况下，当平均水力传导率较低而喷淋量很高时，矿堆内部可能形成较大的滞留水包。如果大量的无效浸出液在通道中短路将限制金属的浸出，应通过限制喷淋量来避免此现象的发生。因此，当矿堆结构一定情况下，主要通过控制喷淋强度来提高堆中渗流的效率。

7.3.3.4 固有渗透率与矿岩粒度的关系

固有渗透率是影响渗流的主要参数，其大小取决于流体通过的开口的大小，流动阻力随开口直径的平方增大而减小。对于单粒矿石，开口尺寸与颗粒尺寸的平方成正比，固有渗透率（L^2）一致。因此：

$$k_i = Cd_P^2 \tag{7-7}$$

式中，C 为一个经验比例常数；d_P 为矿粒尺寸；

虽然只对均匀粒径的颗粒有效，但采用 Blake-Kozeny 方程可以用来估计填充床固有渗透率与岩石最小临界尺寸 d_{B-K} 之间的关系，见式（7-8）。

$$k_i = 6.6 \times 10^{-3} d_{B-K}^2 \frac{v_1^3}{(1 - v_1)^2} \tag{7-8}$$

k_i 在本征渗透特性(L^2)维度上的分布与 d_{B-K} 的维度一致。在不同 v_1 值时，堆矩阵中临界岩石大小的函数方程式（7-4）~式（7-8）可以结合来计算堆中渗流最大速度。

对于给定的岩石粒径中值，渗透率随粒径标准差的增大而减小。细颗粒填充大颗粒之间的空隙，控制流体的流动和渗透率。如果颗粒直径已知，可以在 Blake-Kozeny 方程中插入一个小于算术平均直径的有效颗粒直径来估计渗透率。而临界平均直径，可由式（7-9）中的 d_P^* 表示。

$$d_P^* = \frac{1}{\sum (N/d_P)_y} \tag{7-9}$$

式中，N 为粒度区间 y 内矿石的质量分数。

渗透率对孔隙分数 v_1 非常敏感，v_1 取决于颗粒的大小分布和湿矿石堆中被水填充的总空隙的比例。实际操作中，堆的渗透率因充水空隙率范围（7%~25%）的不同而有很大差异，渗透率范围超过两个数量级，为 $10^{-11} \sim 10^{-9}$ m^2[12]。

7.3.3.5 制粒对堆渗透性的影响

如上所述，固有渗透率可以从水力传导率的测量中推导出来，即用定水头渗透仪或降水头渗透仪可以测量矿柱喷淋时的渗透系数。对于矿石堆中的溶液渗流，堆中水力传导率需足以保证与喷淋量相匹配的溶液流速以通过浸堆，如果传导率不足以使溶液渗流通过浸堆，入堆矿石的制粒是非常必要的。

如 7.2.3 节所述，矿石制粒是通过将细颗粒附着在大颗粒矿岩上，将堆中矿石粒度分布趋于更大粒级范围，从而提高了堆的渗透性。Blake-Kozeny 方程显示了增大矿石粒径对 k_i 的影响。堆浸金矿用的制粒黏结剂主要是石灰和硅酸盐水泥，但仅限于在碱性条件下浸出。另外，有机聚合物也作为辅助黏结剂材料使用。许多黏结剂用于酸性堆浸试验，但效果一般很差，为了提高效率和减小成本，有的研究尝试将石灰和硫酸混合作为黏结剂应用于酸性矿石制粒中取得了较好效果。堆浸实践中，通过制粒，往往可将堆的渗透性至少提高至 1 D（10^{-12} m^2），以保证堆浸渗流的顺利进行。

7.4 溶液管理与水平衡

7.4.1 喷淋制度

金的堆浸根据堆结构、岩石粒度、矿石性质及气候环境等因素，选择合理的喷淋制度，通常喷淋在堆顶进行，喷淋管布置间距在 0.5~1.5 m，并根据不同的喷淋周期可采用不同的喷淋强度。

喷淋前期采用高浓度、大喷淋量，CN^- 浓度为 0.08%~0.1%，喷淋强度为 20 $L/(m^2 \cdot h)$。在堆浸喷淋开始时，堆场中氧的浓度处于饱和状态，这时金的浸出速度与 CN^- 浓度成正比，采用高浓度、大强度喷淋时，可以加快金的浸出。喷淋中期采用间歇式喷淋，CN^- 浓度为 0.05%~0.08%，喷淋强度为 15 $L/(m^2 \cdot h)$，随着喷淋工作的进行，堆场中 CN^- 浓度逐渐上升达到饱和，再提高 CN^- 浓度效果不明显；同时，金的溶解是一个耗氧过程，适当增加休闲时间增加堆场氧浓度，有利于金的浸出。喷淋后期采用低浓度、大喷淋量、间歇式喷淋，CN^- 浓度为 0.03%~0.04%，喷淋强度为 20 $L/(m^2 \cdot h)$。

喷淋器通常有梅花头洒水装置和滴水发射器两种，可根据气候因素选择。堆浸普遍采取梅花头洒水装置，它的主要优点（与滴管相比）是将液滴喷洒到空气中，并可使用摆动器来控制水的平衡，提供一个均匀的溶液分布模式，这确保了堆表面的均匀浸出；缺点是溶液在空气中容易蒸发，在干旱地带溶液损失量大，当堆面工作较长时间时，空气中弥散的氰化物对健康有影响。在干旱与寒冷地带的堆浸常采用滴水发射器或滴灌器，即采取滴淋形式实现喷淋液供液，而不是喷洒方式。其优点是能大大减少蒸发和液体损失，主要缺点是供液从堆表面溶液管每隔 0.5~1.5 m 的孔中发出水滴，浸出液分布不均匀，不能提供堆面全覆盖，且发射器需要使用大量昂贵的防阻垢剂和在线过滤器，以防止堵塞。

寒冷地区，为了防止溶液结冰，常采用滴淋形式，并将溶液管理在堆面矿石以下 1 m 处。所埋滴淋管路间距 0.8~1 m，长度视堆场大小，且根据堆浸场面积，可设置多个单元格埋设滴淋管。滴淋强度一般为 6~10 $L/(m^2 \cdot h)$，具体根据堆浸场滴淋工作面积，确定循环浸出液供给能力。

7.4.2 溶液池管理

当含氰溶液经喷淋渗入矿石使金溶解、含金浸出液从堆的底部排出时，需要进入堆底区域设有的溶液池以有效地收集。溶液池系统通常设有 1 个富液池（母液池）、1 个贫液池和 1 个中间池，如图 7-12 所示。此外，视矿山具体情况，可能还有一个或多个中间溶液池（有时溶液在处理前会从较老的堆中回收到较新的堆中以增加含金量）。其中，富液池用于收集来自浸堆、金浓度较高的浸出后液，也称母液；贫液池中则是含金溶液经过碳吸附、电积等后续工艺提金后金浓度较低的返回液，返回液通过调节 pH 值和氰化物浓度后，以供循环喷淋；而中间池则与富液池和贫液池联动，用于调节溶液成分及溶液循环量。

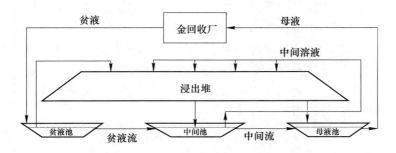

图 7-12　堆浸溶液池及溶液循环使用路径

在实际堆浸过程中，浸出液在堆内的一次循环往往难以达到下一步提取工序对金浓度的要求，需要数次循环及完成一定的浸出周期，才能获得合格的含金浸出液，所以溶液再循环的中间浸出过程控制是溶液管理的重要内容，也是操作人员能够控制影响浸出回收的最关键的操作之一。它通过中间池对溶液的调节及浸出液的循环喷淋，可增加总浸出时间来提高金的回收率，并减少金的回收设施所需的总资本支出，浸出过程的工艺参数均受到溶液管理效率与水平的影响。

浸出回收率（浸出率）是溶液用量和溶液浸出时间长短的函数，采用克林佩尔的表达式，每个浸堆的金回收率可以表示为：

$$r = f(R, t, E) \tag{7-10}$$

式中，r 为实际金回收率；R 为平衡（长时间）回收率；t 为浸出时间；E 为溶液浸出效率。

通常情况下，溶液的循环应用速度是由堆的渗透性控制的，但也可能受到泵的容量的限制；浸出时间通常为有效堆面积、溶液提升高度和矿石生产计划的函数。而实际金的回收率 r 则受各参数的控制，并通过溶液管理来实现[13]。由于金回收率 r 是时间 t 的函数，故延长浸出时间将有利于提高金回收率，而增加中间溶液的循环量可延长浸出时间，即增加中间池溶液循环量及循环次数。中间浸出量大小是根据现场具体情况而定的，再循环溶液和延长浸出时间的调节应该包括在浸出设施的设计中。在整个堆浸的生命周期内，应定期分析中间浸出的溶液量与实施程度，以尽可能地高效和经济。

溶液池应储存足够溶液以保障工艺操作的正常进行，根据矿山条件与环境因素还需考虑停电和重大暴雨事件时的容纳解决方案。在寒冷地区，为防止液体冻结的问题，应对溶液池、输送及集液管道和喷淋系统进行特殊设计，以保证堆浸系统溶液的储藏与循环。

7.4.3　水平衡

　　水的使用是金堆浸矿山非常重要的环节，堆浸用水随矿山所处地域的不同有显著差别，在沙漠和干旱的高山区域会发生缺水，而在多雨近河的环境敏感地区常有排水困难的限制，故堆浸过程中水的蒸发、溶液收集与循环、处理与外排所涉及的水平衡显得非常重要。水平衡管理主要是水的输入与输出平衡，堆浸系统水的输入主要是喷淋液和降雨堆浸面积内的汇水，而水输出则主要是蒸发和浸出液提金后的废液经处理最后外排。

　　对于干旱地区堆浸，常因堆表面水蒸发量过大，需要对喷淋系统补充水量以维持溶液系统的用水平衡。在不考虑堆表面风速情况下，蒸发量的大小直接取决于溶液系统的热量输入。对于水蒸发，无论通过何种蒸发机理，水的蒸发热为 2427.79 kJ/L（580 kcal/L）。通常堆浸系统输入的热的来源有：太阳对堆和水面的直接辐射热，喷头的封套内空气的潜热，通过堆的对流空气的潜热。因堆浸金矿通常含硫较低，金矿堆浸一般忽略硫化矿的氧化放热。24 h 平均太阳辐射热从普通水平表面的 3516.12 kJ/L（840 kcal/L）到赤道沙漠条件的 8790.29 kJ/L（2100 kcal/L）不等，理论上每平方米堆表面每天可以蒸发 5~12 L 水。采用典型的堆浸喷淋强度 10 L/（m²·h）的喷头喷淋时，入射太阳辐射可占溶液蒸发率的 2%~5%；当使用滴灌时，因为一些太阳能是从堆上的干燥区域再辐射，蒸发会少一些（1%~4%）。除了堆表面的蒸发外，同等热量输入下，溶液池表面水也蒸发 5~13 mm/d[14]。

　　除热蒸发外，风造成的对流使堆表面水蒸发损失严重。当采用普通喷淋而非滴淋时，泵送溶液的损失可高达 30%，主要原因是：当采用喷淋时，喷洒的水滴在空气中形成弧线，使堆表面空气层的湿度达到罕见的 100%；而每 10 min 内，3 km/h 的微风就会使 500 m 长堆表面的该含水层被快速置换，从而造成大量的溶液损失。故对于喷淋装置，多采用粗水滴型喷头以减少水蒸发。例如，美国内华达矿的堆浸，温带干旱气候下，采用典型的粗液滴喷淋器喷淋，夏季白天的蒸发率达 15%，夜晚为 2%~4%，年均约为 7%。

　　总体上，蒸发损失包括喷淋区域的热蒸发损失、喷头的损失、堆表面空气对流损失、池塘和其他未喷淋区域的加热/蒸发损失等。而直接喷淋损失约占总损失的 60% 以上，使用滴灌只能减少但不能消除蒸发损失。

　　即使在热带地区的雨季，也有明显的溶液蒸发损失。如 KCA 的几个热带堆浸项目，该地区季节性降雨量高达 2.5 m/a，采用摇摆式喷头、喷淋强度为 10 L/（m²·h），年总蒸发损失约为泵送溶液的 7%，而堆浸实际总喷淋量相当于

6.2 m/a 的降雨强度。故该地区堆浸系统需要溶液池的合理设计，通常配备非常大的缓冲溶液池，当降雨量为 2.5 m/a 时，以保证在水平衡中运行。例如，加纳阿善堤的三苏矿，该地区降雨量 2.5 m/a，对于 3000 t/d 的堆浸系统，溶液池总容积为 60000 m³。另外，在多雨地区的雨季，将部分过量溶液经解毒处理后外排属正常和可以接受的，例如，在西非和中美洲堆浸矿山的雨季，常将过剩的溶液通过一系列池塘，加入次氯酸钙或过氧化氢破氰，调整 pH 值至中性值后外排。对于含氰较高而急需排放的溶液，常加入亚硫酸铜，以 SO_2－空气系、铜离子催化破氰。而无氰溶液可在受控湿地（沼泽）中进一步处理，以在排放前除去重金属。

对海拔与纬度较高的湿冷地区，水平衡管理非常困难。在该气候条件下，降雨和降雪量可能很大，而蒸发量很小。夏季通常采取积极主动喷淋作业以保持水平衡，冬季则采取尽可能给溶液加热的方式以保证适当浸出温度和溶液不结冰。北极地区的阿拉斯加 Brewery Creek 矿是典型的高寒地区氰化堆浸过程，因降水低于使矿石饱和所需的总水量而一直能够保持水的平衡。

参 考 文 献

[1] PRASAD M S, MENSAH-BINEY R, PIZARRO R S. Modern trends in gold processing—Overview [J]. Minerals Engineering, 1991, 4 (12): 1257-1277.

[2] ORR S, VESSELINOV V. Enhanced heap leaching-part-2: Applications [J]. Min. Eng., 2002, 54 (10): 33-38.

[3] BARTLETT R W. Metal extraction from ores by heap leaching [J]. Metall. Mater. Trans., 1997 (28): 529-545.

[4] THIEL R, SMITH M. State of the practice review of heap leach pad design issues [J]. Geotextiles and Geomembranes, 2004, 22: 555-568.

[5] DHAWAN N, SAFARZADEH M S, MILLER J D, et al. Crushed ore agglomeration and its control for heap leach operation [J]. Minerals Engineering, 2013, 41: 53-70.

[6] LUPO J F. Liner system design for heap leach pads [J]. Geotextiles and Geomembranes, 2010, 28: 163-173.

[7] MÜLLER W, JAKOB I, SEEGER S, et al. Long-term shear strength of geosynthetic clay liners [J]. Geotextiles and Geomembranes, 2008, 26: 130-144.

[8] SÁNCHEZ-CHACÓN A E, LAPIDUS G T. Model for heap leaching of gold ores by cyanidation [J]. Hydrometallurgy, 1997, 44: 1-20.

[9] BARTLETT R W. Simulation of ore heap leaching using deterministic models [J]. Hydrometallurgy, 1992, 29 (1/2/3): 231-260.

[10] DIXON D G, HENDRIX J L. A mathematical model for heap leaching of one or more solid reactants from porous ore pellets [J]. Metallurgical Transaction B, 1993, 24B: 1087-1102.

[11] KARTHA S A, SRIVASTAVA R. Slow and fast transport in heap leaching of precious metals

[J]. Transp. Porous. Med., 2012, 94: 707-727.

[12] BRUSSEAU M L, JESSUP R E, RAO P S C. Modeling the transport of solutes influenced by multiprocess nonequilibrium [J]. Water Resour. Res., 1989, 25 (9): 1971-1988.

[13] PENNSTROM W J, ARNOLD J R. Optimizing heap leach solution balances for enhanced performance [J]. Minerals & Metallurgical Process, 1999, 16 (1): 16-17.

[14] DONATO D B, MADDEN-HALLETT D M, SMITH G B, et al. Heap leach cyanide irrigation and risk to wildlife: Ramifications for the international cyanide management code [J]. Ecotoxicology and Environmental Safety, 2017, 140: 271-278.

8 氰化金的碳吸附与解吸

如第 6 章所述，在金矿处理典型的 CIP（炭浆法）和 CIL（碳浸法）工艺中，加入活性炭对矿浆中氰化浸出形成的金氰络合物进行吸附，载金炭再解吸电积后获得金泥，要提高金的回收效率及回收率，碳吸附、解吸环节非常重要。

8.1 活性炭的结构

活性炭是一类物质的总称，这些物质都不能用确定的结构式或化学分析来表征。在金提取领域，各种产品通常根据其吸附性能来区分。X 射线衍射研究表明，活性炭的结构与石墨（见图 8-1）相似，理想石墨由范德华力作用下相距约 0.335 nm 的六边形层组成，因此任何一个平面上的碳原子都位于正下方一层六边形中心的上方，晶格是 ABAB 型。活性炭的结构如图 8-2 所示，活性炭由微小的类石墨薄片组成，这些薄片只有几个碳原子厚，直径为 2~10 nm，形成分子尺寸的开孔。然而，六角碳环的取向是随机的，其中许多已经经历了解理，总体结构非常混乱，通常被称为"湍流状"[1]。

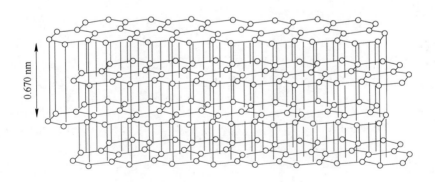

0.670 nm

图 8-1 石墨结构示意图

(圆圈表示碳原子的位置，水平线代表碳—碳键)

活性炭活化过程是将预焦碳质原料（煤、桃果核、椰子壳等）与合适的氧化剂如蒸汽、空气、二氧化碳及其混合物混合，在高温（800~1100 ℃）下焙

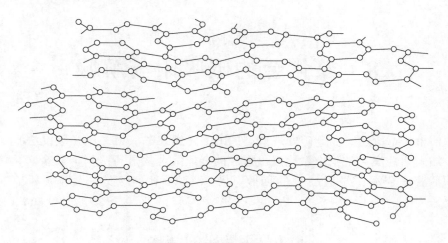

图 8-2   活性炭结构示意图

（含氧有机官能团位于断裂石墨环体系的边缘）

烧，一氧化碳等碳骨架中反应活性部分被活化气体中的可用氧燃烧掉后，增加了活性炭产物的表面积（600~1500 m²/g）并发展出孔状结构。通过原料的多种组合及生产过程中不同的碳化和活化条件，可以得到不同性能的活性炭。由于活性炭结构的高度不完善，导致在边缘碳原子处发生氧化反应的可能性很大，因此活性炭表面主要由含氧有机官能团组成，且这些官能团大多位于断裂石墨环体系的边缘[2]。虽然这些官能团的形式不能完全确定，但常被提出可以确定的有羧基、酚羟基和醌型羰基官能团，其他提出可能存在的形式有醚、过氧化物和酯基团等，如图 8-3 所示。

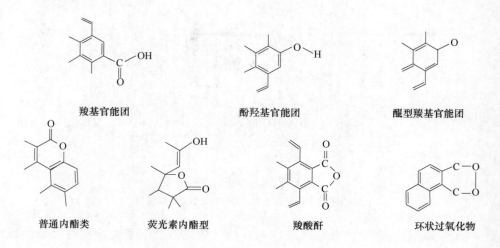

羧基官能团　　　　　　酚羟基官能团　　　　　　醌型羰基官能团

普通内酯类　　　荧光素内酯型　　　羧酸酐　　　环状过氧化物

图 8-3   活性炭含氧有机官能团

8.2 氰化金的碳吸附机理

黄金与不同的配体复合物，如硫脲、硫氰酸盐、氰化物、氯、碘、溴化、硫化和硫代硫酸盐均可被活性炭吸附。CIP 工艺目前是主流氰化提金工艺，其氰化浸出溶液中的金-氰络合物的碳吸附与解吸是一个普遍关注的点。目前对于氰化溶液中金-氰化络合物的碳吸附机理尚无定论，但是，从静电吸附、碳官能团化学吸附、毛细孔范德华引力吸附等多方面提出的理论各具特点，从不同方面揭示了该过程的机理[1]。

8.2.1 阴离子静电吸附理论

8.2.1.1 碳表面色醇基 OH— 的吸附

普遍认为，在金的氰化物溶液中，金以 $Au(CN)_2^-$ 被吸附在活性炭上而不被分解，但对于吸附机理的解释，目前尚无一致结论。早在 1957 年 Garten 和 Weiss 认为，$Au(CN)_2^-$ 通过一种涉及正负电荷之间进行简单的静电相互作用的阴离子交换机制负载到碳上。碳上的正电荷位被认为是碳阳离子位点，在碱性溶液中，碳正离子位是由于碳表面的色烯基被吸附氧化为色醇基而形成的，见式（8-1）。

$$\text{[结构式]} + \frac{1}{2}O_2 \rightleftharpoons \text{[结构式]} \tag{8-1}$$

因此，CN^- 和 $Au(CN)_2^-$ 可以根据式（8-1）交换色醇基的 OH—，见式（8-2）。

$$CO_2 + \text{[结构式]}OH^{\ominus} + KAu(CN)_2 \rightleftharpoons \text{[结构式]}Au(CN)_2^- + KHCO_3 \tag{8-2}$$

8.2.1.2 阴离子 $Au(CN)_2^-$ 的吸附模式

目前认为，关于从碱性溶液中吸附氰金 $Au(CN)_2^-$ 或氰银 $Ag(CN)_2^-$ 的模式主要分为以下四种：

（1）以 $M^{n+}[Au(CN)_2^-]_n$ 形式吸附。溶液中的氰金以 $M^{n+}[Au(CN)_2^-]_n$ 形式被吸附在活性炭上，程度取决于溶液中阳离子 M^{n+} 的浓度与特性。

（2）以 $M^{n+}[Au(CN)_2^-]_n$ 形式吸附接着被还原。初始阶段是较难溶性物质 $M^{n+}[Au(CN)_2^-]_n$（$M^{n+}=Ca^{2+}$、H^+、Na^+、K^+）的吸附，接下来是还原步骤，部分 $Au(CN)_2^-$ 被转化成不可逆的吸附物，如 $AuCN_x$。

（3）以 $M^{n+}[Au(CN)_2]_n$ 形式吸附，接着部分被降解为 AuCN。有研究者提出，氰化物络合物通过与 OH^- 的阴离子交换吸附在碳上，然后通过化学吸附氧部分氧化成 AuCN，AuCN 不参与 $Au(CN)_2^-$ 在溶液中与碳上吸附的平衡，$Au(CN)_2^-$ 和 AuCN 都可存在于碳上，因此使得活性炭比脱氧碳有更高的金吸附容量。然而，在室温下不管是来自酸性还是碱性溶液中吸附 $Au(CN)_2^-$，热氢氧化钠溶液可洗脱所有被吸附的金，证明碱性环境碳上不存在任何如 AuCN 或 Au 这样的不可逆吸附物，说明吸附过程在碳上 AuCN 的形成机制不成立[3]。

表面吸附的 $Au(CN)_2^-$ 分解为 AuCN 的程度与溶液的 pH 值、温度和所使用的活性炭类型有关。室温和低 pH 值环境会增强 $Au(CN)_2^-$ 向 AuCN 的转变，见式（8-3）。

$$Au(CN)_2^- + H^+ \longrightarrow AuCN + HCN \tag{8-3}$$

当低 pH 值和高温下，AuCN 会被碳还原，见式（8-4）。

$$2AuCN + e \longrightarrow Au^0 + Au(CN)_2^- \tag{8-4}$$

实际生产的 CIP 过程中，碱性有 CN^- 根很难形成 AuCN；该过程在洗脱过程可能出现，但即使形成，在高温碱性环境均可将含金物质洗脱至溶液中，故该过程在实际生产中的影响较小。

（4）吸附在石墨结构中。在平行于碳石墨平面的对称环境中，$Au(CN)_2^-$ 以正常的线性形式（N⦚C-Au-C⦚N）被吸附而不发生变化或化学反应。X 射线光电子能谱（XPS）测定，Au∶N 的摩尔比为 2。Kongolo 认为，活性炭的石墨结构在吸附机理中起主导作用，氧或含氧官能团似乎没有任何显著影响[4]。

8.2.2 离子溶剂化能

Tsuchida 等人发展了离子溶剂化能理论，解释了阴离子在碳上的吸附是一种特定吸附方式吸附在正电荷位点上。根据这一理论，离子水化程度和类型是决定吸附特性的主要因素，弱水化阴离子 $Au(CN)_2^-$ 失去它的一些初级水化水分子后，会通过特定机制吸附在碳表面；小的阴离子与大量强结合的水分子如 CN^- 不会被特定吸附在碳表面，而是留在双电层的外层部分，如图 8-4 所示，且碳对 $Au(CN)_2^-$ 和 $Ag(CN)_2^-$ 的吸附容量远大于 CN^-。同时发现，只有当溶液中存在 $Au(CN)_2^-$ 和 $Ag(CN)_2^-$ 大的弱水化阴离子时，Na^+、K^+ 等小的高度水合的阳离子才会被吸附在碳上，而溶液存在小的、高度水合的阴离子（如 CN^-）时，该情况则不会发生，对 Ca^{2+} 有类似的结果[5]。

与离子溶剂化能理论一致，碳对阴离子对的吸附容量与阴离子半径有关，随着阴离子尺寸减小的顺序，吸附强度大小依次为：$Au(CN)_2^- > Ag(CN)_2^- > CN^-$。

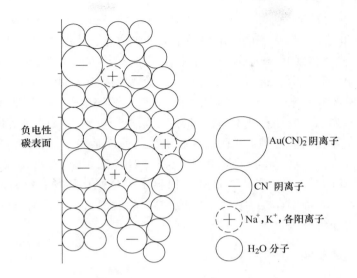

图 8-4　$Au(CN)_2^-$ 在活性炭上的吸附模型

金的离子半径（137 pm）较银（126 pm）的大，碳对氰化金的吸附容量比氰化银高出 3 倍。CN^- 的存在能够降低 $Au(CN)_2^-$ 和 $Ag(CN)_2^-$ 在碳上的负载，主要原因是 CN^- 会与二者形成更高电荷的 $Au(CN)_3^-$ 和 $Ag(CN)_3^-$，而其碳负载力更弱。

8.2.3　阳离子增强效应

Achaw 等人研究 $Au(CN)_2^-$ 在活性炭椰壳碳上的吸附时发现，盐的存在会促进金的碳负载容量，如果在氰化金溶液加入 $CaCl_2$ 和 NaCl 后，形成了金属双氰金酸络合物离子对 $M^{n+}[Au(CN)_2^-]_n$，增强了碳的金负载量，并给出了碱式碳酸盐溶液中金属阳离子 M^{n+} 抑制金解吸的顺序为：$Ca^{2+}>Mg^{2+}>H^+>Li^+>Na^+>K^+$。当 M^{n+} 是碱土金属离子 Ca^{2+} 或 Mg^{2+} 时，离子对与碳的结合要比碱金属离子 Na^+ 或 K^+ 时更牢固[6]。与阳离子增强相反，金的碳负载随溶液中阴离子浓度的增加而降低，顺序为：$CO_3^{2-}>CN^->S^{2-}>SCN^->SO_3^{2-}>OH^->Cl^->NO^-$。因此，像 $CaCl_2$ 这样的盐会增加金的碳负载，而碳酸钾则会抑制负载。故洗脱时，可采用 K_2CO_3 进行预处理，使 Ca^{2+} 按照式（8-3）与 K^+ 进行交换：

$$Ca[Au(CN)_2]_2 + K_2CO_3 \Longleftrightarrow 2K[Au(CN)_2] + CaCO_3 \qquad (8-5)$$

即从一种牢固结合的金属-金氰化物离子对转换成更易溶解的离子对。

阳离子对氰化金吸附具有增强效应，随着溶液中 K^+、Na^+ 和 Ca^{2+} 的离子浓度增加，氰化金和氰化银在碳上的吸附增强。基于这些"离子增强"效应，与上述离子溶剂化能理论一致，认为金银氰化物阴离子络合物被特异性吸附在碳表面，而阳离子则被非特异性吸附在电双层中，这些阳离子为 $Au(CN)_2^-$（或 $Ag(CN)_2^-$）和 CN^- 等阴离子的吸附提供了额外的位点，从而增加了吸附容量。

为了解释观察到的阳离子效应，他们修正了之前简单阴阳离子静电吸附的理论，假设吸附机制分两步进行。第一步，初始阶段离子对 $M^{n+}[Au(CN)_2]_n$ 吸附到碳上，在该吸附过程中，M^{n+} 对吸附的影响与其溶解度有关，即碳更偏好低溶解度的物质。如 M^{n+} 是 Ca^{2+} 或 H^+ 较低溶解度阳离子，则对吸附的增强效应更明显。第二步，氰化物复合物被吸附后在碳上被还原成某些未知物质，如 AuCN 聚合物，也可能是含有金原子的簇状化合物，如含三苯基膦 PPh_3 的金化合物 $Au_{11}(CN)_3[PPh_3]_7$，是一种失去部分氰根离子的金氰化物复合物，从碳上完全解吸金需要在洗脱液中存在一种如 CN^- 或 SCN^- 的试剂，这也认为是 $Au(CN)_2^-$ 吸附等温线不可逆的原因。

8.2.4　pH 值的影响

碳的平衡载金量强烈地依赖于溶液的 pH 值，在 pH 值为 4~7 范围内吸附的金量大约是 pH 值为 8~11 范围内吸附金量的 2 倍。根据 Frumkin 的电化学模型，氧与含水的碳浆液接触后，会被还原成羟基离子，释放出过氧化氢，见式（8-6）。

$$C + O_2 + 2H_2O \Longrightarrow C^{2+} + 2OH^- + H_2O_2 \tag{8-6}$$

在酸和氧的存在下，碳表面的苯并吡喃基团转化为碳离子结构反应式，见式（8-7）。

$$\tag{8-7}$$

由于碳提供了电子而带正电荷，为了保持电中性，将吸引 $Au(CN)_2^-$ 等阴离子。根据 Le Chatelier 原理，可以预期在 pH 值较低的情况下，平衡会向右移动，从而产生更多的带正电荷的位点，吸引更多等量的 $Au(CN)_2^-$ 阴离子；且当溶液通入氧气时，碳的金容量增加，而通入氮气时则不会增加，故反应式（8-6）被认为是酸性溶液中活性炭较高载金量的原因。

对壳炭表面的 Zeta 电位测定表明，随着 pH 值的逐渐降低，Zeta 电位变得越来越正，在碳表面的不可逆吸附正电荷位点增加，碳对溶液中 $Au(CN)_2^-$ 和 $Ag(CN)_2^-$ 的吸附负载增强，归因于氰化金、氰化银离子之间的静电相互作用及氢离子的增加[1,5]。

对于上述阳离子效应，随着 pH 值的增加，碳对 Ca^{2+}、Mg^{2+}、Na^+ 和 K^+ 的吸附量增加，对氰化金的吸附量降低。对于 Ca^{2+} 和 Mg^{2+}，这在一定程度上也与碳酸盐化合物在碳基体中的沉淀有关；$Hg(CN)_2$ 等中性络合物对活性炭的吸附强度

与 $Au(CN)_2^-$、$Ag(CN)_2^-$ 等阴离子络合物相当，但中性络合物对活性炭的吸附不受溶液离子强度的影响。

随着 pH 值的降低和游离氰离子浓度的降低，活性炭对铜的吸附量增大，即随着氰化物配位度的增加和络合阴离子负荷量的降低，活性炭对铜的吸附量增大，依次顺序为：$Cu(CN)_2^-$ > $Cu(CN)_3^{2-}$ > $Cu(CN)_4^{3-}$。

氰化金吸附到碳上时，溶液的平衡 pH 值从 5~6 之间转移到 10~11 之间，具体值取决于负载的程度。这一现象可能是由于碳表面 OH^- 或 HCO^- 的释放造成的，间接证明氰化金等氰化络合物阴离子的静电吸附作用。

8.2.5 温度的影响及非静电吸附机制

碳的金负载容量与温度直接相关，温度升高负载容量下降。在温度为 25~55 ℃、溶液金浓度为 100~200 mg/L 时，氰化金在椰壳活性炭上的吸附速率受孔扩散控制，活化能为 8~13 kJ/mol；他们还发现，碳颗粒的大小只影响初始吸附速率，较小尺寸的碳颗粒吸附速率更快，且平衡金容量并不受影响。与正常的阴离子交换行为不同，碳对 $Au(CN)_2^-$ 的吸附容量对温度很敏感，当溶液金浓度为 50~800 mg/mol 时的吸附反应为放热过程，放热为 42 kJ/mol。吸附过程的放热性质解释了氰化金只有在升高的温度下才能被有效地洗脱的原因，同样 $KAu(CN)_2$ 在热水中比在冷水中可溶性高 14 倍，也很好地解释了这一结果[1,4,6]。

另外，在金氰化物溶液中，有些高浓度的阴离子，如 Cl^- 或 ClO_4^-，特别是 ClO_4^- 更像 $Au(CN)_2^-$，是大而弱的水化分子，但其并不抑制 $Au(CN)_2^-$ 的碳负载容量，尽管从静电吸附考虑它们应该有竞争吸附；而对具有季铵盐官能团的 IRA-400 等典型强碱阴离子交换树脂的金容量则受到严重影响。这些结果并不支持静电吸附机制，即上述所提出的：碳表面有正电荷位点，金氰化配合物在碳表面的吸附是负电荷的金氰化物阴离子和碳表面正电荷位点之间的静电相互作用的结果，说明金氰化络合物的碳吸附存在其他机制是可能的，各种机制可以单独或联合使用[1,3]。

由于氰化金与碳的相互作用是简单的阴离子吸附而非经典吸附，当溶液存在浓度高达 1.5 mol/L 的 Cl^- 或 I^- 时，也不会对活性炭的氰化金吸附能力产生负面影响。此外，由于中性有机分子，如辛醇和煤油，对溶液中金氰化物的碳吸附有抑制作用，金的吸附物可认为是中性分子而非离子型物质，故吸附的本质取决于溶液的 pH 值。在酸性条件下，中性分子 $HAu(CN)_2$ 是一种强酸，可完全溶解在溶液中，通过毛细管凝聚机制聚集在碳的表面，从而获得典型分子吸附物的特征（碳对中性分子比带电分子有更大的亲和力）。在中性或碱性条件下，盐类氰化物如 $NaAu(CN)_2$ 等金络合物通过范德华力的作用而被吸附在碳上[4-5]。

8.2.6　表面有机官能团的作用

有研究表明，每克碳负载 70 mg 金时的金溶液平衡浓度为 30 mg/ L，椰子壳碳的比表面积为 1000 m^2/g，Clauss 和 Weiss 计算出每 $5nm^2$ 可用碳的表面覆盖率达不到一个金原子。这一低吸附率表明，金氰化物的吸附是 $Au(CN)_2^-$ 与碳表面择优位置之间特定的相互作用结果，而不是整个表面的一般吸附。对碳进行一定的化学预处理，例如在 1∶1 的浓硝酸和硫酸混合物中，在 80 ℃下煮沸 2 h，可以完全破坏碳的金吸附活性。在此基础上，他们排除了基平面、羧基和碱性氧化物这些所谓的 "附着点"。当溶液中加入氧化剂如过氧化氢时，可以增强碳的金活性，而加入还原剂如肼和对苯二酚，则效果相反。这些观察结果表明，吸附位点是喹诺酮（醌类基团），金氰化物在活性炭上可能存在某种特定的化学吸附作用[6]。

然而，也有人认为碳表面的特殊类型微孔可能是金吸附的原因，而纯净的石墨和氧化石墨都不载氰化金。根据实验条件，碳被热浓硫酸，特别是热浓硝酸侵蚀后会生成氧化石墨、苯二甲酸（苯六羧酸）、氢氰酸、二氧化碳和一氧化二氮，即碳的整个结构可能发生改变，而不仅是表面有机官能团，故用硝酸处理过的碳失去所有的金活性也就不足为奇了。此外，对苯二酚、肼等中性还原剂加入溶液后所观察到的金容量的下降，不一定与这些分子本身的还原能力及其对表面官能团性质的影响有关，可能只是由于氰化金和这些中性分子在碳上的吸附之间的竞争造成的，原因是碳对后者的亲和力更高。事实上，通过添加 5% ~ 20% 的乙醇（11.1%）或丙酮到氰化物氢氧化物水溶液中，对常用的氰化金洗脱液进行改性，对洗脱过程的速度和效率有增强影响[3,6]。

8.2.7　表面还原作用

X 射线光电子能谱（XPS）技术对载金碳的分析表明，金氰化物的氧化态吸附物不是 $Au(CN)_2^-$ 或 AuCN，还原或部分还原作用是氰化金加载在碳上机制的一个重要方面。Gloria 等人认为，只有在洗脱液中存在能与金形成强配合物的 CN^- 和 SCN^- 等配体时，吸附在酚醛聚合物制备的活性炭上的金氰化物才能有效地进行解吸[1,3]。根据这一证据，提出吸附是通过金氰化络合物完全还原为金属金而发生的：

$$NaAu(CN)_2 + C_x + 2NaOH \Longleftrightarrow C_xO \cdots Na + Au + 2NaCN + H_2O$$

式中，$C_xO \cdots Na$ 表示吸附了阳离子的碳氧化表面。

普遍认为，在负载氰化金的碳上，存在一种 $Au(CN)_2^-$ 失去部分氰根离子的金的氰化络合物。但仍有多数研究者认为，$Au(CN)_2^-$ 自复配物被还原至金金属是不成立的，因为所测量的活性炭的最负电位值（-0.14 V vs. SCE）比配合

物 $Au(CN)_2^-$ 标准还原电位更正（-0.85 V vs. SCE），说明 $Au(CN)_2^-$ 在碳表面是无法还原的；且化学物质，如硫化钠，已经被发现是氰化金在碳上很好的洗脱剂，并不会从碳中解吸金属金。此外，负载氰化金的碳在加热时就会变成金色，与 $KAu(CN)_2$ 或 $AuCN$ 的行为相像。

总之，因活性炭不容易接受红外光谱或 X 射线衍射等技术的直接研究，活性炭在活化过程中，在碳上形成的含氧有机官能团的成分也不能完全确定，更难以获得碳负载的氰化金的性质。另外，研究人员采用活性炭原料的灰分含量和数量各不相同，且活化条件不同，因此根据活性炭本身性质的不同，可能存在不同的吸附和氰化金负载机制。同时，溶液中金的初始浓度和溶液成分也可能影响吸附机理。所以，目前对氰化金碳吸附的机理尚无根本性定论，不过普遍接受的是如上所述的、以阴阳离子静电吸附为基础发展的各种理论，用于指导吸附与解吸的工艺过程。

8.2.8 氰化金碳负载平衡

氰化金碳负载吸附平衡对于 CIL 和 CIP 工艺碳吸附操作非常重要，一些研究者发展出许多氰化金碳负载吸附平衡模型。基于费里德里希等温吸附式，碳负载吸附动力学平衡模型见式（8-8）[7-8]。

$$c_{Au,C} = y c_{Au,S}^n \tag{8-8}$$

式中，$c_{Au,C}$ 为活性炭金平衡负载，g/t；$c_{Au,S}$ 为溶液金平衡浓度，mg/L；y 为费里德里希吸附常数；n 为费里德里希指数。

如果考虑溶液离子的"增强效应"，进一步发展了阳离子及其氰化络合物存在时的等温平衡模型，如图 8-4 和图 8-5 所示。阳离子对费里德里希吸附常数 y 的影响见式（8-9）[9]。

$$\ln y = \ln y_0 \times \frac{1 + a c_{cation}}{1 + b c_{cation}} \tag{8-9}$$

式中，y_0 为溶液阳离子影响时的费里德里希吸附常数；c_{cation} 为某阳离子浓度；a、b 分别为阳离子活度系数。

溶液中不同阳离子对金氰化物碳吸附的影响如图 8-5 所示，Li^+、Na^+、K^+、Ca^{2+}、Ba^{2+} 等阳离子的存在均对金的碳吸附有增强效应，且随溶液中金浓度的提高，碳吸附载金量呈线性增长趋势。氰化浸出体系常用石灰调节溶液 pH 值，故金氰化浸出溶液中不可避免有 Ca^{2+} 的存在。不同浓度 Ca^{2+} 影响下的碳吸附金平衡如图 8-6 所示，当 Ca^{2+} 浓度增加时，碳吸附平衡载金量也随之增大。

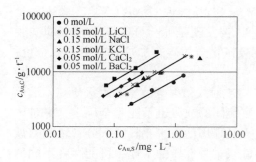

图 8-5 不同阳离子对氰化金碳
吸附平衡的影响

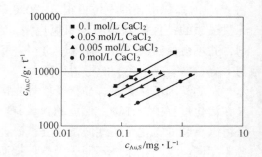

图 8-6 不同 Ca^{2+} 浓度下的氰化
金碳载吸附平衡

8.3 载金碳的解吸

8.3.1 载金碳解吸机理

金的解吸与氰化物和氰化金在活性炭上的竞争性吸附有关。金从碳中解吸可以用反应式（8-10）和式（8-11）表示。

$$[AuCN]_C + CN^- \rightleftharpoons [Au(CN)_2^-]_S \qquad (8-10)$$

$$[Au(CN)_2^-]_C + CN^- \rightleftharpoons [CN^-]_C + [Au(CN)_2^-]_S \qquad (8-11)$$

$AuCN$ 与 $Au(CN)_2^-$ 在洗脱柱碳上的赋存比例取决于活性炭的种类和洗脱条件。这一比例对吸附的可逆性很重要，它将决定洗脱步骤是否需要氰化物。如果载金碳上大部分金以 $Au(CN)_2^-$ 形式存在，并且之前酸洗条件不苛刻，则在洗脱实践中可采用无氰化物洗脱方法，见式（8-11）。

吸附碳解吸后期其吸附活性降低，原因在于：CN^- 在活性炭上属不易解附基，碳所吸附的氰化物通过吸附氧氧化为 CO_3^{2-} 和 NH_4^+ 而使碳的活性位点失活。因活性位点能够发生亲核取代反应，各种阴离子多碳解吸影响的测试表明，亲核性高的阴离子对金的脱附能力更强。在高 pH 值洗脱环境，弱酸性官能团如酚羟基，会被 OH—去质子化，而使碳表面带更多的负电荷和更亲水，见式（8-12），即 pH 值的增加使活性炭的 zeta 电位更负[10]。

$$R—OH + NaOH \rightleftharpoons R—O^-—Na^+ + H_2O \qquad (8-12)$$

这种碳表面与氰亚金酸盐离子对的相容性较差，更利于解吸。总之，目前认为 CN^- 可以通过三种不同的机制促进金的洗脱：（1）与被吸附的金氰化物反应；（2）竞争吸附（这里被认为类似于离子交换）；（3）与碳表面官能团反应。

CN⁻和碳表面的官能团之间可能发生的反应式：

$$R-\overset{\overset{\displaystyle O}{\|}}{C}-R+CN^- \rightleftharpoons R-\overset{\overset{\displaystyle O}{\|}}{\underset{\underset{\displaystyle CN}{|}}{C}}-R \tag{8-13}$$

$$-\overset{\overset{\displaystyle |}{\underset{\underset{\displaystyle H}{|}}{C}}}{}-\overset{\overset{\displaystyle |}{\underset{\underset{\displaystyle O}{|}}{C}}}{}-+CN^- \rightleftharpoons -C=\overset{}{\underset{\underset{\displaystyle O^-}{|}}{C}}-+HCN \tag{8-14}$$

而 CN⁻的分解反应有水解和氧化分解两种途径：

水解：

$$CN^- + 3H_2O \longrightarrow \{HCOONH_4\} + OH^- \tag{8-15}$$

$$\{HCOONH_4\} + \frac{1}{2}O_2 \longrightarrow HCO_3^- + NH_4^+ \tag{8-16}$$

$$HCO_3^- + NH_4^+ + 2OH^- \longrightarrow NH_3 + CO_3^{2-} + 2H_2O \tag{8-17}$$

氧化：

$$CN^- + \frac{1}{2}O_2 \longrightarrow \{CNO^-\} \tag{8-18}$$

$$\{CNO^-\} + H_2O \longrightarrow CO_3^{2-} + NH_4^+ \tag{8-19}$$

这些反应会增加碳表面的负电荷密度，使其对 $Au(CN)_2^-$ 的吸收减弱，更利于解吸。虽然在预处理过程中碳表面已经发生了这种修饰，但高浓度的阳离子（M^{n+}）有利于在碳表面形成 $M^{n+}\{Au(CN)_2^-\}_n$ 离子对，从而限制了这一阶段的金解吸；在洗脱阶段，一旦阳离子浓度降低，$Au(CN)_2^-$ 会从失活碳表面脱附[11]。

在高温下，水解反应式（8-15）~式（8-17）是氰化物损失的主要途径，而反应式（8-18）和式（8-19）在低温下更显著，并受活性炭的催化作用。分解速率的测定揭示了氰化物的水解和氧化均为一级动力学反应，如图 8-7 所示。氰化物的分解速率随着碳的氰化物负载量的增加而降低。氰化物在碳上的负载意味着溶液中游离氰化物的去除，且该过程与温度密切相关。因此，由氰化物分解引起的碳表面钝化不仅抑制金氰化物的吸附，而且抑制碳表面上的多数其他反应。

温度对氰化金的吸附、解吸平衡及氰化物的分解均有显著影响，随温度的升高吸附程度会显著降低，因此在 100℃下预处理的载金碳比在 20℃下预处理的碳有更高的碳表面氰化物分解率和解吸率，在 100℃时，CN⁻的吸附很少发生，这在很大程度上排除了在工业洗脱温度下 CN⁻预处理过程中 CN⁻置换氰亚金酸盐的机理。

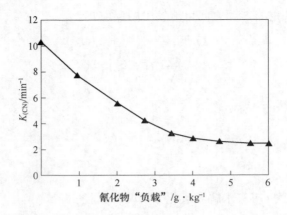

图 8-7　氰化物一阶分解速率常数随氰化物碳负载量的变化

（活性炭 21 g，溶液初始氰化物浓度 0.525 g/L，18 ℃）

8.3.2　载金碳解吸方法

工业上载金碳解吸（洗脱）技术主要有以下两种：

（1）Zadra 法。该方法为在解吸柱（洗脱柱）中装入碳载金，采用热氰化物溶液循环洗脱，洗脱后的富液进入电积槽电积金，贫液返回解吸柱继续解吸，即热氰化物溶液在洗脱柱和金电积过程循环（美国矿务局发明），洗脱条件一般为采用 2%（质量体积比）的 NaOH 和 NaCN 混合溶液，在 110~130 ℃下循环洗涤[12]。

（2）AARL 法。该方法在工业上的做法与 Zadra 方法相同，区别在于并非仅采取热氰化液循环洗脱，而是先采用热苛性氰化物溶液对吸附柱进行预处理，然后用热去离子水（工业上用清水）进行洗脱（南非发明），载金洗脱液送至金电积；标准条件为在温度 130 ℃、压力 700 kPa 下，将 2%（质量体积比）的 NaOH 和 NaCN 混合溶液通入装有载金碳的解吸柱中，浸泡 30min，然后用清水洗涤[13]。

在 AARL 法和 Zadra 法洗脱过程中加入氰化物和氢氧化盐，以促进金氰化物的洗脱，这些添加剂浓度的变化直接影响到溶液中碳吸附金和溶液氰化金之间的平衡。AARL 法洗脱过程中氰化物的吸附和各种反应大多发生在预处理步骤，而在 Zadra 法洗脱过程中，氰化物与金的洗脱同时发生分解。然而，在这两个过程中，氰化物在溶液中的存在及氰化物在碳表面的反应都增强了金的解吸。

另外，除采用氰化物解吸外，澳大利亚的一项发明使用有机溶剂进行载金碳的解吸，并已有工业应用。对 CN^- 和 $Au(CN)_2^-$ 的活度系数测定表明，在富有机质环境中，CN^- 和 $Au(CN)_2^-$ 的活度分别比在水中高 10^2~10^4 倍和 20 倍。在有机溶剂-水混合物中，CN^- 的活度比 $Au(CN)_2^-$ 高得多，这将显著改变载金碳的吸附平衡，有利于金的解吸。

总体上，由于操作成本较低，AARL 法在实践中更受青睐，特别是随着连续洗脱技术的发展，目前工业上基本采用该方法解吸载金碳。

参 考 文 献

[1] MCDOUGALL G J, HANCOCK R D. Gold complexes and activated carbon [J]. Gold Bull., 1981, 14 (4): 138-153.

[2] BUAH W K, WILLIAMS P T. Granular activated carbons from palm nut shells for gold di-cyanide adsorption [J]. International Journal of Minerals, Metallurgy and Materials, 2013, 20 (2): 172-179.

[3] DAVIDSON R J, RHODES M S. The mechanism of gold adsorption on activated charcoal [J]. Journal of the South African Institute of Mining and Metallurgy, 1974: 67-76.

[4] KONGOLO K, BAHR A, FRIEDL J, et al. ^{197}Au Mössbauer study of the gold species adsorbed on carbon from cyanide solutions [J]. Metallurgical Transactions B, 1990, 21B: 239-249.

[5] TSUCHIDA N, MUIR D M. Studies on role of oxygen in the adsorption of Au (CN) and Ag(CN)$^-$ onto activated carbon [J]. Metallurgical Transactions B, 1986, 17B: 529-533.

[6] ACHAW O W, AFRANE G. The evolution of the pore structure of coconut shells during the preparation of coconut shell-based activated carbons [J]. Microporous Mesoporous Mater., 2008, 112 (1/2/3): 284.

[7] NICOL M J, FLEMING C A, CROMBERGE G. The adsorption of gold cyanide onto activated carbon. I. The kinetics of absorption from pulps [J]. J. S. Atr. Inst. Min. Metal., 1984, 84 (2): 50-54.

[8] FLEMING C A, MEZE A, ASHBURY M. Factors influencing the rate of gold cyanide leaching and adsorption on activated carbon, and their impact on the design of CIL and CIP circuits [J]. Minerals Engineering, 2011, 24: 484-494.

[9] DAI X, BREUER P L, JEFFREY M I. Modeling the equilibrium loading of gold onto activated carbon from complex cyanide solutions [J]. Minerals & Metallurgical Processing, 2010, 27 (4): 190-195.

[10] VAN DEVENTER J S J, VAN DER MERWE P F. The Reversibility of adsorption of gold cyanide on activated carbon [J]. Metallurgical Transactions B, 1993, 24B: 433-440.

[11] VAN DEVENTER J S J, VAN DER MERWE P F. The mechanism of gold cyanide of elution from activated carbon [J]. Metallurgical Transactions B, 1994, 25B: 829-838.

[12] BUNNEY K, JEFFREY M I, PLEYSIER R, et al. Selective elution of gold, silver and mercury cyanide from activated carbon [J]. Minerals & Metallurgical Processing, 2010, 27 (4): 205-211.

[13] BANINI G, STANGE W. Modeling of gold elution from activated carbon using a modified AARL process [J]. Minerals & Metallurgical Processing, 1997, 14 (1): 36-40.

9 电积与精炼

载金碳解吸或 Acacia 等氰化提金后的氰化金溶液通常采取电积方法将金沉积在阴极上，阴极洗涤后的沉积金泥经脱水干燥和熔铸获得合质金锭，进行精炼可获得纯度更高的金。

9.1 金电积理论基础

9.1.1 电化学反应

氰化金溶液的金电积过程在电解槽中进行，阴极电化学沉积反应为：

$$Au(CN)_2^- + e \longrightarrow Au + 2CN^- \qquad E = -0.672\ V \qquad (9\text{-}1)$$

$$O_2 + 2H_2O + 4e \longrightarrow 4OH^- \qquad E = 0.419\ V \qquad (9\text{-}2)$$

$$2H_2O + 2e \longrightarrow H_2 + 2OH^- \qquad E = -0.809\ V \qquad (9\text{-}3)$$

阳极反应为：

$$4OH^- - 4e \longrightarrow 2H_2O + O_2 \qquad (9\text{-}4)$$

电化学反应的发生与电极电位 E（vs. SHE）有关，式中的 E 值引用的金离子浓度为 10^{-4} mol/L，NaCN 浓度为 0.2%，NaOH 浓度为 2%[1]。在溶液中以二氰化物（$Au(CN)_2^-$）形式存在的金，在电位比可逆电位更负的情况下，根据反应式（9-1）被还原为金属金；反应式（9-2）代表氧在碱性溶液中的还原，是与金沉积竞争的另一阴极反应；氧在热洗脱液（电解液）中的溶解度很低，因此，阴极反应式（9-2）不会消耗很多电流。反应式（9-3）代表氢气的析出，当 pH 值高于 10.1、电位 E 值大于 -0.96 V 时，该反应会以显著的速率发生，而只有在比 -0.96 V 更负的电位范围内时，氢的析出反应才受动力学控制，因此该反应会消耗大量的阴极电流，可以看出反应式（9-2）和式（9-3）都能产生氢氧根离子，导致阴极电解液 pH 值局部增加。

阳极的主要反应是碱性溶液中的 OH^- 氧化为氧，见反应式（9-4）。由于氧在溶液中的溶解度有限，电解液中的氧很易饱和而有氧的析出。如果洗脱液线性流量太高，在阳极产生的氧气可能被带进阴极而消耗电流。电积过程中，电解液中的金浓度相对较低，故反应式（9-1）的电流比反应式（9-3）的小得多，因此在大部分金的循环电积过程中，反应式（9-3）和式（9-4）占据主导地位。

金电积体系溶液中常含有铜的 $Cu(CN)_3^{2-}$ 离子，该离子的存在将影响金的阴极沉积反应。

$$Cu(CN)_3^{2-} + e \longrightarrow Cu + 3CN^- \qquad E = -0.706\ V \qquad (9-5)$$

反应式（9-5）表明了阴极上氰化亚铜（$Cu(CN)_3^{2-}$）还原成金属铜的反应。氰化亚铜还原为金属铜的负电位大于二氰金还原为金属金的负电位，说明在此条件下金优先沉积。然而，如果施加高过电位，或当铜的浓度相对于金的浓度较高时，铜可能与金共沉积[2]。

9.1.2 电积过程动力学

金的最大沉积速率（即金从溶液中消耗）可由质量迁移控制的沉积速率表示，见式（9-6）。

$$- dc/dt = kAC/V \qquad (9-6)$$

式中，k 为传递系数，cm/s；A 为阴极面积；C 为电解液金浓度；V 为电解槽体积。

式（9-6）积分后有：

$$c = c_0 \exp(-kAt/V) \qquad (9-7)$$

式中，c_0 为电解液初始金浓度。

当金属沉积在填充床式电极上的速率由物质传输控制时，则有：

$$c = c_0 \exp(-L/\lambda) = c_0(1 - E) \qquad (9-8)$$

式中，c_0 为入口浓度；c 为出口浓度；L 为溶液流动方向上的床层厚度；E 为电解槽的单次提取率；λ 为一个实验确定的参数，它具有特定床层的特性，并随流速而变化（$\lambda = kU^{0.5}$，其中 U 为线性流速）。

当一批洗脱液（电解液）以体积流速循环电积时，金浓度随时间的衰减可用式（9-9）表示。

$$c_t = c_I \exp\{-U_V[1 - \exp(-L/\lambda)t/V]\} = c_I \exp(-U_V Et/V) \qquad (9-9)$$

式中，c_I 为初始浓度；c_t 为时间 t 时的浓度；U_V 为循环液体积流速；V 为循环液体积。

通过确定 λ 的值，可以计算出在给定时间内达到特定回收率所需的总阴极厚度 L 和流速。实际所需的工作电流密度（通过电解槽横截面积的电流，通常为 400 A/m²）取决于多个因素，如流速、最大金和银浓度、温度，槽电压（一般为 3~10 V）主要取决于阴极与阳极间距和溶液电导率。

阳极氧的溢出反应会导致阳极表面 pH 值的降低，见式（9-10）。

$$2H_2O - 4e \longrightarrow O_2 + 4H^+ \qquad (9-10)$$

如果控制不好，pH 值可以降低到阳极发生腐蚀的程度，阳极不锈钢中的铬氧化为铬酸盐，然后通过反应式（9-11）在阴极钢棉上还原为氢氧化铬。

$$CrO_4^{2-} + 4H_2O + 3e \longrightarrow Cr(OH)_3 + 5OH^- \tag{9-11}$$

在阴极上电沉积的铬层会抑制金的沉积和催化氢的析出,降低电积效率。为避免这一问题,电解液的 pH 值常保持在 12.5 以上,故在金的解吸工序就需调节到较高的 pH 值[3]。

9.1.3 阴极行为

工业电积过程通常是在传质控制下进行的,故控制物质向阴极的传递速率非常必要。采用旋转圆盘电极动力学表达式,可模拟物质向阴极的传递过程,如列维奇方程式 (9-12),电极表面的传质速率是旋转圆盘角速度的函数。

$$i_L = 0.62nF\nu^{-1/6}D^{2/3}c\omega^{1/2} \tag{9-12}$$

式中,i_L 为极限扩散电流密度,A/cm^2;n 为转移电子数;F 为法拉第常数,96485 C/mol;ν 为动力黏度,m^2/s;D 为扩散系数,m^2/s;c 为浓度,mol/m^3;ω 为旋转圆盘旋转角速率,rad/s。

由式 (9-12) 可知,极限电流与角速度的平方根有直接关系,通过改变角速度和测量随后的极限电流来确定反应是否受传质控制。金含量对不锈钢阴极极化行为的影响,如图 9-1 所示。

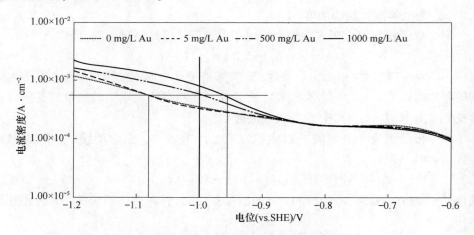

图 9-1 不同金浓度下阴极动电位与电流密度的关系
(1200 r/min;25 ℃;NaOH 2%;CN 0.1%)

当溶液中金的浓度从 5 mg/L 变为 1000 mg/L 时,在 0.85 mA/cm² 的电流密度下,电位从 -1.09 V 变为 -0.95 V,溶液中的金被还原沉积。这意味着,在电积过程中,随着金从溶液中去除,金的还原电位也会转移到更负的位置,这可能导致当施加恒定电位时,电化学反应的速率限制步骤从扩散控制转变为化学控制。如图 9-1 所示,在 -1.0 V 的电位下,当溶液中金的浓度降低时,电流密度随之下降。

实践中，从金浓度高的溶液（通常金浓度 500~1000 mg/L）中沉积的金，会以非常松散状黏附在阴极上，而从金浓度低的溶液（通常金浓度 5~100 mg/L）中沉积的金则适度地附着在阴极上，如图 9-2 所示[4]。

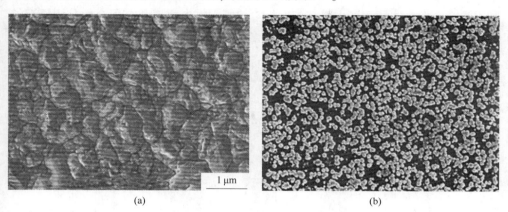

(a)　　　　　　　　　　　　　　　　　(b)

图 9-2　阴极电沉积金的 SEM 照片

（a）金溶液浓度 1000 mg/L；（b）金溶液浓度 5 mg/L

（-1.0 V（vs. SHE），2% NaOH，CN 0.1%，1200 r/min，25 ℃）

当电极电位更负，为-1.4 V 时，可以得到更松散、树枝状的析出物，如图 9-3 所示；形成不同形态的原因是在不同电势下传质速率不同，在-1.4 V 下比在 -1.0 V 下有更多氢析出，即当施加较大的过电位时，可以期望得到附着较松散的析出物。树枝状析出物很容易用缓慢流动的水冲洗收集（附着力等级 1），而当施加电位为-1.0 V 时，金有足够的时间扩散到阴极更有利的位置，其细粒度析出物只能用透明胶带去除（附着力等级 2）。

图 9-3　电位-1.4 V 时阴极电沉积金的 SEM 照片

（Au 1000 mg/L，2% NaOH，CN 0.1%，1200 r/min，25 ℃）

当施加较高的过电位时，由于阴极氢气析出的增强引起可用于电积的有效阴极面积减少，以及氢气析出引起表面湍流的增加致使阴极表面已析出金的脱附，导致金的电积率下降，如图 9-4 所示。虽然大的过电位会产生松散的沉淀，利于洗涤，但在实际生产中最佳的电极电位需根据电积率和沉积金的黏附情况综合确定。一般对于传质控制下的阴极过程，更负的电极电位只会促进其他杂质元素还原反应的发生，这通常是不可取的，故金电积过程需要保持适度负的阴极电位和较高的溶液金浓度，并改善阴极表面金离子的传质条件[5]。

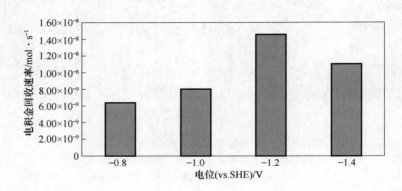

图 9-4　电极电位对金电积率的影响

（Au 1000 mg/L，NaOH 2%，CN 0.1%，1200 r/min，25 ℃）

9.2　电积工艺

9.2.1　电积槽结构设计

早在 1950 年，美国矿务局（USBM）报道了基于钢丝绒的圆柱形填充床作为阴极的金电积基本设计，载金电解液自槽的中心引入，流经填充床后从槽的顶部流出。阳极是一个圆柱形的穿孔板或位于槽外围的不锈钢网，电积槽可以是单个或串联的多个单元。电积过程在特定大气压和电解质的沸点以下工作，温度通常为 95～99 ℃[6]。

（1）多阴极平行板电积槽。电积槽是实现金电积的核心反应器，通过电解槽的结构设计与改进，人们逐步获得优化的电积系统。例如，通过替换美国矿务局原来设计的单圆柱形填充床阴极，使用多个矩形平行板阴极，提高了电解槽的性能和电积效率。但填充床的特性仍然保留，将钢棉填充到阴极外壳中，通过表面垂直的不锈钢尖钉接触阴极实现导电。此电解槽受到电解质流经松散钢棉时电阻的影响，该区域电位低于金沉积的电极电位，使单位阴极的电积效率降低。该阴极的另一个缺点是，通常需要用盐酸溶解处理大量的残余钢丝绒，这一过程劳动强度大，卫生条件差。

（2）单层缠绕包裹阴极。目前的发展趋势是将钢丝绒卷制成卷，卷制到高密度聚乙烯（HDPE）阴极成型机上，缠绕方法为每股缠绕 30%~50%，并以直角交叉缠绕第二层，缠绕密度一般在 2000 g/m² 左右。通过现场运行数据，计算出实现单片阴极和电解槽整体效率所需串联阴极的数量，如南非 Mintek 的标准电解槽以 6 个不锈钢阴极串联组成。一个典型高效运转的电解槽一次电积效率 70%，操作差的只有 40%，好的可达到 90%。

（3）不锈钢编织网阴极板电积槽。早在 1991 年，Cell 报道了使用编织不锈钢阴极电积金的方法，溶液中的金通过一次电积槽过程沉积在不锈钢编织网阴极上，负载阴极被移至二次电积槽并转换极性为阳极，负载金的阳极被腐蚀，金脱附并重新电积到普通抛光不锈钢阴极板上。然后，从该阴极上刮下金箔将其熔炼成条状。该系统运行良好，被当时主要的黄金生产商西澳大利亚特尔弗金矿所使用[7]。

不锈钢编织网阴极电积槽的优点是：由于原始编织不锈钢网阴极（阳极）表面积大，二次槽中金的溶解速度是由阳极电流控制的，随着电流增大，溶液中的黄金含量将迅速增加。电积过程起初由于溶液中浓度较低，复镀反应开始缓慢，但随着本体溶液金浓度的快速增加而增加，约在阴极金 3000 g/m³ 的水平上趋于平稳，直至阳极中的金耗尽。另外，如果原始阴极上有杂质铜，尽管它也会在二次槽中自阳极溶解，但可通过控制电解槽中游离氰化物的水平，使铜保持在溶液中而不电积至阴极，故此电解槽设计有一定的电精制能力，也被称为电精制（精炼）槽。

不锈钢编织网阴极电积槽的缺点是：该系统需要经过二次电解槽操作，需要研制一种系统删除二次复镀步骤，将金条直接从编织不锈钢阴极上高压冲射出来。为了简便，采用高压水射流对负载不锈钢编织网阴极直接进行洗涤，洗脱的金泥经蒸干后熔铸金锭。对于附着紧密的金沉积物，高压水喷嘴压力要求为 20000 kPa。为了易于将阴极金洗脱，电积常采用的电流密度非常低，小于 5 A/m²，目的是电镀附着较差，容易洗出黄金，但这也很大程度降低了电流效率。

（4）超声波去除阴极金。在 21 世纪初，南非的 Delkor 有限公司宣布开发一种电积槽，将电积槽分成两个隔间，在一个隔间中用传统的方法将金电积到不锈钢编织网阴极上，然后在另一个隔间中完成阴极金的超声波去除，电积槽可在连续旋转的模式下工作。但这个项目并未取得成功。

（5）加压电积槽。在 20 世纪 80 年代中期，人们提出了不需要中间热交换就可以将洗脱液冷却到低于大气沸点的闭路洗涤流程概念，被称为整体式压力洗涤-电积槽。该设计将电积槽封闭在压力容器内，整个单元整合在集装箱内易于运输。电积温度为 130~140 ℃，氧溶解度有望为零，电流效率有望提高。整个单元设计为集装箱式结构，易于移动和运输，生产效率较高。缺点是：因操作在高压下进行，对过程电流监控和故障处理困难；且随着载金碳洗涤柱规模的扩大，电解液线性流速增加，出口处金泥的沉积易导致阴阳极短路的发生。

（6）旋转阴极电积槽。2000 年初，南非的 Kemix 公司介绍了提出一种圆柱封闭式电积槽，其特征是有一旋转型阴极，阴极沉积金泥可用高压喷射法在 10 min 内洗脱[6-7]，电解液流速和洗脱效率均较传统电积槽高。当电积周期完成后转入洗涤周期，产品金泥通过高压洗涤自圆柱体电积槽下部脱出后进入收集容器中，以进行下一步处理。该电积槽在南非的 Kloof 金矿应用，该矿月产金 3 t，所有金泥通过电积系统所包含的 7 个反应器产出。

9.2.2　电积过程操作

电积过程操作主要包括以下几个方面：

（1）钢网金的负载比。电积负载金操作的经验为：1000 g/m^2 的钢绒毛可负载 20 倍质量的金。操作中，随着阴极负载金的增加，电积表面积下降，电解液流经钢网至阴极表面逐渐受阻，电积效率下降，自电阴极端部及周边旁通的电解液致使钢网负载金量下降至 20%。

（2）电解液线速度。金电积需要电解液流经阴极钢棉，如果线速度低，金传递至阴极表面的速度就低，随之电积速度也慢；如果金不能以充分的速度到达阴极电积表面，将会发生二次反应，沉积的金泥黏附性差，呈现胶状物；线速度太高，形成的湍流会使阴极钢网负载金剥离，或阴极会产生水力振动使表面钢网连接脱落。洗涤系统规模常决定于电解液线速度的选择和电积槽的数量。

（3）电流与电流密度。电积总电流可通过库仑定律计算，并可得到阴极电沉积金的量，电流效率将随电解液金浓度的变化有很大差异；另外，电积槽中发生的副反应，如氢氧根离子转变为氧的可逆反应及氰化物氧化为氰酸盐的反应，常会带来显著的电流变化，尤其具有低化学等量物银存在时，该过程作用于金的电流会显著受到限制。

除阴极钢网缠裹方式和密度外，钢网型号与等级也会影响到电流密度和电积效率。钢网分 0、1 和 3 共三个等级，通常采用电子显微镜观察钢网毛线的直径，以计算表面积、物质传递量及电流密度。电流密度过低，金的电积将不会发生；电流密度过大，将使其他杂质元素过多共沉积。

关于阴极数量的配置，有些电解槽设计采用单一槽 18 块阴极，有些电解槽采用三组一系列，每组 9 块阴极，共 27 块阴极；对于主要黄金生产企业，如西澳的 Fimiston 采用大电解槽，24 块阴极配 5000A 的整流器。

电积槽实际上是一种直流电阻单元。电积周期初始，金溶液浓度较高时，需要最大电流以电积金。随着金自溶液中去除，电解槽电阻会上升，电流会下降。如果在后期仍施加大电流，将迫使其他副反应发生，导致阳极腐蚀增加。故实践中需根据电积周期来设置输入电流和电压，允许电流自然地跟随溶液电阻升高而下降。

（4）电连接与导电系统。最初，电解槽采用 HDPE 加工而成，该材料不导电、高温下力学性能良好，且不易被腐蚀，但其有易燃这一致命缺点。为方便起见，槽的导电设计常采用快速安装的压缩夹，将电流从硬线铜侧母线输送到铜横向母线条，这便要求保持清洁以确保没有高电阻接头出现。但实际槽的电积操作中，由于各种原因，该情况会时有发生，如导电铜片受到蒸汽、氰化物雾等气氛的连续影响，表面腐蚀和成膜不可避免。为消除电阻，对于每个电积周期不需要移动的阳极，导电线路可采取硬连接的方式；人们也尝试采取不锈钢代替铜导线，由于导电性的差异会使槽电压显著降低。使用不锈钢导电的调查表明，主母线的电压降非常显著，以至于槽中给最后一个电极对提供的电流较进口端电极对电流少 56%，从进口端到出口端的阴极电流呈线性下降。故实践中仍多采用铜接触片导电模式，而金电积槽体多采用不锈钢。

（5）健康危害。由于对金房安全的要求，其建筑围护结构往往是密封的，相对紧凑。电积槽是在高温下工作，开放式电积槽的设计常自表面排出蒸汽、氰化物雾和氨，设计时需采取洗涤器将所有排放气体收集起来，且为金房提供充分的通风至关重要。

9.3　金锭的精炼

9.3.1　金锭精炼方法

电积槽阴极上沉积的金通过洗涤、收集、烘干后得到金粉，金粉通过熔铸产生金锭，金锭含有一定杂质元素，需要通过精炼步骤获得纯度更高的金产品。金精炼金锭的来源不仅是电积产品，还有报废的珠宝材料、贵金属制造作业的废料等。这些废料含金在 40%~75%，杂质元素常为铜、银、锌和镍等。矿山金锭杂质元素更复杂，含金差异很大，为 38%~98%，且视不同矿山原矿石伴生元素的不同而不同，常常除含银、锌、铁、铜基本杂质金属外，可能还有有害的次要元素，如汞、铅、镉、硒、碲和砷，增加了金锭估价和处理的难度。交付到精炼厂的金锭在质量、尺寸和外观上也有显著差异。

金锭通过估价和结算步骤后，即可进行精炼。精炼方法通常有预精炼—电解精炼流程，即米勒-沃尔威尔（Miller-Wohlwill）法和溶解—沉淀流程，如图 9-5 所示[8]。在图 9-5 (a) 工艺中，预处理过程通常是将不纯金锭原料熔化，并向熔体中注入氯气，使银和贱金属杂质转化为各自的氯盐后进入熔渣，而金熔铸为金阳极。通过这种米勒预处理工艺可将金的纯度提高到 95% 左右；随后预处理的金进入被称为沃尔威尔的电解精炼工艺，在该过程中，待提纯的金在阳极被溶解到浓盐酸中，通过电解在阴极沉积为高纯金（通常纯度为 99.9% 或更高）。

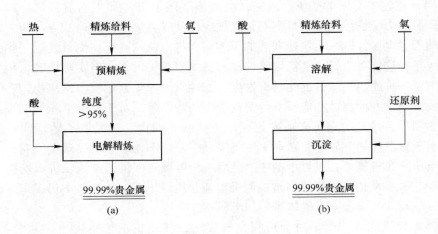

图 9-5 金锭精炼提纯工艺流程
(a) 预精炼—电解精炼流程；(b) 溶解—沉淀流程

在溶解—沉淀精炼流程中，如图 9-5 (b) 所示，不纯金物料在氧化剂（通常是硝酸）的辅助下完全溶解在浓盐酸中，溶解过程常使用王水，即体积比 3 : 1 的浓盐酸和硝酸的混合物。一旦金被完全溶解，杂质残渣可通过过滤去除；含金溶液通过加入还原剂如鼓入二氧化硫气体，将金化合物还原为高纯金粉末或海绵体后加以回收。两种工艺所产生的含银和贱金属废渣、氯化盐及阳极泥等副产品，则通过各自提取方法加以回收和循环利用。

图 9-5 中的两种工艺各有优缺点，溶解—沉淀精炼流程所产生的副产物废渣数量远低于米勒-沃尔威尔方法，其主要缺点是：该工艺不如米勒-沃尔威尔稳定，并且可加工的原料组成范围有限；困难在于物料含银会影响金的溶解。在浸出过程中，银在物料表面形成的氯化银钝化层会阻碍物料的完全溶解。一般行业经验是物料含银上限约为 15%，而许多待处理金锭银的浓度较高，这限制了溶解—沉淀工艺的适用性。而米勒-沃尔威尔法对原料适应广，几乎可以用于任何等级物料的精炼，包括银含量高的金锭。然而，它会产生大量的含金副产品，包括氯化物盐、矿渣、耐火材料和洗涤溶液等，这些均需要经过特殊处理才能回收和循

环利用其中的金、银。金在米勒-沃尔威尔流程中滞留库存时间较长，通常为3~7天；而溶解—沉淀工艺金滞留库存时间短，一般在24 h内完成整个溶解和沉淀操作，流程中停留时间通常为1~3天。故对于处理高克拉金合金的精炼厂，王水工艺在现有化学精炼方法中最简单可靠。

9.3.2 预精炼米勒法

在19世纪早期，人们就知道用氯气从金中分离出银和其他金属。1838年，路易斯·汤普森便发现了该方法，但在1865年，澳大利亚悉尼造币厂的弗朗西斯·鲍耶·米勒首次申请专利并付诸实践，从此该氯化分离工艺便被称为米勒法。

在米勒法中，原料在感应炉中被熔化，然后将氯气注入熔体中进行氯化反应，关键的反应是杂质金属氯化物的形成。形成的杂质金属氯化物挥发到气流中（如$FeCl_3$，$ZnCl_2$），然后在洗涤器中被捕获，或者作为熔融氯化物（如CuCl，AgCl）以浮渣形式漂浮在金熔体上，并定期去除。表9-1列出了一些杂质金属发生的主要氯化反应，金属氯化物的熔点、沸点及它们在反应温度下的生成自由能。图9-6为南非兰德（Rand）精炼厂米勒工艺的氯化时间与杂质去除的关系，反映出氯化反应的发生遵循了氯生成物的自由能。但在实际的氯化反应中，各种金属组分的浓度和热力学活性都在不断变化，这对氯化反应的顺序和程度会有很大的影响[9]。

表9-1 杂质金属氯化物的反应、熔点、沸点和生成物吉布斯自由能[10]

氯化反应	氯化物熔点/℃	氯化物沸点/℃	ΔG_{rxn}(1150 ℃)/kcal·mol^{-1}
$Fe+1.5Cl_2 \rightarrow FeCl_3$	304	332	-47.7
$Zn+Cl_2 \rightarrow ZnCl_2$	318	732	-55.4
$Pb+Cl_2 \rightarrow PbCl_2$	501	953	-47.7
$Cu+0.5Cl_2 \rightarrow CuCl$	430	1212	-49.2
$Ag+0.5Cl_2 \rightarrow AgCl$	455	1564	-33.8
$Au+1.5Cl_2 \rightarrow AuCl_3$	180	229	17.7

注：1 cal=4.184 J。

米勒法可以在熔体中氯化几乎所有的贱金属和银，并可以直接生产纯度为99.5%的优质金产品。但是，当贱金属和银浓度低时，金本身开始氯化，并被驱

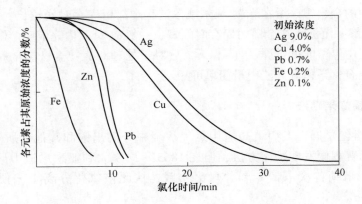

图 9-6 含金物料氯化处理时杂质金属随时间的变化

至气相，致使大量的金沉积在管道和洗涤器中。故大多数金精炼厂通过监测反应的程度，选择预精炼产品含金在 93%~98% 之间时便停止氯化反应，以避免金的挥发，进一步提纯在电解精炼步骤中完成。

由于氯气和金属氯化物的腐蚀性，米勒法操作设备需要持续的保养和维护，炉罩和管道系统通常由惰性材料制成，如钛和高铬合金，或（在适当情况下）玻璃纤维或聚氯乙烯（PVC），且烟尘中大量的金属氯化物会在管道系统中凝结积累，需要定期清理。因需从腐蚀性气流中洗涤挥发性金属氯化物和细颗粒物，米勒法废气的洗涤较复杂，常采用高压文丘里管、填料床洗涤器和（或）湿式静电除尘器的组合。洗涤器污泥和挥发的金属氯化物盐主要含有 AgCl、CuCl 等和夹带的金颗粒，需要进一步回收。氯化盐中金含量为 0.5%~3%，具体含量在很大程度上取决于工艺操作条件。

熔融的米勒盐通常被制成颗粒状放入水中，然后进行氧化浸出。即在水溶液中，将不溶性 CuCl 氧化为可溶的 $CuCl_2$ 分离去除，而不溶于水的氯化金和氯化银则被保留，见式（9-13）。氧化剂通常有过氧化氢（H_2O_2）、氯（Cl_2）、次氯酸钠（NaClO）、氯酸钠（$NaClO_3$）等。

$$6CuCl_{insol} + 6HCl + NaClO_3 \longrightarrow 6CuCl_2 + NaCl + 3H_2O \qquad (9-13)$$

该氧化浸出反应的关键是控制氧化还原电位（ORP），以确保氧化条件足以将 Cu^+ 氧化为 Cu^{2+}，但不会氧化到使金溶解。铜溶解后的不溶物主要为氯化银和盐中夹带的金，然后，在高碱性条件下，使用几种还原剂（包括铜、铁、锌、肼（H_4N_2）或葡萄糖）中的任何一种，将氯化银湿法还原为金属银。还原后的银经干燥、熔化，然后通过硝酸银电解精炼回收银。在银电解精炼过程中，银会自阳极溶解并沉积在阴极上，而金会进入不溶的阳极泥返回米勒工艺，包括米勒法的米勒-沃尔威尔工艺如图 9-7 所示。

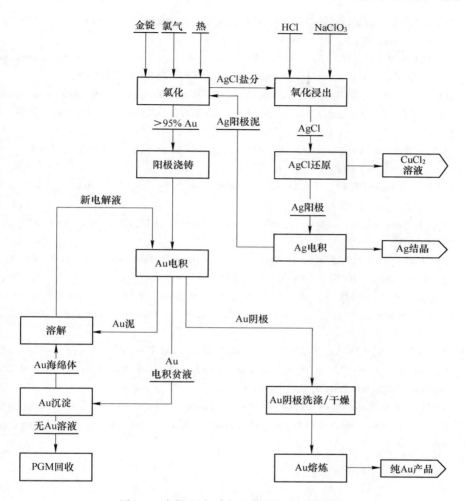

图 9-7 米勒-沃尔威尔金精炼提纯工艺流程

    此工艺的挑战是金的提纯和回收需要多个步骤，故金在副产物流中的停留时间很长。为了减少停留时间，一些精炼厂（如南非兰德精炼厂）采取直接向熔融氯化物盐中添加苏打（Na_2CO_3）[11]，以减少盐中的氯化银，盐中的金属银会将夹带的金颗粒聚集，冷却后与其余的盐分离，这一步骤被称为脱金。其优点是可以从熔盐中收集大部分黄金，并迅速将其返回到主要的精炼过程中。

参 考 文 献

[1] BARBOSA L A D, SOBRAL L G S, DUTRA A J B. Gold electrowinning from diluted cyanide liquors: performance evaluation of different reaction systems [J]. Minerals Engineering, 2001, 14 (9): 963-974.

［2］ NICOL M，WELHAM N，SENANAYAKE G. Electrowinning and electrorefining of metals ［J］. Hydrometallurgy，2022，19：271-393.

［3］ BRANDON N P，MAHMOOD M N，ROBERTS C A. The direct electrowinning of gold from dilute cyanide leach liquors ［J］. Hydrometallurgy，1987，18（3）：305-319.

［4］ STEYN J，SANDENBERGH R F. A study of the influence of copper on the gold electrowinning process ［J］. The Journal of The South African Institute of Mining and Metallurgy，2004，4：177-182.

［5］ CHATTERJEE B . Electrowinning of gold from anode slimes ［J］. Materials Chemistry and Physics，1996，45（1）：27-32.

［6］ ALI H O，CHRISTIE I R A. A Review of electroless gold deposition processes ［J］. Gold Bull.，1984，17（4）：118-127.

［7］ CELL R. Reviewing the operation of gold electrowinning cells ［J］. Reno Cell Technical Bulletin，2011：1-35.

［8］ MOSTERT P J，RADCLIFFE P H. Recent advances in gold refining technology at Rand Refinery ［J］. Developments in Mineral Processing，2005，15：653-670.

［9］ FARJANA S H，HUDA N，MAHMUD M A，et al. Impact analysis of goldesilver refining processes through life-cycle assessment ［J］. Journal of Cleaner Production，2019，228：867-881.

［10］ NADKARNI R，KINNEBERG D K，MOOIMAN M B，et al. Precious metals processing ［C］// Proceedings of the Elliott Symposium on Chemical Process Metallurgy，Iron and Steel Society. AIME，Warrendale，PA，1991：93-128.

［11］ FISHER K G. Refining of gold at the Rand Refinery ［M］//STANLEY G G. The Extractive Metallurgy of Gold in South Africa，vol. 2. South African Institute of Mining and Metallurgy. Johannesburg，1987：615-653.

10 破氰及氰化物回收

10.1 氰化物类型及危害

氰化提金尾矿浆或废液中氰化物的监测通常以总氰、WAD 和自由氰三个维度进行。WAD 为弱酸解离氰化物，即在弱酸性条件下（pH 值为 4.5~6）发生解离和释放游离氰化物的氰化物种类，该类氰化物主要是 Cu、Zn、Ni、Ag 等金属的氰络合物；自由氰即游离氰，是指氰根离子 CN^- 和氰化氢 HCN，而氰化物（CN^-）最常见的形式是氰化氢（HCN）及其盐氰化钠（NaCN）和氰化钾（KCN）；总氰则是包含弱酸解离氰化物 WAD、自由氰和强酸解离氰化物 SAD 的总称，其中，强酸解离氰化物 SAD 是指在强酸环境下发生解离释放游离氰的一组氰-金属络合物，该类氰化物主要是 Fe、Au、Co 等金属的氰络合物。总氰、WAD 和自由氰三者关系如图 10-1 所示，各类型常见氰化物见表 10-1。

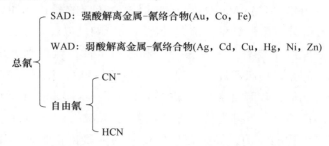

图 10-1 提金过程氰化物的存在类型

表 10-1 常见氰化物

氰化物类型		典型氰化物
自由氰		CN^-, HCN, NaCN, KCN, $Ca(CN)_2$, $Mg(CN)_2$
WAD	自由氰+ Cu 氰化物	$Cu(CN)_2^-$, $Cu(CN)_3^{2-}$, $Cu(CN)_4^{3-}$
	Zn 氰化物	$ZnCN^+$, $Zn(CN)_2$, $Zn(CN)_3^-$, $Zn(CN)_4^{2-}$, $Zn(CN)_5^{3-}$
	Ni 氰化物	$NiCN^+$, $Ni(CN)_4^{2-}$, $Ni(CN)_5^{3-}$
	其他金属氰化物	$AgCN$, $Ag(CN)_2^-$, $Cd(CN)_3^{2-}$, $Cd(CN)_4^{2-}$

氰化物类型		典型氰化物	
总氰	WAD +	Fe 氰化物	$Fe(CN)_6^{3-}$, $Fe(CN)_6^{4-}$
		其他金属	$Au(CN)_2^-$, $Co(CN)_6^{4-}$

对于给定的矿浆或溶液，总氰化物量总是大于或等于 WAD 氰化物浓度；同样，WAD 氰化物量总是大于或等于游离氰化物量。

在大多数情况下，评估水样质量的方法是分析其中的 WAD，因为其包含了毒理学上或环境上重要的氰化物形式（游离氰化物和中等、弱络合金属氰化物）。

氰化物是一种非常活泼的有毒化合物，在潮湿和酸性条件下会形成致命的氰化氢气体（HCN），氰化氢气体影响呼吸并引起细胞窒息；且由于氰化物具有非常高的活性，它很容易以强配体结合金属，形成不同的稳定的毒性络合物，这些络合物一旦进入土壤和地下水就会对人类和生物造成巨大的伤害，故含氰化物的尾矿和废弃物必须采取适当方式处理与处置[1]。

因金矿山含氰废弃物尾矿的处理不当，造成巨大环境污染事件的历史教训非常惨痛，如拜亚梅尔（Baia Mare）尾矿坝坍塌所造成的氰化物泄漏事件。事发后，罗马尼亚和匈牙利政府评估了泄漏的原因和影响，以及未来减少这些风险所需的措施。事故原因主要有：大规模降雨和融雪事件；筑坝水力旋流器无法运行，阻碍了大坝的修筑；尾矿库中多余的水未及时排放；尾矿库液面监测不力；蓄洪建设不符合规范；政府对水量平衡的监督不够。这起事件在世界上造成了氰化物使用非常不良的形象，并促使欧洲环境署（European Enviroment Agency）更加严格地管制氰化物的使用，如果充分执行《国际氰化物管理守则》本可以有助于防止该事件的发生[2]。

1995 年 8 月 19 日至 20 日夜间，奥麦（Omai）金矿尾矿坝溃坝后，约 450 万立方米的含氰尾矿与废水倾入奥麦河。事故发生三天后，圭亚那总统宣布与奥麦河相连的埃塞奎博河（Essequibo）的 80 km 流域为环境重灾污染区[3]。

由于氰化物的危害性，世界上越来越多的金矿及提金厂被法律要求对其尾矿中的氰化物解毒，旨在尽量减少野生动物对氰化物的接触，特别是对水中氰化物毒性极限为 0.005% 的鸟类。在职业健康和安全方面，接触氰化氢气体对劳动力健康的长期影响受到了更多的关注，在南美洲和北美洲的一些地区，氰化物被禁止使用。尽管如此，氰化物在黄金矿山仍被采用，但必须要求对氰化物在排放前进行解毒，即破氰，以符合排放标准的要求。

10.2 破氰方法

含氰化物废物包括氰化提金后排往尾矿库前的尾矿浆，针对含氰化物废物的破氰方法主要有：自然衰减法、碱氯化法、二氧化硫-空气法、过氧化氢法、铁氰沉淀法、卡罗酸法、生物法、电化学法等[4]。

10.2.1 自然衰减法

废弃物中的氰化物会自然降解，依靠自然衰减破氰是以往氰消减的首选方法。由于高温和干旱气候会加剧氰化物的降解与挥发，因此自然衰减法在澳大利亚金矿山的含氰尾矿及废水破氰中曾被广泛使用。但大量氰的挥发对环境有较大的负面影响，尤其是对鸟类、鱼类或本地动物，如袋鼠和鸸鹋[5]。随着对环境保护标准的提高，这种方法已不再成为首选方法，通常采取人工主动破氰法将氰含量降至排放标准。为防止氰化物水渗透到地下水中，许多矿山当局坚持要求使用内衬尾矿坝。自然破氰方法详见 10.4 节。

10.2.2 碱氯化法

碱氯化法是含氰废水处理最古老的化学方法，曾经是氰化物处理工艺中应用最广泛的一种方法。该法能有效地将氰化物处理到低水平，但使用的试剂较多，操作成本相对较高，由于该过程对环境影响的复杂性而逐渐被其他方法所取代，现在只有偶尔使用。氯化破氰反应分为两个基本步骤，第一步是氰化物转化为氯化氰（CNCl），第二步是氯化氰水解生成氰酸盐，见反应式（10-1）和式（10-2）。

$$Cl_2 + CN^- \longrightarrow CNCl + Cl^- \tag{10-1}$$

$$CNCl + H_2O \longrightarrow OCN^- + Cl^- + 2H^+ \tag{10-2}$$

在氯存在轻微过量的情况下，氰酸盐在催化反应中进一步水解生成氨，见式（10-3）。

$$OCN^- + 3H_2O \xrightarrow{Cl_2} NH_4^+ + HCO_3^{2-} + OH^- \tag{10-3}$$

如果有足够的过量氯，则通过断点氯化反应继续进行，在此过程中氨完全氧化为氮气（N_2），见式（10-4）。

$$3Cl_2 + 2NH_4^+ \longrightarrow N_2 + 6Cl^- + 8H^+ \tag{10-4}$$

碱氯化法除与氰化物、氰酸盐和氨反应外，硫氰酸盐还会氧化，在某些情况下会导致氯的消耗过高，见式（10-5）。

$$4Cl_2 + SCN^- + 5H_2O \longrightarrow SO_4^{2-} + OCN^- + 8Cl^- + 10H^+ \tag{10-5}$$

因氯的消耗很高，碱氯化工艺主要应用于含氰溶液处理，而不是矿浆，如用于电镀工业含氰废水的处理等过程。该工艺对游离氰化物和 WAD 的溶液破氰处理较有效，但对铁氰化物的去除有限，具体需看被处理溶液中所含其他贱金属的水平[6]。氨和硫氰酸盐氧化的氯耗量可以由反应式（10-5）计算出来。此外，反应式（10-5）产生不同数量的酸（H^+），通常通过向反应容器中加入石灰或氢氧化钠来中和。

理论上使用 2.73 g Cl_2 可氧化 1 g 氰化物为氰酸盐，但在实践中实际使用 Cl_2 的范围为 3.0~8.0 g。该工艺中使用的 Cl_2 可以由液体 Cl_2 或 12.5% 的次氯酸钠溶液（NaOCl）提供[7]。当 Cl_2 以次氯酸钠溶液提供时，在碱性氯化反应中，次氯酸盐离子根据反应式（10-6）~式（10-8）氧化氰化物，生成 CO_2 和 N_2 气体。

$$CN^- + H^+ + ClO^- \longrightarrow CNCl + OH^- \tag{10-6}$$

$$CNCl + 2OH^- \longrightarrow CNO^- + Cl^- + H_2O \tag{10-7}$$

$$2CNO^- + 3ClO^- + H_2O \longrightarrow 2CO_2(g) + N_2(g) + 3Cl^- + 2OH^- \tag{10-8}$$

所有这些反应都与 pH 值有关，上述反应需在 pH 值大于 10.0 的条件下进行，以确保氯化氰完全水解成氰酸盐反应，而式（10-8）反应的最佳 pH 值稍低，为 8.5。

与二氧化硫-空气法和过氧化氢法相比，碱氯化法的优点是氰氧化破解反应不需要铜作为催化剂，与氰化物络合的金属，如铜、镍和锌等将以金属氢氧化物的形式沉淀。除铁氰化复合物外，游离氰化物和大多数氰化络合物均会被氧化破解。该方法的主要缺点是会形成潜在氯化有机物等，这是该法在许多矿山不被采用的原因。

10.2.3 二氧化硫空气法

10.2.3.1 INCO 法工艺

因科（INCO）法是加拿大国际镍业公司（INCO）开发的一种氰化物破解特定工艺，该法为目前二氧化硫空气破氰方法的代表。INCO 工艺的基础是在控制的 pH 值下，使用 SO_2 和空气的混合物，在可溶性铜催化剂的存在下，将 WAD 转化为氰酸盐。在 INCO 工艺中，不同形态的氰化物通过不同的工艺去除，其中关键过程是将 WAD 转化为氰酸盐，铁络合氰化物被还原为亚铁态，并以不溶性铜-铁-氰化物络合物的形式沉淀，而从 WAD 络合物中解放出来的残余金属则以氢氧化物形式沉淀下来。第二种专利由 Heath Steel Mines Ltd. 开发，专利授予加拿大诺兰达公司（Noranda Incorporated）。在 Noranda 工艺中，将纯二氧化硫注入溶液或浆料中，降低 pH 值至 7.0~9.0，然后以适合的速度加入硫酸铜溶液，以产生含有适当氰化物浓度的排泄物料[4,8]。

二氧化硫-空气法能有效地处理溶液游离及 WAD 中的氰化物，对初始氰化物含量低到中等高的浆体特别适应。当处理后的氰化物含量低于 5 mg/L 时，按相应标准即可排放至尾矿库，故被世界各矿山广泛应用于尾矿浆的破氰中。典型的 INCO 法两段破氰工艺流程如图 10-2 所示。典型的两阶段工艺配置中，在第一个反应器中加入二氧化硫、石灰和硫酸铜，以完成氰化物的氧化。在第二个反应器中加入石灰或其他化学物质（如氯化铁），以最大限度地沉淀金属。控制空气、铜用量、pH 值、二氧化硫进料速度及停留时间以达到最佳的破氰效果，最优工艺参数根据处理浆体或溶液中 WAD 的浓度确定。

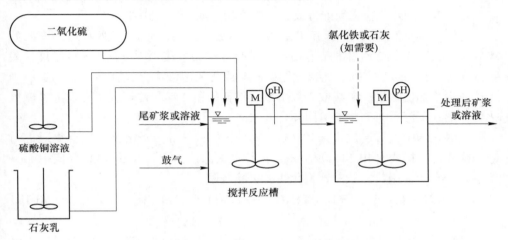

图 10-2 INCO 法两段破氰工艺流程

10.2.3.2 破氰原理

在可溶性铜催化剂的存在下，自由和弱络合金属的氰化物（WAD）被二氧化硫和空气氧化成氰酸盐，见式（10-9）。

$$CN^- + SO_2 + O_2 + H_2O \xrightarrow{Cu^{2+} \text{ 催化}} CNO^- + SO_4^{2-} + 2H^+ \qquad (10\text{-}9)$$

$$M(CN)_4^{2-} + 4SO_2 + 4O_2 + 4H_2O \xrightarrow{Cu^{2+} \text{ 催化}} 4CNO^- + 4SO_4^{2-} + M^{2+} + 8H^+$$
$$(10\text{-}10)$$

$$CNO^- + H^+ + H_2O \longrightarrow CO_2 + NH_3 \qquad (10\text{-}11)$$

氰化物和金属的去除反应发生在不同的 pH 值下，如果 pH 值波动超出最佳范围，工艺性能将会大大下降。式（10-9）和式（10-10）反应需在 pH 值为 8.0~9.0 之间进行，反应中会形成酸，通常需要添加石灰来控制 pH 值，石灰的加入量可通过上述反应估算，一般是每克 CN^- 氧化物对应石灰 3.0~5.0 g。实践中，石灰的实际用量和最佳的 pH 值须通过实验最终确定。温度对该工艺的影响不大，反应温度常控制在 5~60 ℃之间。

该工艺中破解每克 WAD 需 SO_2 的理论用量为 2.46 g，但实际用量为每克 WAD 对应 3.0～5.0 g 的 SO_2。反应所需的 SO_2 可以以液态二氧化硫、亚硫酸钠（Na_2SO_3）或焦亚硫酸钠（$Na_2S_2O_5$）的形式提供，见式（10-12）。亚硫酸氢铵溶液（NH_4HSO_3）也用于该工艺，但需要考虑添加氨对处理后废水的影响。总之，含硫药剂的选择需综合考虑实用性、操作性及成本。

$$Na_2S_2O_5 + 1.5O_2 + H_2O + CN^- \longrightarrow CNO^- + 2NaHSO_4 \qquad (10\text{-}12)$$

二氧化硫或其他来源的氧化剂，或预先混合在空气中，或单独作为亚硫酸盐溶液。二氧化硫气体通常以溶解后的液体供应，而亚硫酸钠（Na_2SO_3）或焦亚硫酸钠（$Na_2S_2O_5$）粉末须配置成适宜浓度的溶液后按比例加入。

可溶性铜催化剂通常以五水硫酸铜（$CuSO_4 \cdot 5H_2O$）溶液形式，按初始 WAD 水平的 10%～20% 添加到待处理含氰尾矿矿浆或废水中，铜离子的浓度一般控制在 10～50 mg/L 之间。如果该尾矿矿浆或含氰溶液中已经存在溶解的铜，则无须或少添加硫酸铜。矿浆或废液中氰化物含的铜、镍和锌等金属将以金属氢氧化物的形式沉淀后与矿浆中的固体合并去除。

铁氰化物中铁可通过式（10-13）被还原为 Fe^{2+} 后，氰化亚铁配合物通过与铜、镍或锌根据式（10-14）反应形成沉淀而去除。由于式（10-13）反应中 Fe^{3+} 还原为 Fe^{2+} 较为困难，故对铁氰化物的去除有限。

$$2Fe(CN)_6^{3-} + SO_2 + 2H_2O \longrightarrow 2Fe(CN)_6^{4-} + SO_4^{2-} + 4H^+ \qquad (10\text{-}13)$$

$$2M^{2+} + Fe(CN)_6^{4-} \longrightarrow M_2Fe(CN)_6(s) \qquad (10\text{-}14)$$

弱络合金属氰化物氧化后残留在溶液中的微量金属按照反应式（10-15）以氢氧化物沉淀。

$$M^{2+} + 2OH^- \longrightarrow M(OH)_2(s) \qquad (10\text{-}15)$$

该过程中 10%～20% 的硫氰酸盐会发生以下水解反应：

$$SCN^- + 4SO_2 + 4O_2 + 5H_2O \longrightarrow OCN^- + 10H^+ + 5SO_4^{2-} \qquad (10\text{-}16)$$

10.2.3.3 工艺参数

INCO 法破氰主要工艺参数包括停留时间、空气鼓风入量、铜用量、pH 值和二氧化硫进料速度等。在二氧化硫和空气供给一定条件下，矿浆破氰体系中的铜离子浓度和 pH 值对破氰影响很大。不同铜添加水平和 pH 值下的破氰性能如图 10-3 所示。

如前所述，当铜离子（Cu^{2+}）浓度在 10 mg/L 以上、pH 值在 6.0～10.0 之间时，该工艺效果最佳。对于总氰浓度 100～350mg/L，甚至更高，控制 Cu^{2+} 浓度和合适的 pH 值，破氰后总氰浓度普遍会降至 5mg/L 以下。药剂的最佳使用量根据待处理尾矿浆或溶液氰含量及氰化物形态通过试验确定。

INCO 法的主要优点是可处理含氰矿浆和废液，可除去所有形式的氰化物，包括稳定的铁氰化物络合物，与其他破氰方法比较，成本相当，过程操作稳定，

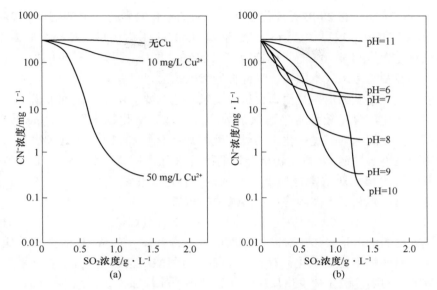

图 10-3 铜浓度 (a) 和 pH 值 (b) 对 INCO 工艺破氰的影响

已在矿山得到广泛应用。缺点是氰化物未得到回收，处理后的溶液中可能会产生不理想的硫酸盐需要额外处理，以去除向环境排放的溶液中的氰化铁、硫氰酸盐、氰酸盐、氨、硝酸盐和（或）金属。

10.2.4 过氧化氢法

过氧化氢法处理的化学原理与 INCO 法类似，但氧化剂使用过氧化氢（双氧水，即 H_2O_2）而不是二氧化硫和空气。当自由氰被氧化时，需要过渡金属如可溶铜、钒、钨或银作为催化剂，反应的最终产物是氰酸盐，形成的氰酸盐按式（10-17）分解。

$$CN^- + H_2O_2 \xrightarrow{\text{Cu}^{2+} \text{ 催化}} CNO^- + H_2O \qquad (10-17)$$

H_2O_2 的理论用量为每 1.31 g H_2O_2 氧化 1 g CN^-，但实际用量为每氧化 1 g CN^- 需 2.0~8.0 g H_2O_2[10]，使用的 H_2O_2 通常是一种浓度为 50% 的液体。该反应通常在 pH 值为 9.0~9.5 的情况下进行，以最佳地去除氰化物和铜、镍和锌等金属。但是，如果铁氰化物也必须被去除到较低的水平，那么 pH 值就应降低以增加铜-铁氰化物的沉淀，但这会降低铜、镍和锌的去除效率。如上所述，对于可溶性催化剂铜（Cu^{2+}），通常以硫酸铜（$CuSO_4 \cdot 5H_2O$）溶液的形式加入，使 Cu^{2+} 的浓度达到 WAD 初始氰化物浓度的 10%~20%。反应完成后，氰化物络合的金属，如铜、镍和锌，以金属氢氧化物的形式沉淀。

除控制合适的 pH 值外，温度的提高、双氧水和催化剂的增加均会加快破氰反应速度。例如，在 25 ℃ 无催化条件下，游离氰化物转化为氰酸酯需要 2~3 h，而在 50 ℃ 下需 1 h 或更少。当 Cu^{2+} 含量增加 10 mg/L 时，反应速率增加 2~3 倍；当过氧化氢含量超过 20% 时，反应速率增加 30% 左右。同样，药剂的加入量和工艺参数的控制需考虑成本因素，最佳控制参数须通过试验确定。

因为过氧化氢的消耗量很高，过氧化氢工艺主要应用于溶液而非矿浆，通常用于相对氰化物含量较低水平溶液的处理，处理后氰化物水平达 1 mg/L 以下，达到可以排放的标准。过氧化氢法对溶液游离氰化物和 WAD 的处理有效，铁氰化物则通过不溶性铜-铁-氰化物络合物的沉淀去除，见式（10-18），亚铁氰化物与溶液中 Cu^{2+} 形成亚铁氰化物复合物沉淀，且过氧化氢氧化反应生成氰酸盐和水，这一过程限制了固体溶解物在溶液中的积累。

$$2Cu^{2+} + Fe(CN)_6^{4-} \longrightarrow Cu_2Fe(CN)_6 \qquad (10\text{-}18)$$

该方法的优点是操作相对简单，不产生有毒气体，对 WAD 的选择性比氯化法更强（氰酸酯不会被氧化，只有一小部分硫氰酸酯会被氧化）。缺点是双氧水可与溶液中的固体硫化物发生反应，导致试剂消耗量加大，试剂单位成本高，和 INCO 法一样，产物氰酸酯水解会产生不良氨反应。

10.2.5　铁氰沉淀法

游离、WAD 和总氰化物都与亚铁发生反应，生成各种可溶性和不溶性化合物，见式（10-19）和式（10-20），主要有六氰铁酸盐（$Fe(CN)_6^{3-}$）、普鲁士蓝（$Fe_4[Fe(CN)_6]_3$）和其他不溶性金属铁氰化物（$M_xFe_y(CN)_6$），如与铜或锌的化合物。

$$Fe^{2+} + 6CN^- + \frac{1}{4}O_2 + H^+ \longrightarrow Fe(CN)_6^{3-} + \frac{1}{2}H_2O \qquad (10\text{-}19)$$

$$4Fe^{2+} + 3Fe(CN)_6^{3-} + \frac{1}{4}O_2 + H^+ \longrightarrow Fe_4[Fe(CN)_6]_3 + \frac{1}{2}H_2O \quad (10\text{-}20)$$

铁氰沉淀工艺的最佳条件是 pH 值为 5.0~6.0，铁以硫酸亚铁（$FeSO_4 \cdot 7H_2O$）的形式加入，硫酸亚铁的用量为每摩尔 CN^- 用 0.5~5.0 mol Fe，具体量视所需的 CN^- 处理水平而定[12]。

铁氰化物沉淀过程的适用性有限，因为它适用于沉淀反应可控、固体沉淀物可分离且能适当处置的情况。以往该工艺广泛用于将游离氰化物和 WAD 转化为毒性较小的铁氰化物的处理过程，目前主要用于将总氰化物浓度降低到 1~5 mg/L 或更低的深度处理工艺。

铁氰沉淀法的优点是试剂成本低，操作相对简单，能有效隔离 CN^- 和 WAD，不氧化氰化物为氰酸盐，故不会产生氨。其缺点是因氰化物没有被破坏，而是以混合亚铁氰化物的形式沉淀，沉淀物在碱性 pH 值（pH>9）下可再溶解，并将亚铁氰化物释放回溶液中；破氰过程有时可能需要曝气，将 Fe^{2+} 转化为 Fe^{3+}；由于可溶性氰亚铁酸盐的残留，处理后总氰很难达到 5 mg/L 以下，较化学氧化法需要更长的滞留时间等。

10.2.6 卡罗酸法

卡罗（Caro's）酸即过氧化单硫酸（H_2SO_5），是近年来开发的破氰试剂，并在破氰实践中得到一定程度的应用，破氰工艺如图 10-4 所示。卡罗酸由过氧化氢和硫酸在控制温度的环境下反应产生，见式（10-21）。卡罗酸的生成通常用 70% 的过氧化氢溶液和 98% 的硫酸溶液，二者配比为 1 mol H_2O_2、1.5~3.0 mol H_2SO_4，总产率高达 80%（以 H_2O_2 为基础）[13]。

$$H_2O_2 + H_2SO_4 \longrightarrow H_2SO_5 + H_2O \qquad (10\text{-}21)$$

由于卡罗酸的不稳定性，需在现场生产后立即或短时储存便用于破氰，破氰反应见式（10-22）。在室温下，卡罗酸能稳定数小时；然而，在高温下能稳定几分钟便分解释放出氧气、水和三氧化硫（SO_3）。

$$CN^- + H_2SO_5 \longrightarrow CNO^- + SO_4^{2-} + H^+ \qquad (10\text{-}22)$$

理论上，每氧化 1 g 氰化物需 4.39 g H_2SO_5，但实际工艺中，每克氰化物需要 5.0~15.0 g H_2SO_5。反应通常在 pH 值为 7.0~10.0 时进行，反应中产生的酸通常用石灰来中和。该氧化反应的进行不需要可溶性铜催化剂，故当要求不能添加铜催化剂时，常代替 INCO 法用于矿浆的破氰处理。而对于溶液的处理，过氧化氢法通常为首选。该方法的最佳应用是在初始氰化物含量较低至中等水平的尾矿浆破氰工艺，处理后的氰化物含量要求 10~50 mg/L。图 10-4 为卡罗酸破氰工艺流程。

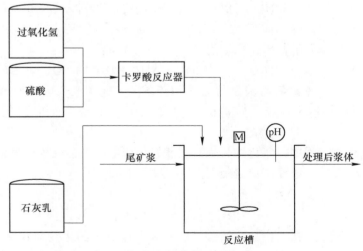

图 10-4　卡罗酸破氰工艺流程

卡罗酸法的优点是不需要铜催化剂时破氰反应快速，可有效氧化 CN^- 和 WAD，且不产生有毒气体，并可以氧化部分硫氰酸盐，亚铁氰化物则以铁氰化物沉淀去除。其缺点是破氰选择性较二氧化硫-空气法差，药剂消耗量大、成本高，卡罗酸生产时混合反应放热，安全性低；铁氰化络合物沉淀在碱性 pH 值（pH>9）下可再次溶解，并将亚铁氰化物释放回溶液中。

10.2.7　生物法

自 20 世纪 80 年代在美国 Homestake Lead 矿成功应用后，氰化物生物处理工艺近年来在矿业中得到了更广泛的应用。生物处理工艺一般有好氧与厌氧、生物附着生长与悬浮生长等几种配置。在好氧过程中，氰化物、硫氰酸盐、亚硝酸盐和氨被氧化成硝酸盐，而在厌氧（或缺氧）过程中，硝酸盐和亚硝酸盐以氮气的形式被去除。在这两种过程中，伴随的金属可通过生物质吸附或沉淀为金属碳酸盐、氢氧化物或硫化物而去除[14]。

在生物附着生长过程中，生物生长发生在固定的固体介质上，例如在旋转生物接触器（RBC）或滴滤池中，生物质定期从介质中脱落，并随废水被带走。附着生长系统通常用于处理低浓度废水，以避免因培养基生物量超载。在生物悬浮生长过程中，生物生长发生在悬浮污泥系统中，类似于浆状悬浮。废弃的生物质能以底流的形式从澄清池中去除，大多数生物质能从澄清池底流中回收到原料水流中。由于生物量的增长速度较高，通常使用悬浮生长系统处理高浓度废水。

生物介导的氰化物氧化反应为：

$$CN^- + 1/2O_2 + 2H_2O \longrightarrow CO_2 + NH_3 + OH^- \tag{10-23}$$

反应中，氰化物被氧化成 NH_3；在该过程中，对于稳定的铁氰化物，尽管一小部分可能被吸附在生物质上，但不会被生物氧化。这个反应每克氰化物的需氧量大约为 0.62 g，而生物质产量为 0.05~0.10 g。

生物介导的硫氰酸盐氧化反应为：

$$SCN^- + 2O_2 + 4H_2O \longrightarrow HCO_3^- + NH_4^+ + OH^- + SO_4^{2-} + 2H^+ \tag{10-24}$$

在此反应中，硫氰酸盐被氧化为氨和硫酸盐，每氧化 1 g 硫氰酸盐约生成 0.24 g 氨。该反应每克硫氰酸盐的耗氧量约为 1.10 g，而生物质产量约为 0.08 g。

在好氧生物过程中，氰化物和硫氰酸盐氧化产生的氨会继续被氧化，该硝化反应见式（10-25），最终产物是硝酸盐（见式（10-26））。

$$NH_4^+ + 2O_2 \longrightarrow NO_3^- + 2H^+ + H_2O \tag{10-25}$$

$$2NO_2^- + O_2 \longrightarrow 2NO_3^- \tag{10-26}$$

在好氧系统中，氰化物、硫氰酸盐、氨和亚硝酸盐的生物氧化会同时发生；硫氰酸盐反应对温度不太敏感，相较反应速率稍快。因为较低的水温会导致反应动力学较慢，处理设备也相应较大，为提高反应速率，通常有必要将处理水温度加热至 10~15 ℃。

好氧处理后，通常采用厌氧（或缺氧）反硝化法产生氮气以去除硝酸盐和残余亚硝酸盐，见式（10-27）。

$$6NO_3^- + 5CH_3OH \longrightarrow 3N_2 + 5HCO_3^- + 7H_2O + OH^- \qquad (10\text{-}27)$$

硝酸盐在此过程中转化为惰性氮气（氮气是空气的主要成分）。尽管乙醇或糖蜜等可以作为有机碳源，但该过程中通常以甲醇（CH_3OH）为有机碳源。

如上所述，20 世纪 80 年代在美国 Homestake Lead 矿成功应用后，氰化物生物法处理工艺在采矿业中的应用已经比较普遍[15]。在排放到地表水之前，利用好氧附着生长生物去除尾矿库溶液中的氰化物、硫氰酸盐、氰酸盐、氨和金属。生物处理的主要优势在于，通常比其他处理过程的成本低得多，并能够在一个过程中同时去除几种化合物（氰酸盐、硫氰酸盐、氨、硝酸盐和亚硝酸盐等），处理后的废水质量高，通常适合直接排放到地表水中。但该工艺对温度敏感，主要适于 10 ℃以上连续流量的废水，故在采矿业中的适用性受到一定程度的限制，直到最近才有所改善。

10.2.8 电化学法

电化学破氰法是近年来发展的一种方法，在含氰废水的电化学处理中，氰化物分解的反应途径在很大程度上取决于碱度。一般认为，氰化物在强碱性溶液中在阳极被氧化为氰酸根离子（CNO^-），再进一步氧化为碳酸盐或二氧化碳和氮，见式（10-28）和式（10-29）[16]。

$$CN^- + 2OH^- \longrightarrow CNO^- + H_2O + 2e \qquad (10\text{-}28)$$

$$2CNO^- + 4OH^- \longrightarrow 2CO_2 + N_2 + 2H_2O + 6e \qquad (10\text{-}29)$$

然而，在中性溶液中氰酸盐离子将会持续水解产生铵离子和碳酸盐离子，见式（10-30）。

$$CNO^- + 2H_2O \longrightarrow NH_4^+ + CO_3^{2-} \qquad (10\text{-}30)$$

此外，氰化物离子在弱酸性溶液中先在阳极氧化形成氰化物自由基，再与 CN^- 自由基偶联形成 C_2N_2，然后水解生成草酰胺（$(CONH_2)_2$）。

$$CN^- \longrightarrow CN \cdot + e \cdots 2CN \cdot \longrightarrow C_2N_2 \qquad (10\text{-}31)$$

$$C_2N_2 + 2H_2O \longrightarrow (CONH_2)_2 \qquad (10\text{-}32)$$

部分草酰铵将在弱酸性环境连续水解，见式（10-33）。

$$(CONH_2)_2 + 2H_2O \longrightarrow C_2O_4^{2-} + 2NH_4^+ \qquad (10\text{-}33)$$

氰化物的电化学分解具有较强的氧化性能、非选择性氧化、环境相容性好、无二次污染物等优点，是一种很有吸引力的替代方法，可处理络合氰化物和浓高氰化物溶液，但处理金矿山尾矿矿浆受工艺条件限制。

10.3 氰 回 收

在过去的一百年中，人们研究了许多氰化物回收工艺，但目前只有两种在金矿山得到了工业应用，一种是含氰尾矿浆浓密溢流废水循环使用，一种是 AVR 法氰化氢转化回收。自金矿山尾矿浆回收氰的好处是减少破氰工艺，节约氰化钠用量，回收其他副产品[17]。

10.3.1 含氰废水循环

金矿山生产中，通常将尾矿浆浓密或过滤实现固液分离，将部分含氰溶液从尾矿浆中分离出来，返回到磨矿和（或）浸出回路中循环使用，达到氰的回收和废水循环利用的目的（见图 10-5）。该方法的使用及返回量须对整个操作流程中氰化物的使用环节进行评估，并通过对流程物质平衡计算后确定。

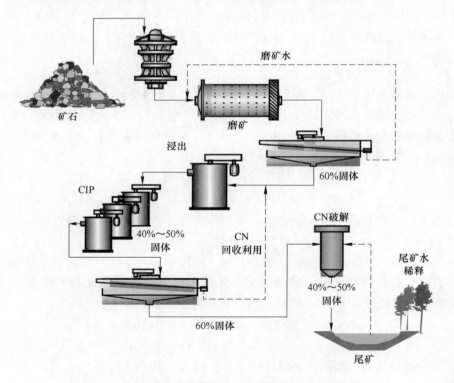

图 10-5   金矿山尾矿废水氰回用示意图

在金矿氰化提金过程中，为了保证较好的浸出动力学和较高的总金回收率，氰化物的添加量必须大于浸出过程中理论氰化物消耗量。这种过量的氰化物以未络合或游离氰化物的形式进入尾矿，通常可以采用含氰废水循环利用方式和相对低成本地回收部分氰化物，如果矿区在干旱地区也可解决部分用水困难。实现这一目标的基本要求：首先回收的是溶液而不是矿浆，其次应满足工厂的整体水平衡。金矿堆浸工艺较易于满足这些要求，堆底部收集的母液中残留的氰化物在溶液金提取后可返回到堆的顶部回收使用。但在磨矿-CIL-CIP 工艺中则不易实现，通常需通过对浸出前的磨浆浓密，且在排放前对尾矿浆再次浓密来回收。世界上有氰化物回收工艺的许多黄金矿山都采用了这种方法[18]。

该工艺简单，资金成本相对较小（浓密机，较大的浸出池和 CIP 池），操作成本最低，整个过程不需要将游离氰化物转化为 HCN 气体。但该工艺的限制是，如不进行昂贵的固液分离工序，尾矿中游离氰化物的回收率很难达到 50% 以上，且剩余的尾矿在排放到环境中之前，一般仍需经过解毒处理。对于尾矿中的金属氰化物 WAD，不经过额外处理则无法回收。

10.3.2 AVR 法

AVR 法，即酸化—挥发—再中和（AVR）和 Cyanisorb 工艺，是一种从溶液中以氰化氢气体的形式去除并回收氰化物的方法。在 pH 值小于 7.0 时，游离氰化物被转化为氰化氢气体，然后可以从溶液中气剥。如果尾矿中含有 WAD 络合物，则必须将 pH 值降至 3~5[19]。在酸化过程中，游离氰化物和相对较弱的络合氰化物（锌、镉、镍、铜的络合物）中的氰被转化为 HCN 气体，然后通过对尾矿浆鼓气吹脱或溶液挥发以剥离 HCN，一旦氰化氢气体从尾矿浆或溶液中剥除，其很容易被氢氧化钠的碱性溶液吸收。该过程涉及的三个主要反应为：

$$2CN^- + H_2SO_4 \longrightarrow 2HCN(aq) + SO_4^{2-} \tag{10-34}$$

$$HCN(aq) \longrightarrow HCN(g) \tag{10-35}$$

$$HCN(g) + NaOH \longrightarrow NaCN + H_2O \tag{10-36}$$

该方法对中到高浓度氰化物的尾矿浆和溶液中 WAD 的氰化物的回收在 70%~95%。矿浆中溶解铜的存在会给氰化物的回收带来困难，某些情况下需用硫化钠（Na_2S）对溶液进行预处理，以硫化亚铜（Cu_2S）形式在氰化物回收前沉淀去除铜离子。通过向氰化物浸出液或尾矿浆中添加硫化物离子，发生的反应见式（10-37）。因其溶解度极低（$K_{sp} = 2.3×10^{-48}$），硫化亚铜（或合成辉铜矿）的形成非常有利于铜离子的沉淀。

$$2Cu(CN)_3^{2-} + S^{2-} + 6H^+ \longrightarrow Cu_2S + 6HCN \tag{10-37}$$

现代的氰化氢吸收工艺操作将 pH 值与尾矿中的氰化物相匹配，并使用低流量、低压空气通过一个高的汽提塔，塔内装有隔板或填充惰性介质，以改善气体接触。在第二个塔式反应器中，空气中的 HCN 气体在苛性的溶液中洗涤，将

HCN 转化为自由的氰化物离子进行循环利用。

在操作实践中，游离和络合氰化物转化为 HCN 及金属沉淀的速度很快，大约 5 min，而 HCN 从溶液中析出到气相的速度相对较慢，完全析出需要几个小时，即气提率的大小是决定性因素。设计良好的汽提塔可以提高 HCN 气提率，且通过加热尾砂可以显著提高气提率，但除非有废热利用工序，否则这种成本太高。

在处理溶液时，根据溶液中总氰化物的含量，酸的消耗接近于化学计量数。当同一工序处理矿浆时，酸消耗量通常比溶液处理量高 5 倍，且气提 HCN 的速度也明显慢于从溶液中提取的速度。

美国 Delamar 矿山的 Cyanisorb 工厂 1998 年投入 500 万美元建设 1 套 VAR 工艺，处理尾矿中含 WAD 氰化物 300 mg/L，每回收 1 kg 的 NaCN 运行成本 1 美元[20]。当尾矿中游离氰化物浓度高时，该工艺可降低总体运营成本。但在多数情况下，该工艺可能不太适合处理矿浆，如果矿石为氧化矿，所含碳酸盐矿物可能会消耗大量的酸，可能会出现严重的结垢问题。此外，矿浆中 HCN 的剥离速率比溶液中的慢，影响气提效率。在实践中，处理后的溶液中氰化物残留量很难达到很低的值，可能需要进行补充氰化物解毒，形成的酸性矿浆也需进一步处理。

10.3.3　膜处理

如前所述，氰化提金尾矿浆中最常见的氰化物为游离氰化物阴离子（通常为 100~200 mg/L）及其与铜、锌、铁、镍金属离子的氰化络合物的 WAD。游离氰化物阴离子对阴离子交换树脂的亲和力较低，铜、锌、镍的氰化物能够有效地被阴离子交换树脂提取，如图 10-6 中的吸附等温线；如果游离氰化物在离子交换之前与金属离子（如锌或铜）进行预络合，则会被有效提取[21]。一般氰化镍在金尾矿中很少见，而钴（Ⅲ）和氰化铁形成稳定的络合物，如果不同时破坏氰化离子，就不可能将它们分解。

尽管强氰化络合物难以直接回收，但可以通过离子交换有效地从金矿尾矿中提取，从而使总氰化物含量达到外排标准。目前，已有实验室和小型试验厂，通过离子交换以锌和铜氰化络合物形式回收氰化物。

10.3.3.1　锌络合物法

氰化锌常见于金浸出流程中，特别是采用 Merrille Crowe 工艺进行最终金回收的工艺。另外，也可以在浸出尾渣中加入锌盐，将游离氰化物预络合成氰化锌 WAD 络合物[22]。虽然该络合物是 WAD 氰化物络合物中最弱的（$Zn(CN)_4^{2-}$，$\lg\beta_4 = 17.4$），但它对阴离子交换树脂有很强的亲和力，通过下列化学计量式负载在强碱阴离子交换树脂上。

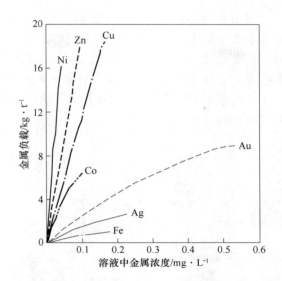

图 10-6 浸出液各种金属氰化络合物在强碱树脂上的负载平衡等温线
(溶液与树脂的比例为 500∶1, pH 值为 11.5, 温度约 20 ℃)

$$(\circledR - NR_3^+)_2 SO_4^{2-} + Zn(CN)_4^{2-} \longrightarrow (\circledR - NR_3^+)_2 Zn(CN)_4^{2-} + SO_4^{2-}$$

$$(10\text{-}38)$$

式中, ⓡ代表树脂的聚苯乙烯骨架; R 代表烷基。

式 (10-38) 表明, 每个树脂官能团有效负载两个氰化物离子。因此, 预络合反应不仅使氰化物从弱加载的自由氰化物形式转化为强加载的氰锌络合形式, 而且使树脂对氰化物离子的总加载能力提高了一倍。树脂能够从极稀的氰化锌溶液 (锌含量为 100 mg/L) 中加载至接近其理论容量 (锌含量为 30~40 g/L, 氰化物含量为 50~65 g/L), 且能够使最终出水中的氰化物达到极低水平 (氰化物含量小于 1 mg/L)[23]。因此, 将游离氰化物与锌阳离子预络合后, 可使树脂上的氰化物含量较高 (2~2.5 mol/L), 而尾矿中游离氰化和 WAD 含量极低。

当树脂充分负载后将被转移到洗脱工序, 经过氰化物洗脱后恢复其荷载能力, 而重新回收到 RIP 过程。洗脱时, 负载氰化锌的树脂常用硫酸处理, 洗脱液中的硫酸完全分解氰化锌络合物, 产生硫酸锌和 HCN 气体, 见式 (10-39)。

$$(\circledR - NR_3^+)_2 Zn(CN)_4^{2-} + 2H_2SO_4^{2-} \longrightarrow (\circledR - NR_3^+)_2 SO_4^{2-} + ZnSO_4 + 4HCN$$

$$(10\text{-}39)$$

硫酸浓度 100~150 g/L 逆流洗脱, 可以产生 45% 的 HCN 溶液, 产生的 ZnSO₄ 必须与 HCN 分离, HCN 回收采取 AVR 溶液蒸发捕集工艺, 捕集后的 HCN 转化为 Ca(CN)₂, 见式 (10-40)。回收后的氰化物返回浸出过程, 锌则用于预络合反应。

$$2HCN + Ca(OH)_2 \longrightarrow Ca(CN)_2 + 2H_2O \qquad (10\text{-}40)$$

该过程比尾矿浆直接蒸发速度快，反应交换柱体积更小，废再生液可直接回收到预络合反应器中，也可用石灰或碱处理生成氢氧化锌出售。树脂膜处理回收氰化物工艺如图 10-7 所示。该过程每摩尔氰化物回收硫酸理论消耗量为 0.5 mol，或每千克 NaCN 1 kg H_2SO_4；每摩尔氰化物回收石灰化学计量消耗 0.5 mol，或每千克 NaCN 0.75 kg $Ca(OH)_2$。

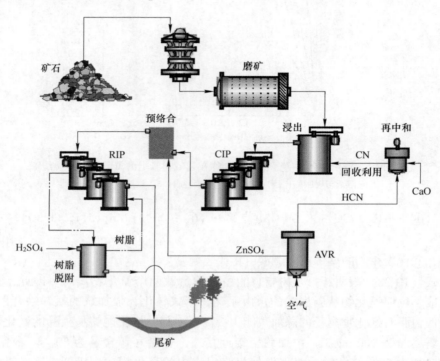

图 10-7 锌预络合—离子交换回收金尾矿浆氰化物的工艺流程

10.3.3.2 铜络合物法

A Au GMENT 工艺

Au GMENT 工艺是由 SGS Lakefield 研究公司和杜邦公司 1995 年开发的，通过离子交换树脂基工艺从金尾矿中回收铜和氰化物的方法。其化学基础是根据氰铜比例在各操作单元形成不同的铜氰配合物，自低 CN^-/Cu^{2+} 离子数比的 $Cu(CN)_2^-$ 到高 CN^-/Cu^{2+} 离子数比的 $Cu(CN)_3^-$ 和 $Cu(CN)_4^-$。其中，三氰基化合物最稳定（$\lg\beta_3 = 28$），故该工艺的关键是控制 CN^-/Cu^{2+} 比例[4]。实际上，即使在很强的酸溶液中，氰化铜在酸化过程中也不能够完全分解，会以 CuCN 形式沉淀，见式（10-41），除非有强氧化剂存在。这使得 33% 可能回收的氰化物流失到沉淀中，这是该工艺的另一关键点。

$$Cu(CN)_3^{2-} + 2H^+ \longrightarrow CuCN + 2HCN \qquad (10\text{-}41)$$

在负载周期中，从洗脱和再生回收到 RIP 的树脂孔中含有大量的沉淀 CuCN，当该树脂在 RIP 厂遇到金厂尾砂时，树脂中析出的 CuCN 与尾砂中的三亚铜络合物反应，形成双亚铜阴离子络合物 $Cu(CN)_2^-$，其对强碱树脂有很强的亲和力，可以在树脂上以高容量负载，因为它只有一个负电荷，每个树脂官能团上装载一个氰化铜阴离子。

$$(Ⓡ - NR_3^+)_2SO_4^{2-} \cdot CuCN + Cu(CN)_3^{2-} \longrightarrow 2(Ⓡ - NR_3^+)Cu(CN)_2^- + SO_4^{2-}$$
$$(10\text{-}42)$$

当树脂孔中有了足够的 CuCN 时，该工艺就可以有效地提取游离氰化物及三氰铜络合物，见式（10-43）。

$$2(Ⓡ - NR_3^+)_2SO_4^{2-} \cdot CuCN + 2CN^- \longrightarrow 2(Ⓡ - NR_3^+)Cu(CN)_2^- + SO_4^{2-}$$
$$(10\text{-}43)$$

当树脂完全装载了二氰基物质（Cu 60 g/L，CN^- 50~70 g/L）时进行洗脱，树脂上大约一半的铜将被剥离。随着自由氰的处理，得到 CN/Cu ≫ 4 的氰化铜溶液。该过程使树脂上的 $Cu(CN)_2^-$ 转变为 $Cu(CN)_3^{2-}$，因阴离子上的双重电荷，它只能占据树脂官能团的一半，因此，树脂上只有一半的铜被有效地洗脱，见式（10-44）和式（10-45）。

$$(Ⓡ - NR_3^+)Cu(CN)_2^- + CN^- \longrightarrow (Ⓡ - NR_3^+)_2Cu(CN)_3^{2-}$$
$$(10\text{-}44)$$

$$(Ⓡ - NR_3^+)Cu(CN)_2^- + Cu(CN)_4^{2-} \longrightarrow (Ⓡ - NR_3^+)_2Cu(CN)_3^{2-} + Cu(CN)_3^{2-}$$
$$(10\text{-}45)$$

式（10-44）为用自由氰洗脱，式（10-45）为用 CN^-/Cu^{2+} 离子数比为 4：1 的氰化铜 $Cu(CN)_4^{2-}$ 洗脱。

这两种情况下，三氰铜化合物均会吸附在树脂的官能团上，并且以该主要形式存在于洗脱液中。Au GMENT 工艺的最后两步涉及树脂的洗脱和洗脱电解液的再生。树脂在再生过程中采用硫酸处理，将三氰铜络合物转化为 CuCN，CuCN 沉淀在树脂孔中，每摩尔铜释放 2mol HCN 加以回收和浸出再循环使用。孔内含有 CuCN 沉淀的树脂返回到 RIP 吸附过程。

$$(Ⓡ - NR_3^+)_2Cu(CN)_3^{2-} + H_2SO_4 \longrightarrow (Ⓡ - NR_3^+)_2SO_4^{2-} \cdot CuCN + 2HCN$$
$$(10\text{-}46)$$

SGS Lakefield Research 在 20 世纪 90 年代早期的中试工作表明，当洗脱后树脂和硫酸液在逆流中接触时，产生高浓度的 HCN（约为 50 g/L）和低残留酸度（pH 值 4~5）的再生液。再生液直接用碱（或石灰）处理，而不需要经过 AVR 步骤，可将 HCN 转化为自由氰，再回收至浸出液中。而再生树脂含铜量为 30~40 g/L，CN^-/Cu^{2+} 离子数比约为 1，实际中可实现其化学计量式（见式（10-46））。

洗脱过程中产生的三氰铜络合物进行电解处理，在电解槽中，铜金属在不锈钢阴极上电积析出，使氰化物再生更多。为防止氰化物的阳极氧化，将阳极装入 Nafion 膜袋中，烧碱被泵入阳极以中和产生的酸。

$$2Cu(CN)_3^{2-} + e \longrightarrow Cu^0 + Cu(CN)_4^{2-} + 2CN^- \tag{10-47}$$

废电解液返回到洗脱工序，高的 CN^-/Cu^{2+} 离子数比会使更多的铜从树脂上剥离，故实际操作中周期性从回路中排出部分电解液以控制 CN^-/Cu^{2+} 离子数比。排出液用酸处理以沉淀 CuCN（过滤后返回电解液）和 HCN 溶液，HCN 溶液用石灰中和后返回浸出系统。SGS 的中试表明，采用 Au GMENT 工艺，自尾矿获得的 CN^- 小于 0.001% 的低贫液经过一系列氰回收处理，得到等效大于 100 g/L NaCN 的氰返回用于浸出系统，同时得到约 99% 的阴极铜产品[5]。

当亚铁氰化物和氰化亚铜同时存在于同一氰化浸出液时（这在高氰化矿石中经常发生），用酸处理至溶液 pH 值小于 4 会产生双金属氰化沉淀，如 $Cu_2Fe(CN)_6$ 或 $Cu_4Fe(CN)_6$。$Cu_4Fe(CN)_6$ 是在溶液缺氧条件下形成的，而 $Cu_2Fe(CN)_6$ 是在充氧良好的溶液中形成的。

$$4Cu(CN)_3^{2-} + Fe(CN)_6^{4-} + 12H^+ \longrightarrow Cu_4Fe(CN)_6 + 12HCN \tag{10-48}$$

虽然铁氰络合物中的氰仍然被锁，但由式（10-48）的化学计量学可以看出，亚铁氰化物分子从三氰铜络合物中释放出第三个 CN^-。因此，铁或铁氰化物的存在会增加铜氰化物中氰化物的回收率；溶液中有四氰化锌和亚铁氰化物时，在酸性条件下形成类似的锌铁双金属氰化配合物 $Zn_2Fe(CN)_6$。

当氰化铜阴离子和硫氰酸盐阴离子存在于同一氰化浸出液时，在 pH 值小于 2 的条件下，氰化铜阴离子和硫氰酸盐阴离子发生反应，见式（10-49）。

$$Cu(CN)_3^{2-} + SCN^- + 3H^+ \longrightarrow CuSCN + 3HCN \tag{10-49}$$

CuSCN 的溶度积（$K_{sp} = 1.8 \times 10^{-13}$）高于 CuCN 的溶度积（$K_{sp} = 3 \times 10^{-20}$），这意味着 CuCN 较 CuSCN 更易形成，见式（10-41）；但当溶液 pH ≤ 2、SCN^- 浓度较高时，反应式（10-49）更易发生。当溶液中亚铁氰化物或硫氰酸盐不足的情况（如 Cu ≫ Fe，SCN），通过向氰化物浸出液中添加硫化物离子以释放回收 CN^-，见式（10-50）。

$$Cu(CN)_3^{2-} + S^{2-} + H^+ \longrightarrow CuS_2 + HCN \tag{10-50}$$

因 CuS_2 的溶解度乘积极低（$K_{sp} = 2.3 \times 10^{-48}$），反应式（10-50）对形成硫化亚铜（或合成辉铜矿）非常有利，且在 pH<4 下该反应是不可逆的，即硫化物离子和酸的加入几乎使反应可以定量地发生。

Au GMENT 工艺较锌络合法更为复杂，目前尚未有工业应用的报道。

B　Hannah 工艺

Hannah 工艺也是由 SGS Lakefield 研究中心与前杜邦化学工程师 John A. Thorpe 合作开发，与 Au GMENT 工艺一样，以阴离子交换树脂提取为基础，主要针对含氰铜金尾矿的处理，但也能有效回收游离氰化物和其他 WAD 相关的氰化物[8]。该工艺使用传统的大珠强碱树脂，通常在 2~4 个连续装料槽中停留 1~2 h，树脂流量为每摩尔氰化物 0.6~1.2 L（氰化物当量载荷 22~44 g/L）；尾矿浆与逆流树脂流的体积比将随尾砂的组成而变化，但通常在（20∶1）~（100∶1）之间。树脂洗脱在常温下进行，持液时间约为 8 h。树脂的再生在再生柱中完成，停留时间约 2 h，再生剂被碱化以产生的 Ca(CN)₂ 溶液直接用于浸出系统。该工艺氰化物去除效率通常大于 90%，除回收氰化物外，也可回收铜、锌和硫氰酸盐（作为浓缩溶液或 CuSCN 沉淀）；主要的试剂消耗（主要是硫酸和石灰）与锌络合法和 Au GMENT 工艺非常类似。与锌络合法不同，Hannah 工艺可以将含铜、锌的尾矿作为 WAD 氰化络合物处理，产生单独的沉淀锌、铜副产物，该工艺目前也尚未见工业应用报道。

10.4 氰化物的自然降解

10.4.1 氰化物自然降解机制

破氰或氰回收后的尾矿或溶液排入尾矿库或矿山水池中，残存的氰会参与到自然分解环节，氰化物含量会自然衰减，浓度会进一步降低。该衰减以氰化氢的自然挥发为主，但也会发生生物降解、氧化、水解、光解、沉淀、被吸附等。在黄金矿山，会有意设计利用尾矿库或池塘，以最大限度地提高氰化物的衰减率，使最终外排水达到排放标准[25]。多种因素对尾矿库总体水和氰化物平衡影响如图 10-8 所示。

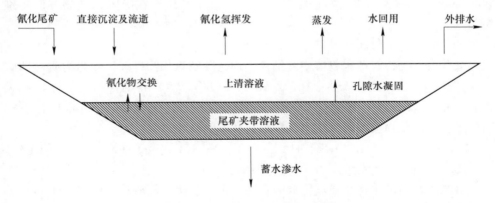

图 10-8 尾矿库总体水和氰化物平衡

氰的衰减反应可以发生在上清液中，也可以发生在尾矿底泥中，但总体上，氰化氢从蓄水水面的挥发是主要途径。该部分氰衰减可达 90%，其他部分约 10%。

10.4.1.1 挥发

氰化物的挥发是显著的自然衰减过程，溶液中氰根离子（CN^-）水解会形成氰化氢（HCN），见式（10-51），在接近中性到酸性的 pH 值条件下（pH<8.3），所有游离氰化物都以氰化氢的形式存在，氰化氢相当容易挥发。由于气态氰化氢的挥发，氰化物从废水、尾矿、堆浸桩和污染土壤中流失到大气中，见式（10-52），这一过程可以通过向氰化物溶液和废物中加入较低 pH 值的水来触发该反应进行。

$$CN^-(aq) + H_2O(l) \longrightarrow HCN(aq) + OH^-(aq) \qquad (10\text{-}51)$$
$$HCN(aq) \longrightarrow HCN(g) \qquad (10\text{-}52)$$

挥发出的氰化物会在大气中分散到本底浓度，或者会继续发生化学和生化反应，降解为氨和二氧化碳。

10.4.1.2 沉降

络合氰化物的沉淀可以通过含氰溶液中络合金属的参与来实现。例如，溶液中若存在亚铁氰化物（$Fe(CN)_6^{4-}$）和铁氰化物（$Fe(CN)_6^{3-}$）离子，向溶液中加入金属（Fe、Cu、Pb、Zn、Ni、Mn、Cd、Sn、Ag），亚铁氰化物和铁氰化物离子与溶解的金属发生反应，形成不溶性的金属氰化物固体，固体沉淀后从溶液中去除氰化物。

10.4.1.3 吸附

游离氰化物离子和络合氰化物可以自溶液吸附到矿物表面，但被吸附的氰化物如不被有机物质氧化，氰化物从溶液中被去除只是暂时的，不同形式的氰化物将会从矿物表面被解吸回溶液中。富含黏土的矿石在吸附氰化物方面特别有效。

10.4.1.4 生物氧化

某些废弃物特有微生物群中的细菌会通过降解氰化物以产生营养物质（即碳和氮）供其生长，这些天然存在的细菌（如假单胞菌）将活性氰化物降解成无害的产品，如溶解甲酸盐（$HCOO^-$）、硝酸盐、氨、碳酸氢盐和硫酸盐。式（10-53）为氰化物被细菌氧化为碳酸氢盐和氨的简化过程。

$$CN^-(aq) + 1/2O_2(g) + 2H_2O(l) \longrightarrow HCO_3^-(aq) + NH_3(aq) \qquad (10\text{-}53)$$

10.4.1.5 自然氧化

溶解的游离氰化物在强氧化剂的存在下可被氧化为氰酸盐，由此产生的氰酸盐对水生生物的毒性大大低于氰化物。游离氰化物的氧化按反应式（10-54）发生：

$$2CN^-(aq) + O_2(g) \longrightarrow 2CNO^-(aq) \qquad (10\text{-}54)$$

该氧化降解过程也可以通过紫外光和催化剂来实现，会导致溶解氰化物的减少和氰酸盐水平的升高。氰酸盐在水生环境中不稳定，根据 pH 值条件，氰酸盐缓慢分解为硝酸盐和二氧化碳或 NH_4^+ 和碳酸氢盐，见式（10-55）和式（10-56）。

$$CNO^-(aq) + 2O_2(g) \longrightarrow NO_3^-(aq) + CO_2(aq) \qquad (10\text{-}55)$$

$$CNO^-(aq) + H^+ + 2H_2O(l) \longrightarrow NH_4^+(aq) + HCO_3^-(aq) \qquad (10\text{-}56)$$

基于此，一些氧化性化学物质（如臭氧、气态氯、次氯酸盐、过氧化氢）被用于金银矿含氰废液与尾矿的破氰工艺，如 10.2 节所述。

10.4.1.6 光解

在紫外光辐射的存在下，即使是强的氰化络合物，如稳定的 Fe^{2+} 和 Fe^{3+} 氰化络合物亚铁氰化物（$Fe(CN)_6^{4-}$）和铁氰化物（$Fe(CN)_6^{3-}$）也能被分解生成游离氰化物，游离氰化物在紫外光的作用下进一步氧化生成氰酸盐离子。

10.4.1.7 硫氰酸盐化

金矿及尾矿中含硫化矿发生氧化的含硫产物，如多硫化物（S_x）或硫代硫酸盐（MeS_2O_3），与游离氰化物生成硫氰酸酯（SCN^-），见式（10-57）和式（10-58）。

$$S_x^{2-}(aq) + CN^-(aq) \longrightarrow S_{x-1}^{2-}(aq) + SCN^-(aq) \qquad (10\text{-}57)$$

$$S_2O_3^{2-}(aq) + CN^-(aq) \longrightarrow SO_3^{2-}(aq) + SCN^-(aq) \qquad (10\text{-}58)$$

黄金矿山尾矿坝地表水中氰化物的自然降解过程是氰化物衰减的主要机制，在这些环境中，破氰后排至尾矿库的矿浆呈碱性，pH 值约为 10。随着时间的推移，由于降雨和大气中二氧化碳的吸收，二氧化碳以碳酸形式的溶解使含氰水的 pH 值降低。随之，水中氰化氢的浓度增加，溶解的氰化物阴离子减少。因此，尾矿坝中的氰化物水平由于挥发而自然降低，而任何从尾矿坝渗入地下水的氰化物都可能以稳定的铁络合物（$Fe(CN)_6^{4-}$）的形式出现。

挥发和生物氧化也是氰化堆浸后残存氰化物衰减的主要机制，残堆顶部和表面空隙含水率低、氧气充分，因此，氰化物的降解速率在这些水分不饱和区最为显著。

10.4.2 自然降解的强化

为加快氰化物的自然破解速度，可采取增强自然降解技术，如增加含氰化物水在紫外光辐射下的暴露时间；增加池塘和尾矿坝的表面积，可以使地表水与大气中的二氧化碳有更多的接触，以形成更多的碳酸，降低 pH 值，增加氰化氢的挥发；同样，池塘的搅拌、伴生曝气和水的混合也会增加氰化物的挥发率。

在堆浸操作结束时，孔隙水及矿物上仍残留有氰化物。废浸堆中氰化物的修

复可通过水的反复用冲洗来实现，这可稀释残留在堆浸孔中的氰化物，并将 pH
值降低到 9.3 以下，可使大部分游离氰化物挥发去除。一般当监测显示氰化物
WAD 的含量低于法定机构可接受的特定浓度时，认为堆被冲洗成功。这一修复
过程需要大量的水反复冲洗，如果氰化物浓度不能降低到符合限度，则必须使用
其他破氰工艺去除氰化物。

生物氧化是堆积尾矿库区域增强氰化物降解的途径之一。当氰化物降解适宜
性微生物及其营养物质以溶液的形式添加到堆中时，细菌会通过生物氧化降低氰
化物浓度。即使给不再运行的堆浸堆中只添加必要的营养物，也可以对自然存在
的氰化物降解菌提供必要的生长与激活作用。如果在尾矿水中添加营养物使总磷
在 0.6~7.3 mg/L，可以有效促进藻类生长，并在 30 天内将硫氰酸盐从浓度超过
100 mg/L 降解至小于 0.5 mg/L[26]。考虑到成本复杂性、化学品供应问题和气候
条件，加强自然降解被选择的水处理策略，并结合工程控制，会有效以最大限度
地减少自然流入尾矿湖。

矿山氰化物的监测涉及对所有氰化物种类的完整表征，包括总氰化物、
游离氰化物、WAD、强金属氰化络合物和硫氰酸盐。矿山排放水中氰化物浓
度必须符合当局规定的排放标准。氰化提金后的尾矿浆和相关废水通过专门
破氰工艺处理后，通常还需通过自然降解过程来达到废浸堆和尾矿坝渗漏物
中氰化物的安全水平。除强化前端破氰工艺效率外，也可采取方法促进后续
自然降解过程，通常可非常有效地降低溶解氰化物的浓度，以达到最终排放
标准。

参 考 文 献

[1] JASZCZAK E, POLKOWSKA Z, NARKOWICZ S, et al. Cyanides in the environment-analysis-problems and challenges [J]. Environ. Sci. Pollut. Res., 2017, 24: 15929-15948.

[2] DONATO D B, NICHOLS O, POSSINGHAM H, et al. A critical review of the effects of gold cyanide-bearing tailings solutions on wildlife [J]. Environment International, 2007, 33: 974-984.

[3] KJELDSEN P. Behaviour of cyanides in soil and groundwater: A review [J]. Water Air Soil. Pollut., 1999, 15: 279-307.

[4] DONG K W, XIE F, CHEN C L. The detoxification and utilization of cyanide tailings: A critical review [J]. Journal of Cleaner Production, 2021, 302: 126946.

[5] KUYUCAK N, AKCIL A. Cyanide and removal options from effluents in gold mining and metallurgical processes [J]. Minerals Engineering, 2013 (50/51): 13-29.

[6] PARGAA J R, SHUKLAB S S, CARRILLO-PEDROZA F R. Destruction of cyanide waste solutions using chlorine dioxide, ozone and titania sol [J]. Waste Management, 2003, 23: 183-191.

[7] PARGA J R, COCKE D L. Oxidation of cyanide in ahydrocyclone reactor by chlorine dioxide

[J]. Desalination, 2001, 140: 289-296.

[8] KITIS M, AKCIL A, KARAKAYA E, et al. Destruction of cyanide by hydrogen peroxide in tailings slurries from low bearing sulphidic gold ores [J]. Miner. Eng., 2005, 18: 352-362.

[9] QIU S, GUO P, ZHENG Q, et al. Treatment of cyanide tailing slurry by $Na_2S_2O_5$-air method [J]. Nonferrous Met, 2015: 59-62.

[10] CARRILLO-PEDROZA F R, NAVA-ALONSO F, URIBE-SALAS A. Cyanide oxidation by ozone in cyanidation tailings: reaction kinetics [J]. Miner. Eng., 2000, 13: 541-548.

[11] KIM T K, KIM T, JO A, et al. Degradation mechanism of cyanide in water using a UV-LED/H_2O_2/Cu^{2+} system [J]. Chemosphere, 2018, 208: 441-449.

[12] DONG K, XIE F, CHANG Y, et al. A novel strategy for the efficient decomposition of toxic sodium cyanate by hematite [J]. Chemosphere, 2020b, 256: 127047.

[13] TEIXEIRA L A C, ANDIA J P M, YOKOYAMA L, et al. Oxidation of cyanide in effluents by Caro's acid [J]. Minerals Engineering, 2013, 45: 81-87.

[14] GURBUZ F, CIFTCI H, AKCIL A, et al. Microbial detoxification of cyanide solutions: a new biotechnological approach using algae [J]. Hydrometallurgy, 2004, 72: 167-176.

[15] MOSHER J B, FIGUEROA L. Biological oxidation of cyanide: A viable treatment option for minerals processing industry [J]. Minerals Engineering, 1995, 9 (5): 573-581.

[16] LI M X, LI B C, CHEN J S, et al. Purifying cyanide-bearing wastewaters by electrochemical precipitate process using sacrificial Zn anode [J]. Separation and Purification Technology, 2022, 284 (1): 120250.

[17] ADAMS M, LLOYD V. Cyanide recovery by tailings washing and pond stripping [J]. Minerals Engineering, 2008, 21: 501-508.

[18] ADAMS M D. Impact of recycling cyanide and its reaction products on upstream unit operations [J]. Minerals Engineering, 2013, 53: 241-255.

[19] VAPUR H, BAYAT O. Prediction of cyanide recovery from silver leaching tailings with AVR using multivariable regression analysis [J]. Minerals Engineering, 2007, 20: 729-737.

[20] LI M X, LI B C, CHEN J, et al. A study of AVR sediment leaching with copper-bearing cyanide effluent and electrowinning recovery of copper [J]. Minerals Engineering, 2021, 170: 107005.

[21] FERNANDO K, TRAN T, ZWOLAK G. The use of ion exchange resins for the treatment of cyanidation tailings, Part 2-pilot plant testing [J]. Minerals Engineering, 2005, 18: 109-117.

[22] BARRIENTOS C, REDONDO P, RAYÓN V M, et al. Structure and stability of neutral cyanide complexes of copper and zinc [J]. Chemical Physics Letters, 2011, 504: 125-129.

[23] FERNANDO K, TRAN T, LAING S, et al. The use of ion exchange resins for the treatment of cyanidation tailings part 1—Process development of selective base metal elution [J]. Minerals Engineering, 2002, 15: 1163-1171.

[24] LUKEY G C, VAN DEVENTER J S J. CHOWDHURY L, et al. The speciation of gold and copper cyanide complexes on ion-exchange resins containing different functional groups [J]. Reactive & Functional Polymers, 2000, 44: 121-143.

[25] BRÜUGER A, FAFILEK G, RESTREPO O J, et al. On the volatilisation and decomposition of cyanide contaminations from gold mining [J]. Science of the Total Environment, 2018, 627: 1167-1173.

[26] GUPTA N, BALOMAJUMDER C, AGARWAL V K. Enzymatic mechanism and biochemistry for cyanide degradation: A review [J]. Journal of Hazardous Materials, 2010, 176: 1-13.